GÉOGRAPHIE GÉNÉRALE ILLUSTRÉE

MANUEL

DE

GÉOGRAPHIE PHYSIQUE

DESTINÉ AUX

CLASSES SUPÉRIEURES DES ÉTABLISSEMENTS D'INSTRUCTION SECONDAIRE

PAR

EMILE CHAIX

Professeur de Géographie physique à l'École supérieure des jeunes filles
et au Gymnase de Genève.

WILLIAM ROSIER

Professeur de Géographie à l'Université de Genève.

Ouvrage adopté par le Département de l'Instruction publique du Canton de Genève

et contenant 386 autotypies, figures et cartes.

LAUSANNE

PAYOT & Cie. LIBRAIRES-ÉDITEURS

1908

GÉOGRAPHIE GÉNÉRALE ILLUSTRÉE

MANUEL

DE

GÉOGRAPHIE PHYSIQUE

DESTINÉ AUX

CLASSES SUPÉRIEURES DES ÉTABLISSEMENTS D'INSTRUCTION SECONDAIRE

PAR

Emile CHAIX

Professeur de Géographie physique à l'Ecole supérieure des jeunes filles
et au Gymnase de Genève.

William ROSIER

Professeur de Géographie à l'Université de Genève.

Ouvrage adopté par le Département de l'Instruction publique du Canton de Genève

et contenant 386 autotypies, figures et cartes.

LAUSANNE

PAYOT & Cie. LIBRAIRES-ÉDITEURS

1908

Hommage respectueux à la mémoire de

Paul CHAIX

qui a créé l'enseignement de la Géographie physique
à Genève.

LAUSANNE — IMPRIMERIES RÉUNIES

PRÉFACE

L'un de nous, M. Rosier, avait élaboré un *Manuel de Géographie physique* et en avait même commencé l'impression; l'autre, M. Chaix, avait rédigé des *Notes de géographie physique*, d'après le plan qu'il suit dans son enseignement, et il allait les publier; mais, professant la même branche dans la même ville, nous avons eu l'idée de mettre en commun les matériaux que nous avions réunis : M. Chaix a fourni ses documents photographiques et un certain nombre de clichés; M. Rosier a livré les clichés qu'il avait préparés pour son livre. Chacun y mettant ainsi « du sien », l'ouvrage est plus complet sans atteindre un prix trop élevé; et tout son contenu a été discuté et arrêté d'un commun accord.

Notre *Manuel* est destiné aux classes supérieures des établissements d'instruction *secondaire*. Or cet enseignement est, pour certains élèves, le dernier qu'ils reçoivent avant d'entrer dans la vie active, pour d'autres, la préparation aux études universitaires.

Nous pensons qu'il doit, dans les deux cas, tendre surtout à former le raisonnement; en sorte qu'un manuel pour ces classes doit ressembler le moins possible à une machine à verser de la science toute faite dans des récipients inertes.

L'idéal pour l'enseignement de la *Géographie physique*, serait que le professeur pût *mener l'élève en face des phénomènes géophysiques*, l'initier à leur observation, faire avec lui des essais d'interprétation et les discuter.

Mais cet idéal ne peut jamais être atteint que partiellement.

Un idéal moins élevé consiste à remplacer les voyages par *l'étude de collections scientifiques et de projections lumineuses*, devant lesquelles le professeur procède comme devant la nature.

Ce deuxième idéal est difficile à atteindre dans beaucoup d'écoles[1].

Il a donc fallu nous rabattre sur une méthode plus modeste; et c'est ainsi que nous avons tâché de réaliser un manuel qui présentât le sujet selon la méthode scientifique : *les faits*, sous la forme *objective* de photographies ou de cartes, avec indication très brève de ce qu'on y peut observer, puis diverses *interprétations* de ces faits et la *critique* de ces interprétations, — le tout sous une forme assez succincte pour obliger l'élève à un travail de réflexion.

Nous poursuivons ainsi un triple but :

1° — *développer l'esprit d'observation* par l'étude des documents, point capital dans les sciences;

2° — *développer l'imagination scientifique* par la recherche des interprétations;

3° — *développer l'esprit de critique scientifique*, autant que c'est possible dans l'enseignement secondaire.

Les professeurs trouveront des lacunes dans ce livre : il y en a d'involontaires, sans doute; mais beaucoup sont *volontaires* : il s'agit d'un manuel *secondaire*, et nous avons sacrifié des sujets entiers qui nous semblaient dépasser notre cadre. D'ailleurs nous ne faisons pas de la géologie, de l'hydrographie, de la météorologie pour elles-mêmes, mais de la *Géographie*, dans laquelle le but final de l'étude est *l'Homme*. Nous ne touchons donc, dans chaque branche, qu'aux faits qui exercent sur lui une influence, directe ou indirecte[1].

Le chapitre VI, *Régions physiques*, demande quelques explications :

A nos yeux il a de l'importance parce qu'il permet de *grouper géographiquement* les éléments physiques que les élèves ont étudiés séparément; d'autre part, il permet au professeur de rappeler, au passage, sous un rayon de lumière scientifique, ce que ses élèves ont vu précédemment dans leurs leçons de géographie et d'histoire. — Mais il faudrait que ce fût *l'élève lui-même* qui fît cette analyse de chaque région, à l'aide de ce que lui fournissent les chapitres précédents et de quelques notions ajoutées par le maître. Malheureusement *un livre* ne peut pas obtenir cela; il faut bien qu'il donne lui-même au moins le squelette de l'analyse. Mais nous recommandons vivement aux professeurs de tâcher de la faire faire par les élèves *avant* qu'ils aient lu notre résumé.

---

[1] Nous avons pris des arrangements pour fournir, à un prix aussi modique que possible, une grande partie de nos figures *en clichés diapositifs pour projections lumineuses*. S'adresser à M. le professeur Emile Chaix, à Genève.

[1] Un manuel doit traiter toutes les parties du sujet; mais telle partie peut être étudiée moins à fond que d'autres. Cela dépend des programmes, et nous nous en remettons aux professeurs pour faire une sélection. Nous avons cependant mis certains paragraphes en caractères plus petits.

Ajoutons que ce chapitre ne doit pas être *étudié* d'un bout à l'autre, mais que chaque professeur devrait choisir un certain nombre des régions qu'il juge les plus intéressantes et les traiter à fond ; le reste est destiné à la consultation.

Pour la division du monde en *Régions physiques*, nous avons hésité. La seule base *universelle* d'une division physique serait le climat, parce que c'est de lui que dépend surtout la vie organique ; mais, s'il est considéré *sommairement*, le climat ne fournit que d'immenses zones sans caractère, et s'il est *étudié en détail*, il fournit de petites subdivisions trop enchevêtrées les unes dans les autres. Puis nous ne voulions pas bouleverser trop la division donnée naguère par A. Supan. Bref, comme les végétaux dépendent en même temps du sol, du climat et de l'histoire géologique, ce sont eux qui ont servi de base à notre division, qui est en grande partie celle de A. Kirchhoff.

Un manuel qui dit *tout* est décourageant pour le maître ; aussi avons-nous cherché à laisser le plus possible d'initiative au professeur. Au fond, notre texte remplace simplement les *notes* que les élèves devraient prendre, et les explications du maître seront tout à fait indispensables. Puis il reste à développer l'enseignement en faisant des excursions, en analysant d'autres documents que les nôtres, en exposant d'autres interprétations et en les critiquant, enfin en faisant rechercher, dans nos photographies et nos cartes, un grand nombre de phénomènes secondaires qui s'y trouvent, mais que nous ne signalons pas.

Il nous reste à remplir un devoir très agréable : — offrir un tribut bien mérité de grande reconnaissance à tous ceux qui nous ont aidés, soit par des informations précieuses,

soit en nous fournissant des photographies, c'est-à-dire notre *matière première* indispensable [1].

Chaque photographie porte le nom de son auteur [2]; mais nous devons des remerciements particuliers à M. le professeur Chodat, qui a bien voulu parcourir un de nos chapitres, à M. Ph. Dürr pour le prêt de nombreux clichés, à M. J. Epper, chef du Bureau hydrométrique fédéral, à MM. Hochreutiner à Genève et Huber à Para, qui nous ont fourni des photographies botaniques précieuses, à M. H. Schardt, professeur de géologie à Neuchâtel, enfin à M. André Chaix, qui a dessiné un grand nombre de nos figures.

Nous leur présentons à tous nos bien sincères remerciements et, pour le cas où ce livre verrait une seconde édition, nous nous permettons de prier tous les « adeptes de l'objectif » de bien vouloir faire à notre intention des photographies *géophysiques*. Ils rendront ainsi un service à la jeunesse des écoles — et la photographie en deviendra plus intéressante pour eux-mêmes.

LES AUTEURS.

Genève, juillet 1908.

[1] Ce sont MM. F. Boissonnas, J. Briquet, Albert Brun, A. Chaix, R. Chodat, P. Dunant. Ch. Duperrex. Ph. Dürr. J. Epper, B. P. G. Hochreutiner, J. Huber, à Para, Jullien Frères, à Genève, professeur Kotô, à Tokio, P. Le Grand Roy, Lenoir, de Montessus de Ballore, au Chili, v. Ohlendorf, à Hambourg, A. Pasche, Eugène Pittard, H. Schardt, L. Senn, Sommer Fils. à Naples, professeur R. Tarr, à Ithaca (New-York), F. Thévoz, Mme Thompson, en. Angleterre, MM. E. Thury, P. Vieux. — Nous les remercions tous bien cordialement.

[2] Sauf quatre ou cinq, qui ont dû être reproduites sans autorisation, parce que nous ne savions rien sur leurs auteurs. Qu'ils veuillent bien nous pardonner.

OUVRAGES A CONSULTER

A ceux qui voudraient consulter des ouvrages plus complets, nous nous permettons de signaler les suivants (dont plusieurs n'existent malheureusement pas en français) :

Pour la partie géologique :

E. Haug, *Traité de géologie*, I, 1907, 500 p. ; très intéressant.

A. de Lapparent, *Abrégé de géologie*, 1901, 300 p., et *Leçons de géographie physique*, 1907, 700 p. ; assez compliqué.

A. Robin, *La Terre* (Larousse), 1902 ou 1903, 300 p. ; remarquablement bien illustré.

A. Brun, *Recherches sur le volcanisme*, dans Archives des Sciences phys. et naturelles, 1905 à 1908.

E. Chaix, *Carte volcanologique de l'Etna*, 1892.

F. de Montessus de Ballore, *Les Tremblements de terre*, 1906, 500 p. ; ouvrage excellent.

Ch. Sarasin, ses très intéressants comptes rendus géologiques et géophysiques annuels dans *Eclogæ geologicæ Helveticæ*.

Enfin beaucoup de bons articles dans le *Dictionnaire géographique de la Suisse*, en cours de publication.

Pour la partie hydrographique :

A. Heim, *Gletscherkunde*.

F.-A. Forel, *Le Léman*, 1895, 1200 p. ; ouvrage très important ; et *Handb. d. Seekunde (Limnologie)*, Stuttgart, 1901, 250 p.

A. Delebecque, *les Lacs français*, 1898, 430 p., avec très bel atlas.

de La Noë et de Margerie. *les Formes du terrain* ; épuisé.

E. Chaix, différentes *Contributions à l'étude des Lapiés*, dans *Le Globe*, Genève, surtout 1895, 1905 et 1907.

E.-A. Martel, *les Abîmes*, 1894, 580 p. ; très bon ouvrage sur tous les phénomènes du calcaire.

J. Brunhes, *l'Erosion tourbillonnaire*, plusieurs études importantes dans les *Mémoires de la Soc. fribourgeoise des Sc. nat.*, 1902, dans *Le Globe* (Genève), 1903, etc.

E. Chaix, *le Pont des Oulles* (érosion fluviale), dans *La Géographie*, 1903 (Soc. géogr. de Paris).

Pour l'océanographie :

O. Krümmel, *der Ozean*, Leipzig, 1902, 280 p. ; bon et court.

J. Richard, *l'Océanographie*, Paris, 1907, 400 p. ; bon et complet.

L.-W. Collet, *les Dépôts marins* (Encyclop. scient.), 1908, 300 p. ; très bon.

Pour la climatologie :

J. Hann, *Handb. der Klimatologie*, 1883, 750 p. ; très complet.

A. Woeïkof, *die Klimate der Erde*, 1887, 800 p. ; très bon.

Pour la géographie physique générale :

v. Richthofen, *Führer für Forschungsreisende*, 1886, 700 p. ; très suggestif.

Hann, Brückner et Kirchhoff, *Allgemeine Erdkunde*, 1899, 3 vol., 1000 p. ; très bon.

W.-M. Davis, *Physical Geography*, Boston et Londres, 1899, 400 p. ; tout à fait bon.

R.-S. Tarr, *Elementary physical Geography*, 1905, 480 p., et mieux encore : *New physical Geography*, New-York et Londres, 1907, 450 p. ; tous deux très bons.

Puis les traités classiques de géographie physique de A. Supan, de S. Günther, de A. Penck, en allemand [1].

Pour la géographie organique [2] :

A. Kirchhoff, *Pflanzen- und Tierverbreitung*, dans *Allgemeine Erdkunde*, 1899, 300 p. ; tout à fait bon.

Karsten et Schenck, *Vegetationsbilder*, en cours de publication, collection remarquable de types de végétation.

J. Huber, *Arboretum amazonicum* (Parà), en cours de publication, documents photographiques uniques sur la végétation équatoriale.

E. Trouessard, *Géographie zoologique*, 1890, 390 p.

E. Perrier, *Explorations sous-marines*, 1886, 350 p. ; très intéressant.

W. Ripley, *the Races of Europe*, 1900, 600 p. ; résumé précieux.

J. Deniker, *Races et Peuples de la Terre*, 1900, 600 p. ; ce qu'il y a de mieux jusqu'ici.

[1] M. de Martonne prépare une *Géographie physique* qui sera certainement bonne.

[2] Comme introduction à l'étude des Régions physiques, il peut être avantageux de connaître : E. Chaix, *Notes d'analyse géographique*, Dürr, Genève, 1906, 48 p. ; très élémentaire.

INTRODUCTION GÉOLOGIQUE

Ce premier chapitre du cours n'a pas la prétention d'être un traité de *géologie* ou de *volcanologie* ; ce n'est qu'un bref exposé de quelques faits de géothermie, de volcanisme et de géologie qui sont indispensables à la compréhension des chapitres suivants.

§ 1. — Géothermie.

Moyens d'observation : Les meilleures observations peuvent être faites dans les *forages* artésiens et les forages d'exploration minière, ou bien, avant que l'aération en ait modifié les conditions thermiques, dans les galeries d'avancement des mines et des tunnels. Le forage le plus profond dépasse à peine 2 km., tandis que le rayon terrestre a 6366 km. !

FAITS CONSTATÉS

1. On observe, à la surface, une *couche variable*, dont la température change avec la saison. Cette couche variable a une épaisseur de 10 à 20 m. seulement dans nos climats et encore moindre sous les tropiques.

2. Au-dessous de la couche variable (plan neutre) on trouve une *température constante pour chaque profondeur,* mais d'autant plus élevée que la profondeur est plus grande.

3. On appelle *degré géothermique* la distance verticale en mètres qui comporte une différence de 1° C. dans le sol. Le degré géothermique varie d'un lieu à l'autre, allant de 16 à 150 m. La moyenne est d'environ 33 m., ou 100 m. pour 3°.

4. L'intérieur des *massifs de montagnes* est

chaud, les plans d'égale température y remontant plus haut que sous la plaine voisine. *Au Simplon,* on a trouvé 54°9 (au lieu des 39° qu'on attendait) à environ 8 km. de Brigue et sous 2000 mètres d'épaisseur (fig. 1).

INTERPRÉTATION DES FAITS

1. L'épaisseur de la couche variable semble dépendre des *amplitudes* annuelles de température (voir chap. IV, § 6, *D*) et de la conductibilité du sol.

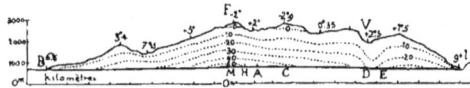

Fig. 1. — Profil géothermique du Tunnel du Simplon, d'après H. Schardt. — A = point central ; B = Brigue, 686 m.; F = Forchetta. 2600 m.; V = Valli, 1863 m.; I = Isella, 634 m.; H = point culminant ; de H à C, sources chaudes ; de D à E, sources froides ; M = température maximale 54°9, tandis qu'à Brigue elle n'est que +0°6 et à Forchetta —2°. Le degré géothermique est de 35 m. entre M et F.

2, 3. Tous les phénomènes géothermiques proviennent évidemment de la chaleur interne de la Terre. Mais on ne sait rien de certain sur l'intérieur du globe [1].

4. La haute *température des tunnels* provient de ce que la chaleur pénètre d'en bas dans la

[1] Si le degré géothermique de 33 m. était constant, on devrait trouver 3000° C., et toutes les pierres en fusion, à 100 km. de profondeur ; la Terre n'aurait donc qu'une mince pellicule solide de 100 km. sur un corps en fusion de 12 700 km. de diamètre. Peut-être la pression empêche-t-elle la liquéfaction. On connaît si peu l'état interne de notre globe, qu'on peut soutenir également l'hypothèse du noyau visqueux, celle du noyau solide et celle du noyau gazeux. Tout ce qu'on peut affirmer, c'est que la densité moyenne de la Terre est 5,5, tandis que les roches superficielles ont à peine une densité de 2 à 3.

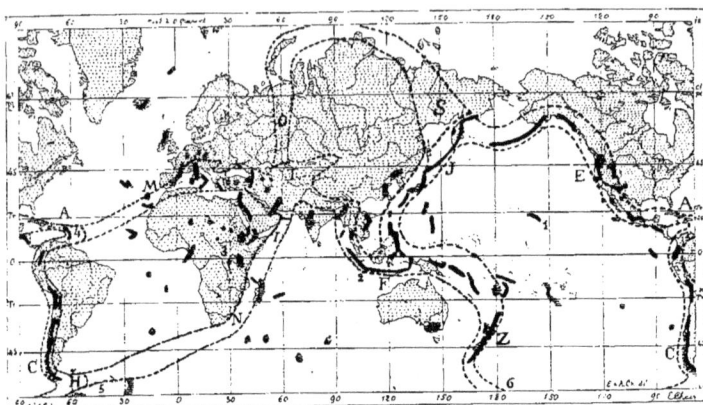

Fig. 2. — Distribution des volcans. Les traits noirs représentent les régions volcaniques actives (qui contiennent d'ailleurs toujours des volcans éteints); les hachures indiquent les régions à volcans éteints. — Les bandes pointillées représentent les zones de dislocations récentes, d'après F. de Montessus : **AMTF** = dislocations alpines ou méditerranéennes ; **CEJZ** = dislocations circumpacifiques : **TNH** = dislocations est-africaines. — **1** = Iles Sandwich et Kilauea ; **2** = Iles de la Sonde et Krakatao; **3** = Mfumbiro et autres volcans du plateau africain; **4** = Petites-Antilles et Montagne-Pelée ; **5 et 6** = volcans antarctiques. — Les dislocations de l'Oural et de la Sibérie septentrionale **(OS)** sont relativement anciennes, de même que celles de l'Afrique orientale **(INH)**.

montagne, pour se perdre par rayonnement à sa surface. Les plans isothermes prennent donc en

Fig. 3. — L'Archipel de Santorin est un cratère rompu. Les diverses Iles Kaïméni sont les dernières émissions de laves.

gros la forme du massif surincombant, mais avec des modifications causées par les eaux et par la nature et la position des couches géologiques.

§ 2. — Volcanisme.

A. Distribution.

FAITS CONSTATÉS

1. On constate que les volcans se trouvent dans les *régions disloquées* du globe, surtout sur les grandes lignes de fracture et à leurs croisements.

2. Ils sont souvent dans des iles et à *proximité des côtes* : mais c'est une proximité qui n'est que relative, la plupart étant à 100 ou 200 km. de la mer, quelques-uns au centre même de l'Afrique.

3. Ils se trouvent plutôt près des *côtes à pentes fortes* et non sur les rivages à pentes douces.

4. On constate parfois des *éruptions sous-marines* et une grande partie du fond des mers est couverte d'argile plus ou moins volcanique (ch. III).

5. Des volcans très rapprochés sont souvent tout à fait indépendants les uns des autres.

FIG. 4. — L'Etna vu du Sud. — Remarquer que le cône terminal a seul une pente forte. Le reste du volcan est un cône de lave.

INTERPRÉTATION DES FAITS

1. Des *fentes profondes* sont évidemment indispensables à l'existence d'un volcan ; elles sont certainement dues, comme toutes les dislocations du globe, à la contraction de son noyau par refroidissement.

2. Il faut bien renoncer à l'idée que le voisinage des mers est nécessaire à l'existence des volcans, puisque plus de la moitié des côtes n'en ont pas.

3. Quant à la relation des volcans avec les côtes escarpées, elle provient d'une *origine identique :* les côtes montagneuses et escarpées se trouvent, de même que les volcans, là où il y a eu des *dislocations relativement récentes*.

4, 5. Il semble que les foyers volcaniques soient très répandus et pourtant plus ou moins séparés les uns des autres.

B. **Produits volcaniques.**

FAITS CONSTATÉS

1. Les laves rappellent les scories des hauts-fourneaux : ce sont des roches contenant de 50 à 80 % de silice et toujours ferrugineuses. Elles sont émises à environ 1000° C. Elles sont généralement formées de cristaux noyés dans une pâte fine. Mais quelques laves anciennes sont *vitreuses* et amorphes (obsidienne, à Lipari, etc.). La lave contient presque toujours

FIG. 5. — Profil N.-E. du Monte Gemmellaro, un des cônes adventifs de l'Etna, né en 1886, haut de 140 m., actuellement noyé dans 100 m. de lave de 1892. Remarquer la pente parfaitement régulière de 35°, qui prouve que les matériaux tombent presque tous en haut, au bord même du cratère, et s'écroulent (Voir talus d'éboulis, Chap. 11). (Phot. E. Chaix, 1890.)

Fig. 6. — Grotte de Fingal, creusée dans une couche de colonnes basaltiques recouverte d'autres roches.

des cavités, au moins microscopiques. Certaines laves rougissent graduellement à l'air. D'ancien-nes coulées de laves basaltiques sont fissurées en *colonnes hexagonales* (grotte de Fingal, Chaussée des Géants, etc. Voir fig. 6 et 7, p. 4).

2. Les *projectiles volcaniques* s'amoncellent en *cônes* souvent très réguliers (fig. 5), dont les pentes sont de 30 à 35°, tandis que les cônes de lave liquide ont des pentes beaucoup plus faibles (fig. 4). Ces cônes sont terminés par le *cratère*, qui a généralement la forme d'une coupe (fig. 9, 11). Quant à la *cheminée*, elle est invisible.

Les *scories* sont toujours très poreuses ; les *larmes* sont en lave compacte (fig. 8) ; les *bombes* sont des morceaux de roche arrachés à la cheminée ; les *lapilli* sont de petites scories. Les *cendres*, ou mieux *sables volcaniques* (fig. 17, 18), sont formés de deux éléments : d'esquilles de matière vitreuse et de cristaux ou débris de lave broyée. A distance il se fait

Fig. 7. — Groupe de *dykes* ou filons éruptifs saillants du Castello, dans la vallée del Bove, à l'Etna. Ces filons ont de 1 à 10 m. d'épaisseur. Remarquer leur décomposition en colonnettes perpendiculaires aux faces de refroidissement.
(Phot. E. Chaix, août 1890.)

un triage éolien, la cendre fine étant emportée le plus loin. La couleur varie du noir au gris très clair; elle brunit à l'air.

FIG. 8. — Larmes volcaniques. Leurs dimensions sont très diverses : quelques-unes sont grosses comme un homme, d'autres comme une noisette

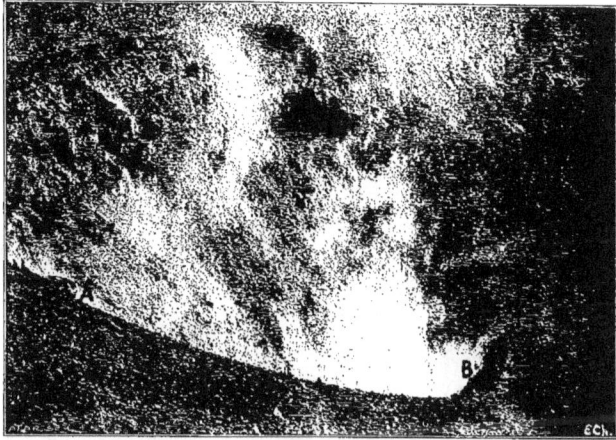

FIG. 9. — Fond du cratère de Vulcano, en 1890, quelques mois après son éruption de 1889. — La dernière explosion avait évidemment creusé la cavité **AB**, de plus de 100 mètres de diamètre. La cheminée était probablement sous cette cavité, puisque les vapeurs acides y sortaient abondamment entre les pierres. Tout l'intérieur du cratère était revêtu de sublimations, en majorité jaunes. Les bombes vers **A** avaient au moins 4 mètres de hauteur.
(Phot. E. Chaix, 2 septembre 1890.)

3. Les *produits volcaniques gazeux* ne peuvent être recueillis dans le cratère que lorsque la pé-

FIG. 10. — Deux des fentes de l'éruption de 1889 à l'Etna, versant N. — Ces fentes sont orientées vers le cône central. Leur largeur n'était guère que de 1 mètre; voir l'homme au point **A**.
(Phot. E. Chaix, août 1890.)

riode la plus violente de l'éruption est passée ; on ne les connaît donc pas encore à fond. Contrairement à l'idée ancienne, il semble que la *vapeur d'eau* soit très peu abondante[1]. En revanche, les

roches volcaniques contiennent de l'*azote*, du *chlore* et des *hydrocarbures*, dont les combinaisons forment les nuages de fumée et les sublimations des volcans[1]. Les vapeurs acides sont de l'*acide chlorhydrique* et non de l'acide sulfureux. Toutes les roches volcaniques, quand on les chauffe à environ 1000° bouillonnent plus ou moins violemment en entrant en fusion et fournissent ces mêmes gaz (Albert Brun).

4. En vieillissant, quelques volcans deviennent des *fumerolles*, qui émettent d'abord les mêmes gaz, avec plus ou moins de vapeur d'eau, puis de l'acide carbonique[2]. Quelques-uns déposent du *soufre*

[1] Voir A. Brun : *Le volcanisme*, dans *le Globe*, Genève, 1907 et 1908.

[1] D'après les observations de M. A. Brun, les volcans, au-dessus de 800°, donnent surtout : chlorure d'ammonium (N H₄ Cl), acide chlorhydrique, chlorures de sodium, de potassium et de fer, puis de l'ammoniaque, qui s'oxyde à l'air.
[2] M. Brun n'y trouve plus que de l'ammoniaque et de

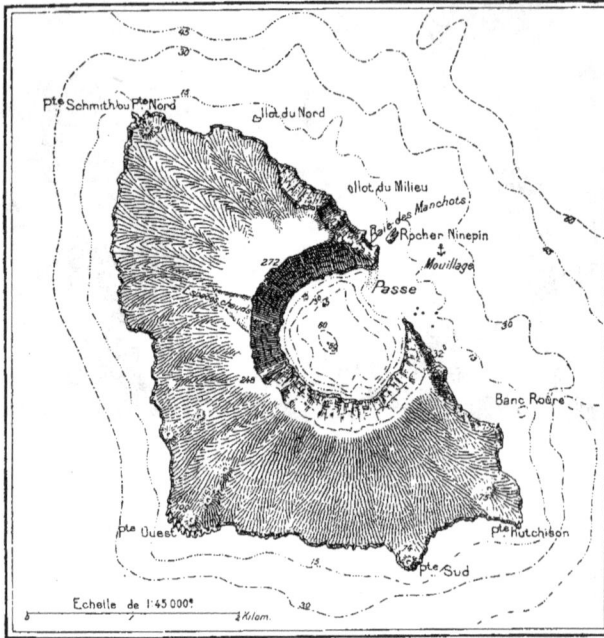

Fig. 11. — Ile Saint-Paul, cratère immergé.

se dilatent en approchant de la surface.

Les cendres rougissent par l'oxydation de leur fer. Les *colonnes du basalte* semblent être perpendiculaires à la surface de refroidissement et être dues à un phénomène de contraction (fig. 6 et 7).

2. Les *scories* sont l'écume de la lave, formée par l'expansion des bulles de gaz. La cendre vitreuse paraît due à l'explosion de la lave liquide.

3. Les nombreux chlorures anhydres des cratères ne pourraient pas subsister conjointement à de l'oxygène ou de l'eau ; cela confirme l'idée qu'il n'y a que peu de vapeur d'eau dans les volcans actifs (A. Brun).

4. Il existe évidemment une relation entre la température du foyer volcanique et les produits gazeux qu'il émet. Un volcan qui ne donne plus que de l'acide carbonique, comme ceux d'Auvergne, semble être bien éteint (au reste un grand nombre de mofettes, ou sources d'acide carbonique, ne sont pas volcaniques). L'origine des solfatares est inconnue.

(la solfatare à Naples, etc.). On ne peut considérer un volcan comme *éteint* qu'après bien des siècles de *repos* ; ainsi, c'est après des siècles d'extinction apparente que le Vésuve s'est réveillé en 79 après J.-C., le Timboro en 1815, le Krakatao en 1883, etc.

INTERPRÉTATION DES FAITS

La plupart des phénomènes volcaniques sont encore peu expliqués.

1. On ignore l'origine de la lave. Quant à ses *vacuoles*, elles sont dues aux gaz dissous, qui

l'acide carbonique entre 800 et 600°, puis de l'acide carbonique seul au-dessous de 600°. Quant à l'eau, elle lui paraît être d'origine *extérieure*, fournie par les pluies.

Fig. 12. — Surface de la coulée de 1886 à l'Etna. Ces blocs accumulés sont des pièces de la croûte de lave refroidie, que la coulée disloquait en circulant au-dessous. (Phot. E. Chaix.)

C. Éruptions.

1. Dans l'*éruption centrale*, le cratère projette une colonne verticale de nuages épais, qui s'élève parfois jusqu'à douze kilomètres (fig. 16, 17, 18, p. 8, 9).

Cette éruption centrale semble parfois être *continue*, mais consiste, en réalité, en une succession de *bouffées séparées* (fig. 17).

2. Dans les grands volcans, il se fait généralement une ou plusieurs *fentes radiales* (fig. 10).

Dans quelques cratères éteints, démantelés, surtout dans la vallée del Bove, à l'Etna, les *anciennes fentes radiales* sont représentées par des *dykes* ou filons saillants (fig. 7).

3. Dès que le cône est fendu, l'éruption devient *latérale*, la lave s'écoulant au niveau le plus bas. Les gaz qu'elle contient font explosion et forment, le long de la fente, une rangée de *cônes adventifs* qui peuvent atteindre une hauteur de 400 m. (fig. 13).

4. C'est du cône inférieur ou *foyer d'émission* (fig. 14 et 15) que la lave sort, à 1000°. En général elle ne fait guère qu'un mètre par seconde à la sortie et beaucoup moins plus bas. D'abord

Fig. 14. — Intérieur du foyer d'émission de la coulée de 1886 à l'Etna. Le rempart est construit en scories agglutinées. Remarquer en arrière du piolet des taches blanches, qui sont des sublimations de sel et de chlorure d'ammonium.
(Phot. E. Chaix, 1890.)

incandescente, elle se couvre vite d'une croûte de scories refroidies qu'elle disloque en avançant (fig. 12). Le front des grandes coulées présente l'aspect d'une cascade de pierres en partie incandescentes.

1. Les *hypothèses* sur la force explosive des volcans manquent en général de fondement. La constatation qu'il y a très peu d'eau dans les vapeurs de l'éruption infirme deux des hypothèses anciennes : 1° l'*hypothèse d'irruption d'eau marine* dans le foyer, pour laquelle il fallait d'ailleurs supposer des canaux de dimensions déraisonnables et qui n'expliquait nullement l'abondance de l'azote et du carbone ; 2° l'*hypothèse de pénétration lente de l'eau superficielle*, dans

Fig. 13. — Série des cônes adventifs de l'éruption de 1892 à l'Etna. — **A** est un cratère qui s'est très vite changé en simple fumerolle. **B** = éruption brusque de l'un des cratères, colonne de 700 mètres ; la tache blanche à **E** est le reste de la bouffée précédente. Le cône **C** avait 120 mètres de hauteur ; **D** était le foyer d'émission ; **F** n'est pas le sommet de l'Etna, mais un groupe de cônes adventifs anciens. (Phot. E. Chaix, août 1892.)

Fig. 15. — Versant N. de l'Etna, à 4 1/2 km. du cône central **AB.** — **E** et **F** sont des foyers d'émission de la coulée de 1624. La lave du premier plan en est sortie. Remarquer son aspect de boue entre **G** et **H**, très différent de la figure 12. **CD** est le bord d'un ancien cratère de 6 km. de diamètre, à peu près concentrique au cratère actuel.
(Phot. E. Chaix, 1890.)

laquelle l'explosion du volcan se ferait comme celle d'une marmite de Papin où la quantité d'eau augmenterait (cette pénétration de l'eau superficielle a lieu certainement, mais n'a probablement qu'une importance secondaire). On discute maintenant *l'hypothèse de A. Brun*, basée sur la nature chimique des gaz volcaniques : dans cette hypothèse, les roches des foyers volcaniques contiennent dès l'origine ou autrement les substances nécessaires (hydrocarbures, chlore et azote) et font explosion quand leur température dépasse 1000°.

Fig. 16. — Éruption du Vésuve le 26 avril 1872. Remarquer la colonne éruptive presque verticale, qui s'élève à 5 ou 6000 mètres avant d'être entraînée par le vent, et l'abondante émission de vapeurs blanches sur les coulées de lave. Donc éruption centrale et latérale.
(Phot. de MM. G. Sommer et fils, à Naples.)

FIG. 17. — Explosions du Vésuve le 16 avril 1906, à 2 heures après midi. Remarquer l'énorme bouffée de gaz et de cendres, et l'accumulation des cendres nouvelles sur de vieilles coulées de lave. (Phot. A. Brun.)

Nous ne pouvons pas trancher ici ces questions [1].

2. Les *fentes radiales* sont probablement dues à des explosions qui se font dans le haut de la cheminée, dans le corps du cône ; car la simple pression hydrostatique de la lave serait impuissante à fendre un cône comme celui de l'Etna, qui a 50 km. de diamètre et seulement 3000 m. de hauteur. Les *dykes* représentent évidemment des fentes verticales où la lave s'est refroidie sous pression ; cette lave est donc très compacte et n'est pas entraînée par la dénudation comme les matériaux encaissants.

3. La formation des *cônes adventifs* se comprend facilement.

4. La cascade de pierres du front de la coulée provient de ce que, dans la lave

[1] Le renouvellement des éruptions pourrait provenir d'une compression tectonique ou bien d'un abaissement d'un des pans d'une faille, — cela expliquerait les séismes précurseurs.

comme dans l'eau, la surface va plus vite que le fond.

D. Phénomènes volcaniques secondaires.

1. Il existe des *volcans de boue* en Sicile, au Caucase, en Nouvelle-Zélande, etc. ; la boue est chaude dans les uns, froide dans les autres.

2. Trois régions volcaniques, l'Islande, la Nouvelle-Zélande et le Parc national de Yellowstone aux États-Unis, possèdent des *geysers*. Chaque geyser a sa *période,* parfois très régulière. L'eau s'élève lentement dans la cheminée, bouillonne légèrement, puis entre en éruption violente pendant quelques minutes (fig. 19). Un fait capital, c'est que, d'après les observations de Coles et Tyndall en Islande, la température augmente rapidement avec la profondeur jusqu'à une place où l'eau est très près de son point d'ébullition (fig. 21). En outre, l'explosion expulse

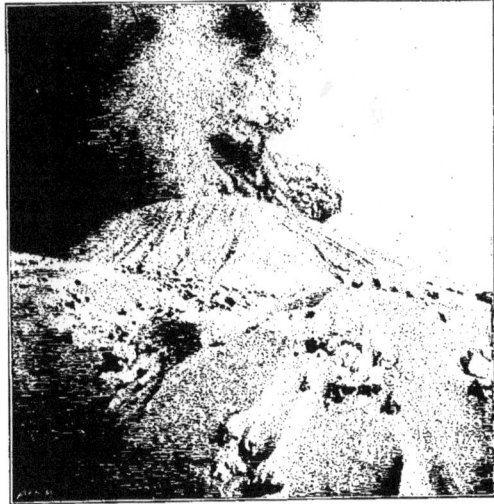

FIG. 18. — Le Vésuve sous son manteau de cendre grise, dans la journée du 16 avril 1906. — Vue prise un peu au-dessus de l'observatoire. On distingue le début du ravinement du cône par les avalanches de cendres. (Phot. A. Brun.)

les objets immergés jusqu'à G, mais non ceux qui sont immergés jusqu'au point K.

1. Les *sources de boue* ne sont évidemment pas toutes d'origine volcanique.

FIG. 19. — Parc national du Yellowstone. Eruption d'un geyser. — Le *Géant* et la *Géante* lancent leur eau à 80 mètres de hauteur.

2. Selon l'hypothèse la plus plausible de Bunsen et Tyndall, les geysers seraient des sources d'eau plus ou moins chaude, que des vapeurs volcaniques très chaudes rejoindraient dans leur canal de sortie (p. ex. au-dessus de la lettre G, fig. 21). De là cet échauffement en un point inter-

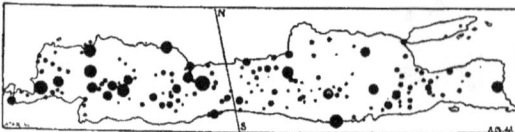

FIG. 20. — Carte des séismes de Java, région très volcanique.
(D'après M. de Montessus-de Ballore.)

médiaire et l'explosion dès que la température serait suffisante en ce point pour vaincre la pression de la colonne d'eau surincombante.

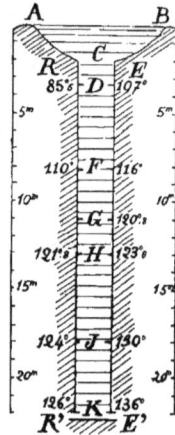

FIG. 21. — Distribution des températures dans le Grand Geyser d'Islande peu avant une éruption, d'après les observations de Coles en 1881. Les chiffres inscrits entre R et R' sont les températures réelles ; ceux entre E et E', les températures d'ébullition pour les profondeurs respectives. Il suffirait que l'eau du point H s'élevât de 1 à 2 mètres pour faire explosion.

§ 3. — Tremblements de terre.

FAITS CONSTATÉS

1. Il y a fréquence et intensité plus grandes des séismes dans les régions qui ont été *disloquées pendant l'ère tertiaire* et près des *côtes à pentes sous-marines fortes* (fig. 22). En revanche certaines régions, comme les plaines de l'ancien monde, l'Amérique méridionale orientale, etc., en sont presque dépourvues. Lors de tremblements de terre aux Indes et au Japon (fig. 23), il s'est fait des fissures avec dénivellation du terrain.

2. Généralement les éruptions volcaniques sont précédées et suivies de secousses séismiques, mais les fig. 20 et 24 prouvent que des pays *sans volcans mais disloqués*, comme la Grèce, peuvent avoir autant de tremblements de terre que des pays volcaniques comme Java.

3. La figure 25 montre que les chaînes

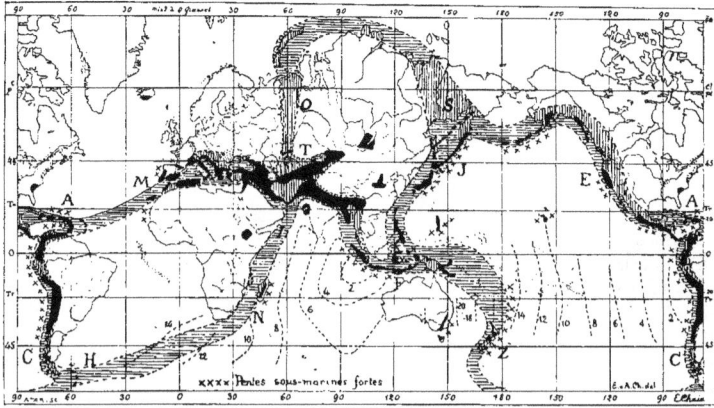

Fig. 22. — Distribution des tremblements de terre, en grande partie d'après M. de Montessus. Les espaces noirs sont des régions très séismiques; les espaces pointillés n'ont que de rares secousses. Les bandes ombrées sont les zones de dislocations relativement récentes (voir fig. 2). Les lignes marquées 2, 4, 6, etc., indiquent en heures le mouvement de translation des vagues causées par le tremblement de terre d'Arica, et l'éruption du Krakatao. Remarquer la distribution des pentes sous-marines fortes.

de montagnes (Appalaches) modifient la propagation des secousses.

4. On constate des *microséismes* presque per-

Fig. 23. — Faille produite dans les environs de Midori, Japon central, par un tremblement de terre en octobre 1891. — Remarquer qu'il y a dénivellation de plusieurs mètres et léger déplacement latéral [1]. (D'après une phot. du prof. E. Kotô, Tokio.)

pétuels, avec recrudescence quand il y a quelque part un grand tremblement de terre. Dans

[1] Lors du tremblement de terre de San-Francisco du 18 IV 1906, une faille de 300 km. de longueur a été ravivée par un déplacement latéral de 2 à 6 m. vers le N.-O. et un déplacement vertical de 0 m. 20 à 1 m. 20 (professeur Omori et Ch. Davison).

ce cas, le microséisme arrive fréquemment avant la nouvelle du tremblement de terre [1].

5. Les *mouvements* d'un point de l'écorce ter-

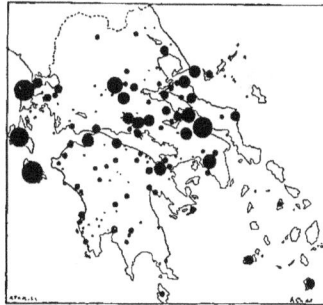

Fig. 24. — Carte des séismes de la Grèce, région non volcanique. (D'après M. de Montessus.)

restre pendant un tremblement de terre sont extrêmement compliqués (fig. 27). On peut les décomposer en mouvements *verticaux* et mouvements *horizontaux* ou *ondulatoires*. Le mouve-

[1] Plantamour a observé que l'insolation et diverses autres causes occasionnent des trépidations dans le sol.

ment vertical prédomine dans l'épicentre, c'est-à-dire dans le centre superficiel de l'aire d'ébranlement. L'amplitude des mouvements est généralement très faible, mais leur rapidité très grande. Quant aux effets des tremblements de terre, ils sont infiniment variés : fissures dans le sol, glissements, tassements, vagues marines séismiques (fig. 26), destructions de toute sorte.

INTERPRÉTATION DES FAITS

1, 2, 3. La distribution des séismes montre qu'il y en a évidemment deux genres : des séismes *volcaniques* et *tectoniques*. Leur fréquence dans les régions à dislocation tertiaire, prouve qu'il s'agit ou de

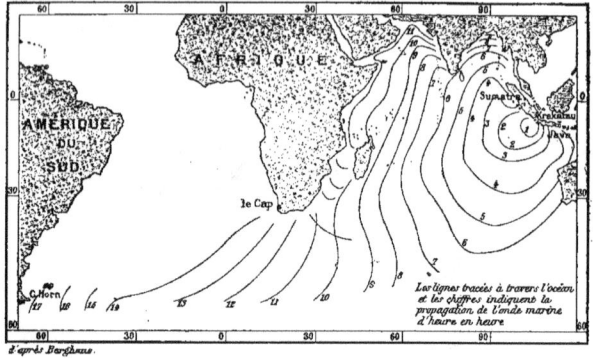

Fig. 26. — Propagation de la vague causée par l'éruption du Krakatao, en 1883.

la continuation des dislocations (plissements, failles) ou de simples tassements (glissements, effondrements). D'ailleurs la faille japonaise le démontre suffisamment (fig. 23, p. 11). Quant aux secousses volcaniques, on ignore leur cause. — Les *pays indemnes* sont des régions dont les dislocations sont très anciennes (Canada, Brésil, etc.), ou très faibles (Russie, etc.).

4. La constance des *microséismes* prouve qu'il se fait presque perpétuellement quelque déplacement dans l'écorce terrestre et leur rapidité de translation montre que les secousses se propagent aussi directement *à travers le noyau central*[1].

(Malgré ses dislocations tertiaires, la Suisse est peu séismique. Le tremblement de terre de Viège, en 1855, a seul été violent ; mais de petites secousses locales indiquent que les plissements continuent.)

Fig. 25. — Tremblement de terre de Charleston, 13 août 1886. (D'après M. Fouqué.) — Les numéros représentent l'intensité de l'ébranlement. Remarquer l'influence des plissements des Appalaches sur la répartition de cette intensité. Les chiffres correspondent à l'échelle d'intensité de Forel et Rossi : **10**, désastre ; **9**, destruction d'édifices ; **8**, fissuration des murs, etc.

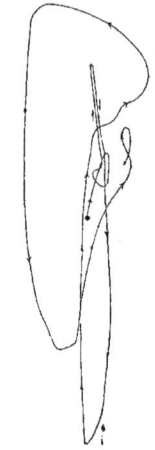

Fig. 27. — Mouvement d'un point du sol pendant un tremblement de terre. (D'après M. Fouqué.)

[1] Lors du tremblement de terre de San-Francisco, les premières secousses sont arrivées en Angleterre en 13 minutes, les grandes secousses en 45 minutes ; les premières ont évidemment passé par le centre de la Terre, les autres par sa surface.

§ 4. — Structure géologique de la croûte terrestre.

A. Nature géologique des roches.

FAITS CONSTATÉS

1. Presque partout la surface des terres est formée d'un sol, plutôt meuble, contenant des *débris de plantes* et d'animaux actuels (fig. 28, p. 14).

2. Au-dessous, se trouvent des roches, en général *stratifiées,* de duretés diverses (conglomérats, molasses, calcaires), avec restes organiques fossilisés, mais non modifiées (roches sédimentaires).

3. Ailleurs, et généralement dans des couches plus profondes, les roches sont aussi stratifiées, quelquefois lamellaires (ardoises), mais leurs fossiles sont gâtés ou écrasés. Ces roches sont *cristallines,* souvent très dures (schistes cristallins, micaschistes, marbres, etc.). On peut parfois constater que ces roches cristallisées ne sont que le prolongement d'autres roches, non cristallines, mais qu'elles ont été *disloquées* ou *injectées* de substance cristalline.

4. Enfin, on trouve aussi des roches *entièrement cristallisées,* sans fossiles, sans stratification nette (granit, etc.).

INTERPRÉTATION DES FAITS

1, 2. Les roches *sédimentaires* supérieures sont *exogènes,* c'est-à-dire d'*origine extérieure.* Ce sont rarement des formations continentales, mais généralement des alluvions sous-marines. Quelques-unes (les calcaires, la craie, etc.) sont des dépôts *organiques,* formés, dans les mers profondes, de coquillages microscopiques. D'autres sont *détritiques* et on peut déduire de leur nature les conditions de leur formation : les *brèches* sont le résultat de l'écrasement des roches ; les *conglomérats* ou *poudingues* sont ou des cônes torrentiels ou des dépôts grossiers formés sur une plage rocheuse ; les *grès* ou *molasses* sont des alluvions de sable, faits dans des lacs ou des mers peu profondes.

3. Les roches cristallines stratifiées sont des dépôts *métamorphosés* (roches métamorphiques) soit par compression (dynamométamorphisme), soit surtout par pénétration de silice, d'eau surchauffée, etc.

4. Les roches cristallines sans stratification sont *endogènes,* c'est-à-dire d'origine interne, comme la lave (granit, granulite, diabase, etc.).

On peut représenter comme suit la classification des roches :

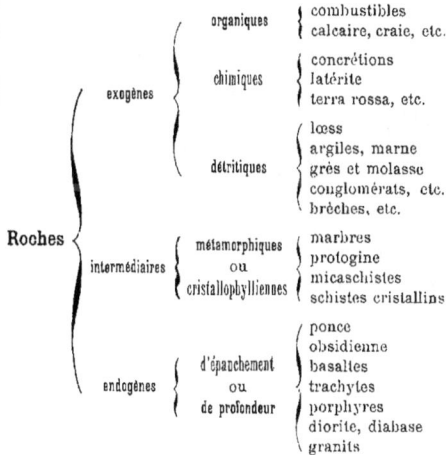

B. Age des terrains.

FAITS CONSTATÉS

1. Dans les couches superficielles, on ne trouve que des restes de plantes ou d'animaux *actuels.*

2. Dans les couches inférieures, on rencontre d'abord un *mélange* de restes fossilisés d'*espèces actuelles* et d'*espèces disparues,* puis rien que des *fossiles d'espèces disparues :* et les espèces des couches les plus anciennes sont plus simples que celles des couches suivantes (les plus anciennes sont des mollusques marins).

3. Enfin, dans les roches endogènes, cristallines, on ne trouve aucun reste organique.

INTERPRÉTATION DES FAITS

On conclut de ce qui précède que la vie a commencé sous des formes rudimentaires, puis s'est

NB. — La nomenclature étant donnée dans l'ordre où sont les sédiments, ce tableau doit être lu de bas en haut.

Développement de la vie animale et végétale		Ères	Périodes principales	Dislocations, etc.
Faune actuelle (plus ancienne en Australie). Disparition des grands mammifères et animaux des cavernes. Grands ruminants et carnassiers. Développement des *hommes*.		Quaternaire	Pléistocène.	Extensions glaciaires.
Pithecanthropus erectus et faune presque actuelle. *Carnassiers.* [tuelle. Grands *proboscidiens* (éléphants, mastodontes, etc.). Apparition des *singes*. Extinction des nummulites. *Polypiers* et *nummulites*. — Premiers *proboscidiens*. Grand développement des *mammifères* (didelphes et lemuriens).	Flore actuelle. Flore très variée. Flore tropicale et flore tempérée.	Tertiaire ou Néozoïque	Pliocène. Miocène. Oligocène. Éocène.	Éruptions et dislocations alpines. Alpes. Pyrénées.
Extinction des grands sauriens. Extinction des poissons ganoïdes et des ammonites. Développement maximal des *sauriens*. [tes. Abondance et perfectionnement des *ammonites*. Multiplication des *sauriens*. Premiers *mammifères* (didelphes).	(Climats différenciés.) Végétaux supérieurs. Dicotylédones angiospermes. (Air purifié.) [spermes.	Secondaire ou Mésozoïque	CRÉTACIQUE. JURASSIQUE. lias	Sédimentation tranquille.
Extinction des trilobites. Premiers *sauriens* ou reptiles (aquatiques). — *Insectes.* Beaucoup de poissons.—Premières *ammonites* (céphalopodes). Premiers *poissons* (ganoïdes). Beaucoup de *céphalopodes* et *trilobites* (anim. Premiers fossiles sûrs. [marins). Traces *douteuses* de fossiles.	Cryptogames. Végétation considérable. Première végétation sérieuse.	Primaire ou Paléozoïque	trias CARBONIFÈRE. Dévonienne. Silurienne. Précambrienne.	Dislocations et éruptions. Filons métallifères. Gᵈᵉ métamorphisation. (Chaînes) Hercyniennes. Calédoniennes. Huroniennes
Pas de fossiles.		Archéenne		(Chaînes)

développée et *transformée* d'âge en âge ; et, en se basant sur l'ancienneté relative des espèces fossiles, on a établi les divisions ci-dessus.

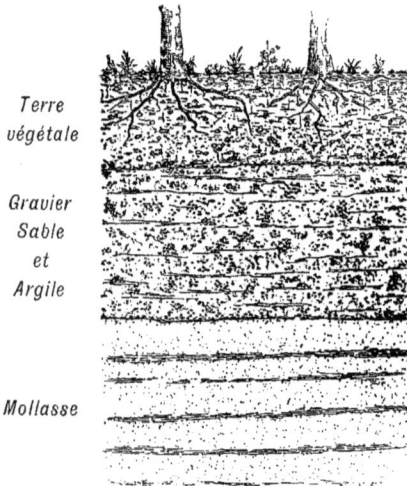

Terre végétale

Gravier
Sable
et
Argile

Mollasse

FIG. 28. — Couches superficielles habituelles du Plateau suisse.
(D'après M. H. Schardt.)

C. Dislocations.

1. *Structure de la Suisse :*

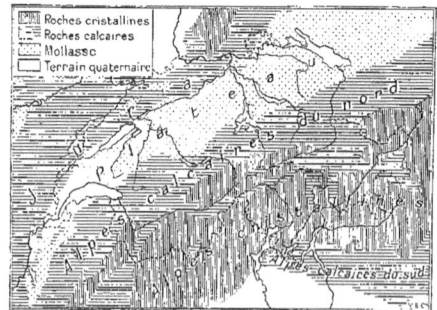

Roches cristallines
Roches calcaires
Mollasse
Terrain quaternaire

FIG. 29. — Formations géologiques de la Suisse.

La Suisse offre plusieurs zones géologiques parallèles, orientées du S.-O. au N.-E. : le Jura, formé de roches calcaires, généralement d'âge secondaire ; le Plateau, composé de molasses et conglomérats tertiaires, souvent recouverts de dépôts glaciaires ; les Préalpes et Alpes calcaires, formées de terrains secondaires ; enfin les Alpes cristallines, avec terrains primaires, archéens et éruptifs, dans des positions tout à fait anormales et très enchevêtrés (fig. 29, p. 14).

2. *Plis droits :*

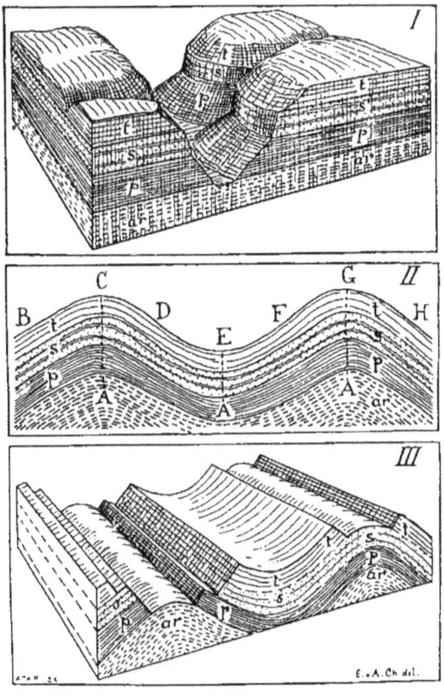

3. *Plis déjetés et couchés :*

Fig. 31. — Pli couché, dans la vallée de la Kander (Gasterenthal). Les plis ont été complètement sciés par l'érosion de la Kander. Le pli en S est composé de calcaire dur, d'âge jurassique, et l'on voit en haut à droite un reste du revêtement crétacique primitif.
(Phot. P. Le Grand Roy.)

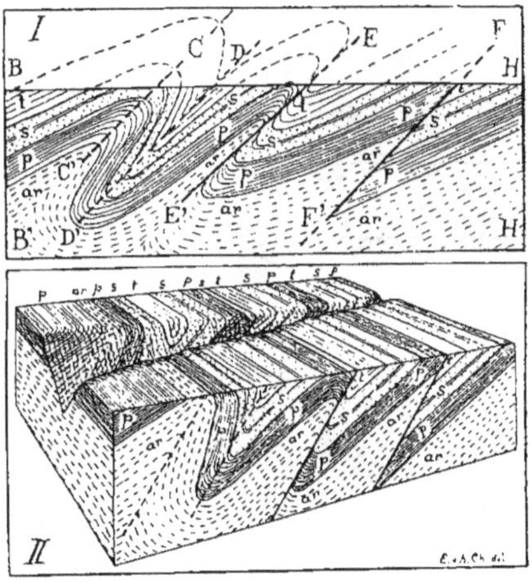

Fig. 30. — I. Ordre normal des couches géologiques entamées par l'érosion d'un cours d'eau. — Ar, p, s, t = archéen, primaire, secondaire, tertiaire.

II. *Plis droits.* — BCD et FGH = plis anticlinaux; DEF = pli synclinal; AC, AG = axe des plis. — Couches concordantes, donc plissées simultanément, à la fin de l'ère tertiaire.

III. Représentation schématique de plis droits partiellement démantelés, permettant l'étude des divers niveaux. — Dans la nature, la différence de dureté des couches crée une plus grande variété topographique.

Fig. 32. — I. Plis déjetés et failles — dénudés jusqu'au niveau BH. — BCD = anticlinal déjeté. EE' = pli étiré ou pli-faille, causé parce que le massif DE a été poussé contre le massif EF. — FF' = faille créée par le glissement du massif EF sur le massif HH'. Ces dislocations se constatent par les contacts anormaux qu'elles causent à la surface : archéen contre primaire et secondaire, etc.

II. Vue-perspective des affleurements superficiels, avec contacts anormaux, causés par ces dislocations sur la surface de dénudation ou d'abrasion.

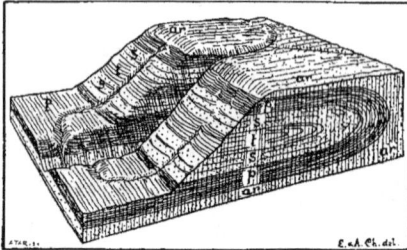

Fig. 33. — Pli couché dont le *flanc normal* a été enlevé par érosion, laissant seulement son *flanc renversé* avec les couches en *ordre anormal*, archéen sur primaire, etc.

4. Discordances :

On dit que des couches sont *discordantes* lorsque, au lieu d'être parallèles entre elles, comme dans fig. 30 à 33, ou même 35, elles se recoupent brusquement, à angle plus ou moins aigu, comme dans fig. 34, I et II.

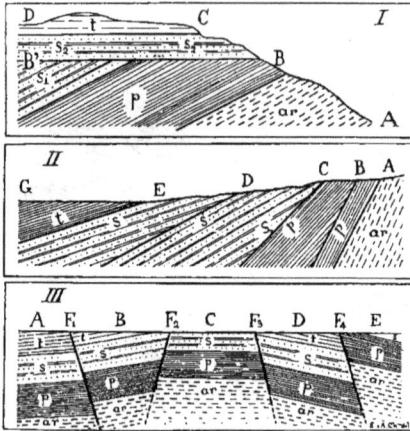

Fig. 34. — I. Discordance. — Le massif **ABB'** a été plissé, puis abrasé jusqu'au niveau **BB'**, puis recouvert de nouveaux dépôts. — La discordance séparant deux séries de couches secondaires, le plissement et l'abrasion ont dû se faire au milieu de l'ère secondaire.

II. Série de discordances. — Le massif a dû se plisser en plusieurs fois, avec dénudation graduelle : au milieu et à la fin de l'ère primaire ; au milieu de l'ère secondaire ; pendant l'ère tertiaire.

III. Structure tabulaire (Jura bâlois). — Le massif **C**, qui n'a pas participé à l'affaissement des blocs, est un *horst* ; **E** a été poussé par dessus **D**. Tout a été dénudé jusqu'au niveau **AE**, où affleurent sans suite le tertiaire et le secondaire.

5. Nappes de recouvrement :

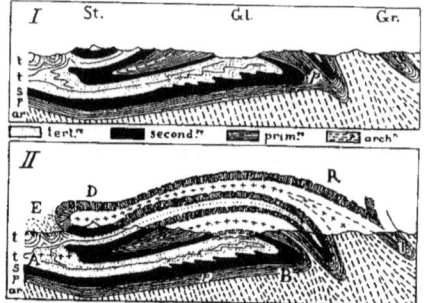

Fig. 35. — I. Coupe géologique simplifiée de la région du Säntis au col de la Greina par le canton de Glaris. — En discordance sur des schistes archéens, on rencontre d'abord une série normale (primaire, secondaire, tertiaire), puis un pli couché ; puis au Säntis un lambeau renversé (tertiaire, secondaire, primaire), enfin, plus au N., du tertiaire disloqué.

II. La structure figurée en I ne peut s'expliquer qu'en admettant l'existence de deux *nappes de recouvrement*, parties de leurs racines (**R**) dans les Grisons et qui ont recouvert les couches en place **AB** en bousculant les sédiments devant elles (**E**). L'érosion n'a laissé subsister qu'une petite partie des deux nappes (ce phénomène se retrouve sur tout le versant N. des Alpes).

(D'après A. Heim et H. Schardt.)

INTERPRÉTATION DES FAITS

1. Les zones géologiques de la Suisse sont dues à des plissements, surtout tertiaires, plus ou moins dénudés (voir le tableau, p. 14). Ceux du Jura ne sont intenses que vers Bâle. Le Plateau est un synclinal. Dans les Alpes, les plis venus du S. ont recouvert plusieurs fois les couches primitives (fig. 35).

2, 3. On attribue toutes les dislocations de l'écorce terrestre au fait que le *noyau intérieur du globe s'est contracté et se contracte encore* par l'effet de son refroidissement graduel, tandis que la croûte superficielle, qui a commencé à se former quand la Terre était plus volumineuse, se trouve trop grande et doit se plisser (comme la peau d'une pomme qui se dessèche). Les *failles* peuvent provenir de l'étirement d'un pli (fig. 32, I, II, p. 15), mais aussi de l'effondrement de blocs rigides (fig. 34, III).

4. Quand les couches d'un pli sont *concordantes*, cela prouve qu'elles ont été plissées toutes ensemble, *après* le dépôt de la plus jeune. Les *discordances* sont la preuve de *dislocations succes-*

Fig. 36. — Colonnes du temple de Neptune (ou Serapis) à Pouzzoles, près de Naples. Remarquer qu'elles sont creusées, jusqu'à 5 m. 30, par des lithodomes ou mollusques perforants, qui vivent dans l'eau de mer, très légèrement au-dessous de la surface. Elles ont été immergées de 5 m. 38 à l'époque romaine, puis ont émergé de 5 m. 80 en 1538 (Éd. Suess).

(Reproduit avec l'autorisation de MM. Sommer et fils, Naples.)

sives, dont on peut déterminer l'âge relatif. Tous ces déplacements ont naturellement une grande importance, parce qu'ils ont modifié et modifient encore les phénomènes géophysiques.

§ 5. — Phénomènes géologiques actuels.

FAITS CONSTATÉS

1. Le sol est sans cesse attaqué par la *pluie* et les *eaux courantes* et ce sont les points saillants qui sont le plus démantelés (chap. II, §§ 5 à 7).

2. Sur la plupart des côtes, la mer détruit graduellement la falaise (voir chap. III, § 8).

3. Il se forme perpétuellement des *dépôts* dans les vallées (chap. II, § 6, *D*), autour des volcans et dans les mers (chap. III, §§ 1, *B*, et 8, *B*). Les formations *continentales* (laves, alluvions fluviales, sables mouvants, etc.) sont certainement moins abondantes que les formations marines.

4. C'est en Suède que fut constaté pour la première fois le *déplacement graduel d'une ligne côtière*. Dans ce pays, les côtes émergent de 0m50 par siècle à 60° de latitude, de 1 m. plus au nord. Depuis lors, on a trouvé des *plages surélevées*, ou émergées, sur les côtes de Norvège et ailleurs (fig. 37).

5. En revanche, différentes côtes possèdent des *forêts sous-marines*, terme très exagéré d'ailleurs pour des restes de végétation continentale sub-

mergée par la mer (Manche, Bretagne, Etats-Unis du N.-E., etc.). On sait que la côte de Hollande *recule ;* que le Golfe du Zuiderzee a été formé vers 1200, etc.

6. A Pouzzoles, les colonnes du temple de Neptune, sans tomber, donc sans secousses violentes, ont été partiellement *immergées,* puis elles ont *émergé* (fig. 36).

INTERPRÉTATION DES FAITS

1, 2, 3. Les *érosions* et *dépôts actuels* ne sont que la continuation du même travail de destruction des temps anciens (chap. II, §§ 3 et 9). L'époque actuelle n'est donc que la *prolongation* des temps géologiques passés, et la formation des couches géologiques continue.

4, 5, 6. Les *émersions* et *submersions* actuelles des côtes ne peuvent guère être dues à un changement de niveau de telle ou telle mer, mais plutôt à la prolongation des plissements du sol. Ce

FIG. 37. — Falaises surélevées près de Grœtnes et de Vang, en Norvège. (D'après Mohn.)

qui s'est passé au temple de Neptune et en Scandinavie montre qu'il peut y avoir encore des mouvements *successifs en sens inverse.* La faille japonaise (fig. 23, p. 11) prouve que la formation de ces cassures continue. Tous ces phénomènes peuvent se faire *insensiblement,* comme au temple de Neptune, ou *brusquement,* comme au Japon. Bref, plissements et failles continuent, et leur mode de formation n'était probablement pas autre anciennement qu'aujourd'hui.

§ 6. — Influence des conditions géologiques sur l'humanité.

La température superficielle n'étant plus influencée par la chaleur du sous-sol, les *conditions géothermiques* (§ 1) n'ont guère d'influence directe sur l'homme, sauf en rendant impossibles, au-delà de certaines profondeurs, l'exploitation des mines et l'établissement des tunnels.

Le *volcanisme* (§ 2) a une influence directe néfaste, par la disparition des terres sous les laves et encore plus par des catastrophes comme celles du Timboro en 1815, du Krakatao en 1883, de la Martinique en 1903, du Vésuve en 1907. En revanche, les régions volcaniques sont souvent très peuplées (Etna, Vésuve, Java, îles volcaniques du Pacifique, Petites Antilles, etc.), parce que la cendre, une fois dessalée par la pluie, est un *excellent terrain* et l'étendue des cendres est très supérieure à celle des laves improductives.

Les *séismes* (§ 3) n'ont qu'une influence défavorable. Sans parler de catastrophes comme celles de Lisbonne en 1755, de Calabre en 1783 et 1907, d'Ischia en 1883, de San-Francisco en 1906, de Valparaiso en 1906, si des régions comme celles de Londres, Paris, etc., redevenaient instables, il en résulterait des pertes incalculables. Et des pays comme le Japon, le Pérou, etc., où les villes sont détruites périodiquement, seraient excusables s'ils se développaient moins que les autres.

La *nature minéralogique* du sol (§ 4) a plusieurs influences capitales, directes et indirectes. Le *sol superficiel* est de première importance. Certaines terres végétales (humus, terre noire de Russie) sont d'une grande fertilité ; de même certains sols plutôt minéraux, comme les cendres volcaniques, le *lœss* et la *terre jaune de Chine* (probablement poussière accumulée), la *latérite* (granit décomposé par la végétation équatoriale), les alluvions fines ou compactes, certaines argiles. En revanche, les roches cristallines donnent en général de mauvaises terres dans nos pays. Sur les sols riches, la population agricole peut atteindre une densité de plus de 200 habitants par km² (Chine).

Le *sous-sol* n'est pas moins important.

Les couches supérieures ont toujours livré des matériaux : argile pour poteries, pierre à chaux, pierres meulières, ardoises, pierre à bâtir, etc. Les couches riches en fossiles livrent des phosphates de chaux précieux comme engrais. Les couches profondes fournissent charbon, pétrole, sel, filons métallifères.

Les *dislocations* géologiques et leurs modifications ont aussi une influence de premier ordre : sans *plissements,* il n'y aurait pas de terres émergées, donc pas de vie terrestre ; sans le *démantèlement* des plis, la plupart des minéraux seraient enfouis à des milliers de mètres, donc inexploitables (fig. 38).

L'influence des conditions du sous-sol est au moins aussi importante pour la répartition des hommes que la valeur du sol superficiel (Angleterre, Belgique, Ruhr, Silésie, Pennsylvanie).

Les *phénomènes géologiques actuels* (§ 5) ont aussi leur influence :

L'*érosion* et l'*alluvionnement* forment et modifient les terres, comme en Egypte, au Bengale, etc., ou chassent l'homme, comme dans les Alpes méridionales françaises. L'abaissement des plis et leur coupure par les vallées d'érosion rendent les

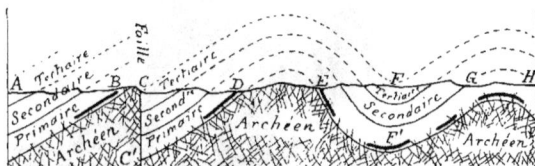

Fig. 38. — Effets pratiques des dislocations suivies de dénudations : elles rendent abordables les gisements primaires de houille **B, D, E,** et les filons métallifères, qui sont surtout dans les couches archéennes et primaires.

montagnes accessibles (différence entre Jura, Alpes, Himalaya).

L'indentation des côtes, due à leur immersion, a facilité la naissance de la navigation. En revanche, le *recul* continuel de presque toutes les côtes par l'effet de l'érosion est une perte sans compensation.

CHAPITRE II

HYDROGRAPHIE CONTINENTALE

Les *précipitations*, sous forme de pluie, de neige, etc., sont rendues à l'atmosphère par *évaporation* soit directe, sur le sol, soit indirecte, par la végétation. Quand elles sont abondantes, une partie retourne à la mer par *ruissellement*, une partie pénètre dans le terrain. Cette dernière alimente les sources.

§ 1. — Neiges.

FAITS CONSTATÉS

1. Les crêtes et arêtes perdent généralement leur neige par l'effet du vent et des avalanches, tandis que les *cirques* la conservent (fig. 39).

2. La neige y est *pulvérulente* en hiver et *granuleuse* en été. En creusant un névé on y trouve une *granulation* plus grossière (avec grains de 1 à 10 millimètres de diamètre) ; la neige montre souvent une *stratification*.

3. Chaque région a une limite inférieure des *neiges persistantes* (fig. 40) :
2600 à 3000 m. dans les Alpes (plus bas sur les versants septentrionaux) ; 1200 à 1500 m. dans le S. de la Norvège ; 700 à 1000 m. dans le N. ; 100 à 300 m. dans l'Archipel François-Joseph à 82° lat. ;

FIG. 39. — Vue prise du Grabenhorn, dans la chaîne des Mischabelhœrner. — A = Tæschhorn.
— B = Kienhorn. — C = cirque de névé du Kiengletscher. — Remarquer les crêtes dénudées ;
les traces d'avalanches sur le pourtour du névé ; la *rimaye*, roture ou Bergschrund **(DE)**; les
crevasses transversales **(FG)** au bord du cirque.   (Phot. E. Chaix, 1905.)

5000 m. vers l'équateur; 5000 m. au S. de l'Himalaya, 6000 dans le Tibet.

INTERPRÉTATION

1. L'avantage des *formes concaves* pour l'accumulation de la neige est évident.

2. La granulation s'explique par les *alternatives de dégel et de regel,* car un cristal qui fond et qui regèle réunit tous ses voisins en un grain ; et les couches inférieures d'un névé, plus anciennes, ont subi plus d'alternatives de gel et de dégel.

3. La *limite des neiges* persistantes dépend surtout des *températures* (voir chap. IV, § 6) ; mais la différence entre le S. et le N. de l'Himalaya provient de ce que le Tibet est plus sec que l'Hindoustan.

§ 2. — Glaciers.

A. **Nature des Glaciers.**

FAITS CONSTATÉS

1. En général, plus le cirque de réception est grand, plus le glacier est long (fig. 41 et 52).

2. Les glaciers descendent plus bas que la *limite des neiges persistantes* (fig. 40 à 44). A Chamonix, par exemple, les neiges éternelles sont

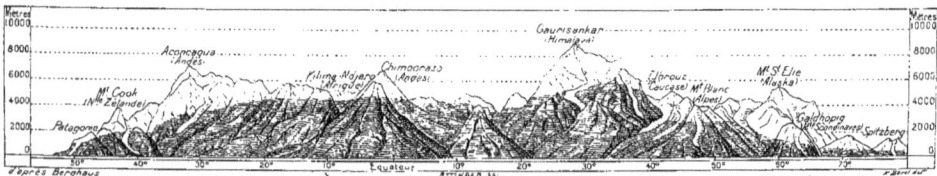

FIG. 40. — Limite des neiges persistantes et des glaciers aux différentes latitudes. — Remarquer les différences entre le S. et le N. de
l'Himalaya ; entre 40° latitude N. et 40° latitude S. ; remarquer que même au Spitzberg la limite des neiges éternelles n'est pas au niveau
de la mer ; — remarquer que les glaciers descendent beaucoup plus bas que les neiges (de 1000 à 2000 m.).

vers 3000 m., mais le glacier des Bossons descend presque à 1000 m.

3. Leur surface est *mamelonnée* (fig. 42), et dans les jours d'été, il circule, entre les mamelons,

FIG. 41. — Carte du glacier d'Aletsch. Echelle : $^1/_{840\,000}$.

de l'eau de fusion, qui disparaît dans les fentes (moulins).

4. Une faible couche de sable ou de minces lamelles de pierre *s'enfoncent* dans la glace (fig. 43) ; en revanche, sous une couche épaisse de sable ou sous de gros blocs, la glace forme des *éminences (talus et tables*, fig. 43 et 44).

5. La glace des glaciers est *granuleuse* (fig. 42 et 44) et contient de l'air, mais moins que le névé.

6. A la surface *le milieu va plus vite que les bords;* 100 m. et 7 m. au glacier du Rhône, fig. 46 (donc environ 30 cm. par jour).

7. L'inclinaison graduelle des *moulins* prouve que la surface va un peu plus vite que le fond.

8. *La glace avance perpétuellement, mais plus en été qu'en hiver*, et beaucoup plus au Grœnland que dans les Alpes.

9. En été, de jour, *l'eau circule entre les grains du glacier*[1] ; en hiver et de nuit, le glacier est gelé dans toute sa masse.

FIG. 42.— Vue prise sur le glacier du Géant (massif du Mont-Blanc). — Remarquer la surface granuleuse et mamelonnée du glacier ; le fait que tout le glacier est au-dessous de la limite des neiges persistantes. qui se trouve à peu près à la hauteur **AHB**; le fait que le petit cirque **H** donne naissance à un petit glacier qui se termine déjà au niveau **H'**. — Noter l'aspect de la crête entre **E** et le Mont Malet **(D).** — **C** = Aiguille du Géant. — **F** = région du Col du Géant. (Phot. E. Chaix. 1897.)

INTERPRÉTATION DES FAITS

1, 2. La relation entre l'étendue du cirque de névé et la longueur du glacier est aisément com-

[1] On le constate facilement à l'aide de fluorescéine, d'encre ou de vin rouge.

préhensible, ainsi que sa prolongation au-dessous de la limite des neiges.

3. L'irrégularité de la surface provient de ce

FIG. 43. — Vue prise sur le glacier de Grindelwald (Oberland bernois). — Remarquer : la nature granuleuse et mamelonnée de la glace au premier plan ; le fait que le sable au premier plan et vers **AB** crée des dépressions dans la glace ; remarquer l'écorchure faite à ce qui semble être un tas de sable, mais n'est qu'un cône de glace. Remarquer enfin que tout ce glacier est beaucoup au-dessous de la limite des neiges persistantes.

que la glace n'est pas homogène et résiste inégalement à la fusion.

4. Au soleil, les pierres s'échauffent plus que la glace ; elles la fondent si elles sont minces, mais la protègent si elles sont épaisses. Ce phénomène peut être représenté par la fig. 45.

5. La glace du glacier étant granuleuse ne peut pas être due à la *compression* du névé, car la pression donnerait de la glace compacte ; elle doit être le résultat de la *continuation indéfinie des alternatives de dégel et de regel*.

6. On admet généralement que la lenteur du bord est due au frottement.

7, 8, 9. Quant au mouvement lui-même, on a

FIG. 44. — Vue prise du glacier de Leschaux, affluent du glacier du Géant (massif du Mont-Blanc). — **A** = Grandes Jorasses. — **B** = Col des Hirondelles. — **C** = cirque de réception, avec rimaye sur le pourtour. — Remarquer la nature granuleuse de la glace au premier plan ; la *Table de Glacier* **E** et l'ancien piédestal **F** sur lequel elle se trouvait quelque temps avant. — La limite des neiges est à peine au niveau **D**. (Phot. E. Chaix, 1897.)

proposé plusieurs hypothèses pour l'expliquer, notamment *l'hypothèse de grossissement du grain du glacier* : L'eau qui circule entre les grains (n° 9) *se dilate* en regelant, ce qui pousserait le

FIG. 45. — La ligne pointillée est la surface primitive du glacier. — Au bout de quelques jours la surface a été abaissée par la fusion ; le gros bloc **C** forme *table* ; la mince pierre **D** et la mince couche de sable **E** se sont enfoncées dans la glace ; le tas de sable **FH** forme le cône **F'H'**.

FIG. 46. — Glacier de Boveyre (Valais). — Remarquer les séries de crevasses *transversales* là où la pente est accentuée ; les crevasses à peu près *longitudinales* et les *séracs* dans le bas ; quelques tronçons de *rimaye* au pied des pentes supérieures.
(Phot. E. Thury, 1890.)

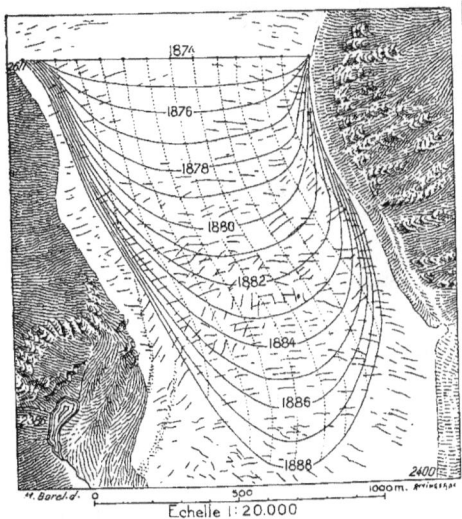

FIG. 47. — Expérience faite au glacier du Rhône sur la vitesse superficielle de la glace. Des blocs vernis de couleurs diverses ont été placés en ligne droite en 1874. Chacun a suivi une des lignes pointillées, ceux du milieu allant beaucoup plus vite que ceux du bord.

glacier ; cela expliquerait la plus grande vitesse à la surface et en été par la plus grande *fréquence des alternatives de gel et de dégel ;* mais cela n'expliquerait pas la plus grande vitesse des glaciers du Grœnland. Il est probable que plusieurs phénomènes différents ont lieu ensemble [1].

B. Crevasses.

FAITS CONSTATÉS

On rencontre sur les glaciers divers genres de fissures. On distingue : les crevasses *transversales* et les *crevasses longitudinales* (fig. 46), les *crevasses latérales* (fig. 51, I), les *crevasses marginales* (fig. 48 et 51) ; enfin, au pied des pentes de névés, la *rimaye* ou roture (fig. 39 et 46) et, là où les crevasses se croisent, les *séracs* (fig. 46).

[1] Même au-dessous de 0° la glace peut être *liquéfiée par compression* (surfusion). Si le poids du glacier sur sa base était suffisant, l'eau de surfusion circulerait sous lui, regèlerait dans toutes les fissures *en se dilatant* et cela pousserait le glacier. Ce phénomène a peut-être lieu sous les très gros glaciers et contre les obstacles.

Toutes ces fissures sont certainement l'effet du *mouvement* du glacier.

Les crevasses *transversales* (fig. 46, 49) sont évi-

elle est à $A'B'$, et craque perpendiculairement au sens de traction. — La *rimaye* provient probablement de l'entraînement du névé par le glacier sous-jacent ; elle est comblée à mesure par les avalanches.

Fig. 48. — Crevasses marginales sur la rive droite du Glacier d'Argentières (Chamonix). — Le bord du glacier remonte selon **ABC**, le spectateur étant en **D**; les crevasses s'étendent *en biais vers l'amont* selon **AE, BF**. — Remarquer la rive de roches moutonnées, de **G** à **H**, et les dépôts de moraine très récente **IJ** et **LM**, mélange de blocs plus ou moins bruts et de terre. Table de glacier vers **K**.   (Phot. E. Chaix, 1907.)

demment dues aux changements de pente ; les *longitudinales* sont généralement causées par la présence d'un obstacle dans le lit du glacier (fig. 46 et 51, III), quelquefois par le rétrécissement du lit. Les crevasses *latérales* se forment aux coudes convexes du glacier (fig. 51, I) ; les *sérac* aux croisements des fentes (fig. 46). Quant aux crevasses *marginales* (fig. 48 et 51), on les explique par la lenteur du mouvement du bord du glacier. Le point A (fig. 51, IV) restant en arrière de B, la glace AB se trouve distendue quand

C. **Travail des glaciers.**

1. Les glaciers présentent trois genres de *moraines superficielles :* des moraines *latérales* (fig. 48, 53 et 56), *médianes* (fig. 54) et *frontales* ou *terminales* (fig. 53) ; en outre, sur des pentes faibles, ils laissent sur leur lit la *moraine profonde ;* en tous cas la couche inférieure de la glace en est pénétrée.

2. Les *matériaux* des moraines superficielles sont mélangés et presque bruts ; ceux de la moraine profonde sont *triturés* et réduits à l'état d'*argile à cailloux striés*.

3. Quelques glaciers ont des *bandes paraboliques*, légers dépôts superficiels de

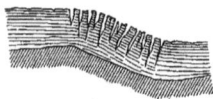

Fig. 49. — Coupe longitudinale d'un glacier à crevasses transversales.

Fig. 50. — Coupe transversale d'un glacier à crevasses longitudinales.

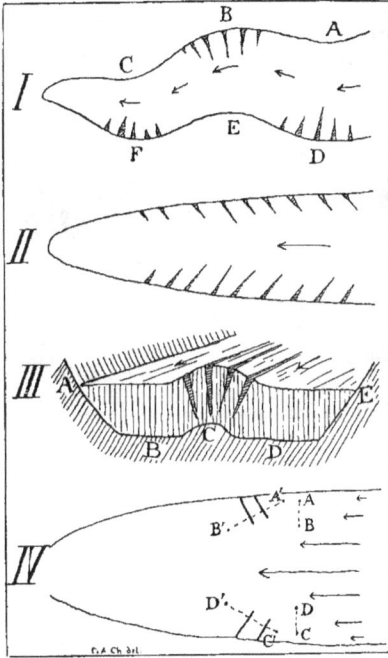

Fig. 51. — I. Crevasses *latérales* et II. crevasses *marginales*, vues en plan. — III. Crevasses *longitudinales*, vues en perspective. — IV. Formation des crevasses *marginales* (voir p. 24).

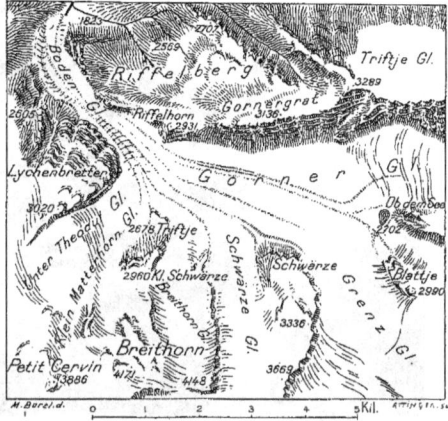

Fig. 52. — Gornergletscher et partie de son bassin de réception. — A remarquer : la très grande étendue du bassin comparée à la longueur de la langue *terminale* (Bodengletscher); les *moraines médianes*, notamment celles qui partent des Schwärze et du Blattje (comparer avec la figure 54).

Fig. 53. — Vue prise du Plan de l'Aiguille, sur Chamonix. — **D**, **V** et **M** = Dru, Aiguille Verte et Aiguille de l'**M** ; **AB** = moraine latérale gauche du glacier des Nantillons ; **BC** = sa moraine frontale, en arc de cercle régulier. Matériaux considérables fournis par le délitement des dalles verticales de protogine.

(Phot. E. Chaix, 1897.)

oue ou de sable. Ils sont généralement écartés d'environ 100 m. l'un de l'autre (fig. 56).

4. Là où les glaciers diminuent, on trouve les oches de leur lit *striées*, *polies* ou *moutonnées* fig. 57). Les *stries glaciaires* sont *rectilignes*, malgré les obstacles ; ceux-ci sont « rabotés » en mont et bruts en aval *(roches moutonnées)*.

5. La coupe transversale générale des *vallées laciaires* rappelle un **U** évasé, plus ou moins nodifié, plutôt qu'un **V** (fig. 55).

INTERPRÉTATION DES FAITS

1, 2. La moraine *latérale* provient évidemment le l'écroulement graduel des pentes ; la moraine

FIG. 54. — Glacier du Gorner. — A gauche, le Mont-Rose ; à sa droite, le Lyskamm, précédé du massif noir nommé Schwärze. — Comparer cette vue à la carte, fig. 52, p. 25, où l'on voit les mêmes moraines médianes (notamment celle des Schwärze). Remarquer les vastes cuvettes, encore inexpliquées, que présente le glacier.   (Phot. Jullien Frères).

médiane est la réunion de deux moraines latérales (fig. 54) ; la moraine *frontale* se forme par le dépôt définitif de tous les débris (fig. 53) ; la moraine *profonde*, par la trituration du lit et des pierres tombées dans les crevasses.

3. Les *bandes paraboliques* ne sont pas encore bien expliquées. Leur écartement de 100 m. et leur forme indiquent qu'elles sont en relation avec le *mouvement annuel* du glacier (fig. 56).

4. Le travail d'*érosion glaciaire* est évidemment exécuté par les pierres encastrées dans la couche inférieure ; elles suivent le mouvement général à peu près rectiligne du glacier et *ne peuvent ni éviter les obstacles ni les attaquer en aval* (voir la différence avec l'érosion fluviale, § 6, *B* et *C*, surtout fig. 133, 137, 138). Un fait capital : l'érosion glaciaire agit *d'amont en aval* (comparer à l'érosion fluviale).

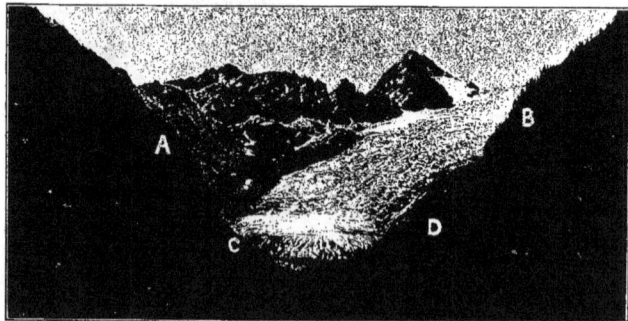

FIG. 55. — Extrémité du glacier du Trient. — Remarquer la forme en **U** de son ancienne vallée entre **A** et **B**, légèrement atténuée par les éboulis **C** et **D**.   (Phot. P. Noblet, 1891).

FIG. 56. — Bandes paraboliques de la Mer de Glace : vue prise d'un des lacs morainiques, au pied des Aiguilles Rouges de Chamonix. — **G, Gr** et **T** = Aiguille du Géant, Greppon et Aiguille du Tacul; **ABC** = Glacier du Géant; remarquer sa « veine noire », moraine due aux débris du Tacul, et sa « veine blanche »; entre **A, B** et **C** voir les *bandes paraboliques*, à 100 mètres l'une de l'autre. Remarquer les arêtes déchiquetées du Greppon et du Tacul. Au premier plan, roches moutonnées et anciennes moraines.   (Phot. E. Chaix, 1907.)

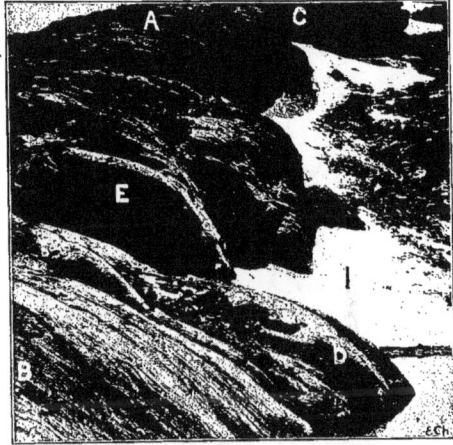

FIG. 57. — Roches striées et moutonnées au Lac Blanc (Aiguilles Rouges, Chamonix). — La bande rocheuse **AB** est plus résistante que ses voisines, les couches verticales **C.** — Le glacier, venant de droite, a creusé le lac dans les couches moins dures et, en remontant sur les plus dures, il les a striées. Voir notamment **B, D** et **E.** Hauteur d'un homme **I.**   (Phot. E. Chaix, 1907.)

5. Le lit d'un glacier est généralement plus évasé que celui d'un cours d'eau parce que la glace se glisse moins facilement dans une gorge étroite.

D. Périodes glaciaires.

FAITS CONSTATÉS

1. *La longueur des glaciers subit des oscillations* ; ceux des Alpes ont été plus longs vers 1830 et de 1850 à 1860 mais sont tous dans une *période de raccourcissement et d'amoindrissement* (voir fig. 59 et 61).

2. Presque tous présentent des séries de moraines *latérales* anciennes à des niveaux plus éle-

FIG. 58. — La « Pierre à Dzô », bloc erratique de la moraine du glacier du Rhône à Monthey (Valais).
            (Phot. E. Thury, janvier 1887.)

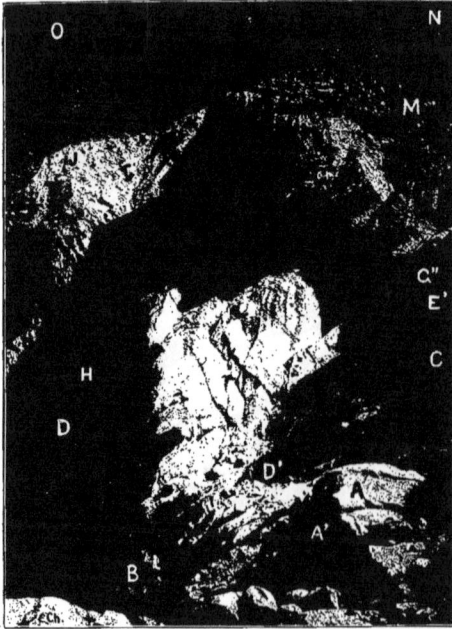

FIG. 59. — Vue prise à la même place que la figure 61, en août 1907.
— Mêmes faits à signaler ; mais remarquer surtout que la surface
de la Mer de Glace, qui s'élevait jusqu'au niveau **MG'D**, s'est abaissée
jusqu'à la ligne **E'D'**, soit d'environ 40 mètres. La longueur du glacier a donc dû diminuer beaucoup plus. (Phot. E. Chaix, 1907.)

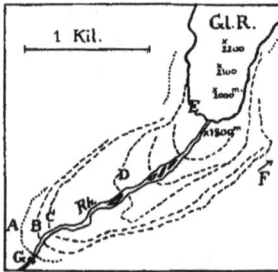

FIG. 60. — Changements de longueur du Glacier du Rhône (d'après
le S.A.C.). — **G** = Gletsch, à 1761 m. — **F** = direction de la
Furka. — **A**, moraines anciennes ; **B**, extrémité du glacier en 1818 ;
C, en 1856 ; **D**, en 1874 ; **E**, en 1904.

vés que les moraines actuelles (fig. 62), ou des
moraines terminales à différentes distances en
aval (fig. 60).

3. En dehors des régions actuellement glaciées, on rencontre des *paysages glaciaires* caractéristiques (fig. 63). Ailleurs des *blocs erratiques*, de roches étrangères à la région où ils se
trouvent, par exemple, autour de Genève, des ser-
pentines du Valais méridional, des granits du
Mont-Blanc, etc., qui eussent été arrondis ou
détruits s'ils avaient été transportés par l'eau ;
ailleurs de grandes accumulations d'*argile gla-*

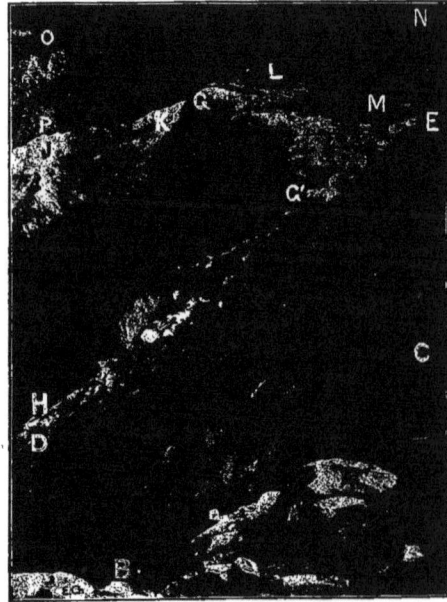

FIG. 61. — Vue prise à l'extrémité inférieure de la Mer de Glace
(glacier des Bois) en août 1897. — **BC** = rive gauche. — Faits à
remarquer : la roche **A** est moutonnée à droite, brute en aval (**A'**) ;
la roche **MGH**, sur la rive droite, est striée et burinée perpendiculairement aux couches de la pierre ; elle est plus brute dans sa
partie **GG'H** que dans sa partie **GG'M** ; les matériaux JK et LMN
sont la moraine de la dernière extension ; les matériaux vers OP
sont d'une moraine plus ancienne, remaniée. Remarquer la stratification de la glace dans sa partie **DECB**.
(Phot. E. Chaix, 1897.)

FIG. 62. — Glacier de Corbassière. — Remarquer les quatre moraines :
AB, actuelle ; **DE**, sans végétation ; **FG**, avec végétation, et **HJ**.

FIG. 64. — Carte des moraines et des blocs erratiques d'Argovie,
d'après Lubbock.

FIG. 63. — Paysage glaciaire. Alpe de Louvie, sur Fionnay (vallée de Bagnes). — Dans le fond, Grand
Combin et Combin de Corbassière. — Remarquer : **AB**, ancienne moraine frontale qui a fermé la
vallée ; **DE**, plaine d'alluvion qui a remplacé le lac ; **FG**, partie du lac sauvée de l'alluvionnement par le bout de moraine **HJK** ; **MM**, blocs erratiques.   (Phot. E. Chaix, 1898.)

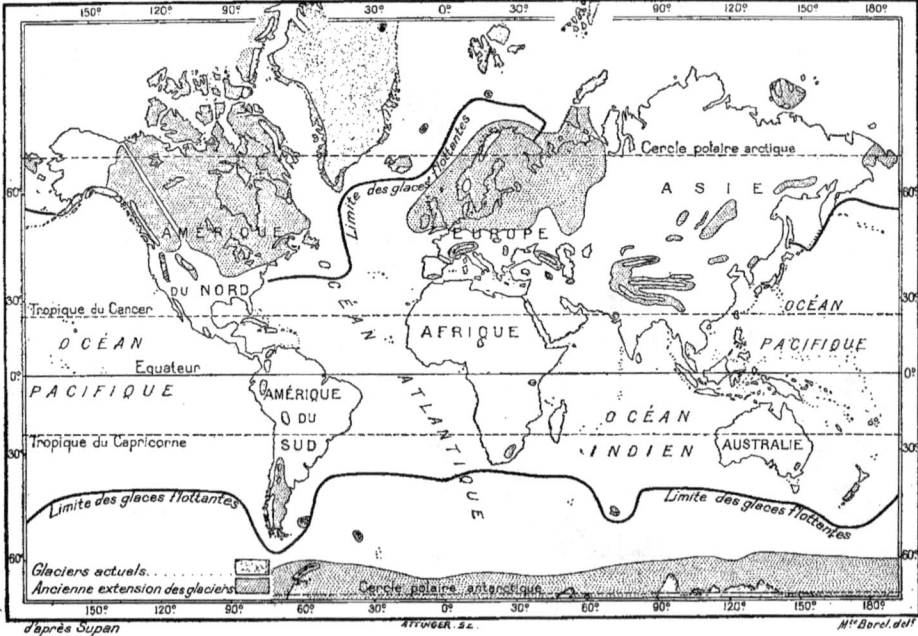

Fig. 65. — De nos jours, les régions les plus fortement glacées sont : l'Antarctide, le Grœnland, le Spitzberg et autres archipels polaires. — Remarquer l'immense extension ancienne du *Glacier de Scandinavie* (jusqu'à la latitude de Londres) et du *Glacier de la Baie de Hudson* (jusqu'au Missouri et à l'Ohio).

ciaire à cailloux striés, des *terrasses d'alluvions à matériaux glaciaires,* etc.

4. Bref, on a constaté que les glaciers se sont étendus fort loin à diverses époques (voir fig. 65, 67).

INTERPRÉTATION DES FAITS

1. Pour les glaciers dépassant la limite des neiges éternelles, il y a relation évidente entre leur *épaisseur* et leur *longueur* (fig. 66).

La glace du glacier *avance toujours,* mais si son *épaisseur diminue,* l'extrémité fond plus vite qu'elle n'avance. La glace faisant une centaine de mètres par an, il faudrait $\dfrac{10\,000 \text{ m.}}{100 \text{ m.}}$, c'est-à-dire 100 ans pour que d'abondantes chutes de neige sur les névés fissent avancer un glacier qui aurait 10 000 m. de longueur.

2, 3, 4. Toutes les traces d'anciens glaciers prouvent que les glaciers ont eu *plusieurs périodes de crue et de décrue* dans l'ère quaternaire. On admet que cela provenait de variations dans

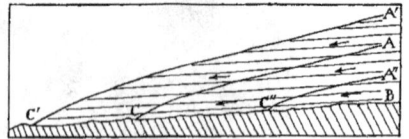

Fig. 66. — Si un glacier a une épaisseur **AB**, il ne fond qu'au point **C**. Si son épaisseur augmente, il pourra parvenir jusqu'à **C'** ; si elle diminue, il sera déjà fondu à la distance **C''**. — La neige tombée sur la partie inférieure du glacier n'influe qu'en le protégeant quelques jours de plus ou de moins contre la fusion.

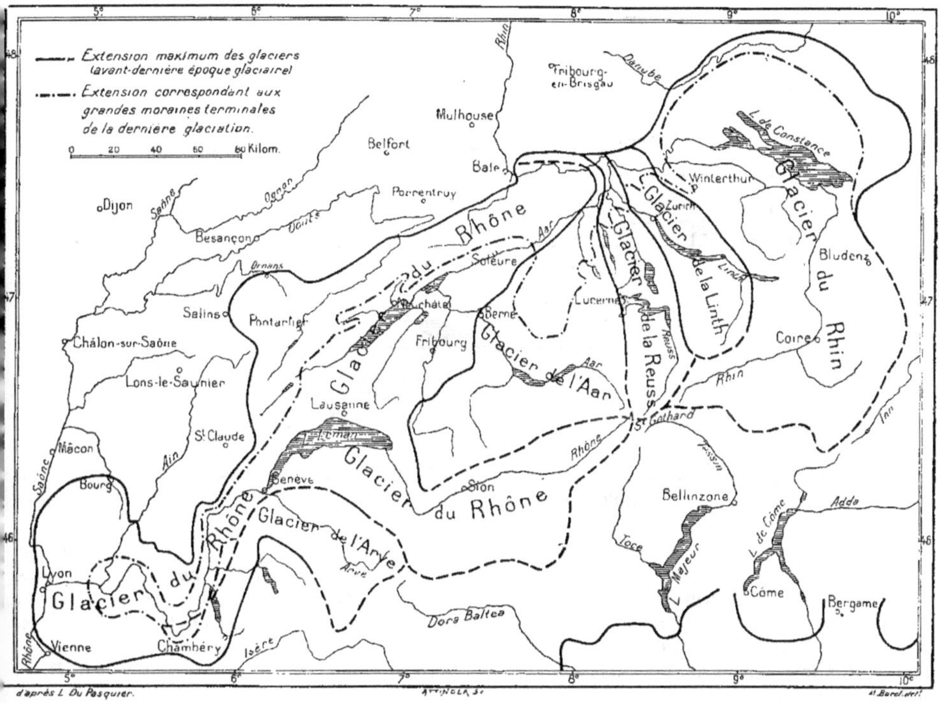

Fig. 67. — Remarquer que la glace franchissait le Jura en certains points, mais que le Jura obligeait pourtant le glacier du Rhône à s'étendre vers le N.-E. et le S.-W.; que le glacier de l'Arve était forcé de passer derrière le Salève; que tout le Plateau suisse et les vallées méridionales des Alpes étaient couverts de glace.

la quantité de neige tombée, mais on n'est pas d'accord sur leurs causes. Peut-être les massifs montagneux ont-ils été *plus élevés?* peut-être la cause est-elle *cosmique?*

§ 2. — Nappe d'infiltration.

MOYENS D'OBSERVATION :

Les conditions des sources et le niveau de l'eau dans les puits.

A. Régions peu perméables.

FAITS CONSTATÉS

1. Dans un massif perméable *MN* (fig. 68) ayant à sa base une couche imperméable *AB,*

les puits présentent le régime suivant : *d, g* et *i* n'ont d'eau que peu de temps après les pluies ; *e* et *h* n'en manquent que rarement ; *c, f* et *j* en ont toujours, mais le niveau de l'eau est toujours plus élevé dans *f* que dans les autres, par exemple *c', f'* et *j'.*

2. Enfin la *source A* est *intermittente,* la source *B* est constante (pérenne). Leur *abondance* est plus ou moins proportionnelle à l'*étendue* du massif, leur *régularité* à son *volume.*

3. On a constaté que lorsque *plusieurs couches imperméables forment cuvette,* avec bord plus élevé que le centre, les forages établis dans les conditions de *G, J* et *L* (fig. 69, I) sont des *puits ordinaires,* où il faut pomper l'eau ; tandis

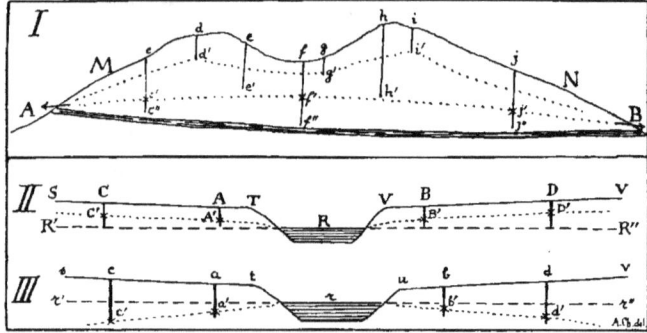

FIG. 68. — Nappes d'infiltration. — I. Sur une couche imperméable **AB** surmontée d'un massif perméable. — II. Dans une région pluvieuse où la rivière **R** sert de canal d'écoulement et règle le niveau des eaux souterraines (niveau de base). — III. Dans une région sèche, où c'est la rivière qui fournit l'eau au sous-sol, ce n'est qu'à **a', b', c', d'** qu'on trouve de l'eau dans les puits.

que dans les forages H, K et surtout I, l'eau jaillit d'elle-même (puits artésiens) et qu'elle est relativement chaude.

4. Sur une *surface inclinée* (fig. 69, II) avec plusieurs couches imperméables AB et CD qui s'enfoncent, on a quelquefois des suintements d'eau ou des sources sur l'affleurement CC', des *puits ordinaires* à F et G, mais des *puits artésiens* dans les conditions de H.

5. Dans le cas de massifs de montagnes traversées de *plusieurs couches imperméables plissées et érodées*, A L, B F G K, C E H J (fig. 70), on trouve : a) des *sources abondantes* dans la position E et R ; beaucoup moins abondantes ailleurs, nulles en A, B, C, J, K, L. — b) Des sources *irrégulières* dans la situation H, plus *régulières* ailleurs, mais surtout vers E et R. — c) Des sources *froides* en H ; plus *chaudes* en E, G, mais surtout en F et R.

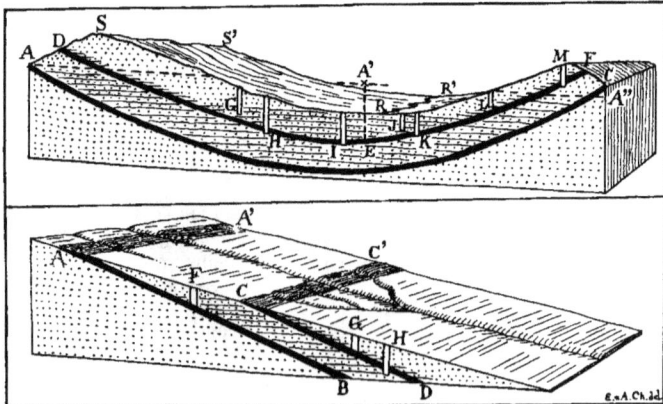

FIG. 69.

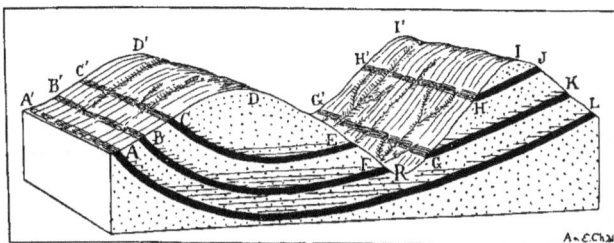

Fig. 70. — Coupe transversale d'une vallée longitudinale monoclinale entre deux crêtes parallèles. — Les couches **AL, BF, GK, CE** et **HJ** sont supposées imperméables.

6. Presque partout on voit, à flanc de coteau, des *déchirures dans l'herbe* et l'on constate que les pentes s'atténuent graduellement.

7. Là où des *couches d'argile* ou de marne sont *intercalées* entre des couches de pierres en pente forte (comme à *H* et *G*, fig. 70), il arrive parfois des *éboulements* (Rossberg, etc.).

INTERPRÉTATION DES FAITS

1, 2. Les couches imperméables empêchent l'eau de s'infiltrer indéfiniment dans le sol, et c'est à cause de la difficulté de l'écoulement dans l'intérieur du massif poreux que la *nappe d'infiltration est généralement bombée* (fig. 68, I).

3. Les *puits artésiens* s'expliquent comme suit : sur la couche imperméable *DEF,* l'eau tombée entre *D* et *F* forme (fig. 69, I) *nappe d'infiltration ordinaire ;* l'eau tombée sur les surfaces *AD* et *FC* remplit l'espace perméable entre les deux cuvettes et s'y trouve *sous pression* (pression *AE* ou *A'E*); les forages qui traversent la couche *DEF* seront jaillissants, si l'orifice est au-dessous du niveau *AA'* (bassin de Paris, région des chotts algériens, etc.).

4. Dans le cas de couches imperméables plongeantes (fig. 69, II), l'eau circule difficilement entre elles, s'y accumule, finit par y être *sous pression* et profite volontiers de toute *issue facile* qu'on lui offre (précieux sur certaines côtes, Etats-Unis, etc.).

5. Dans la figure 70, l'abondance de la source

E, provient de la grandeur de la *surface de réception*; la régularité de *R* et *F* dépend de la longueur des trajets souterrains *AR* et *BF*; enfin les sources *R* et *F* sont plus chaudes parce que leur eau a passé à une plus grande profondeur (voir chap. I, § 1).

Fig. 71. — Puits artésien dans l'oasis d'Ourir (Sahara algérien). — L'eau en est légèrement saline ; elle amène parfois de petits poissons et crabes aveugles. (Phot. E. Chaix, 1902.)

6, 7. Les *glissements de terrain* s'expliquent par la poussée latérale de l'eau d'infiltration quand elle est abondante et par le *ramollissement* de la couche argileuse.

B. Eaux souterraines dans les régions calcaires.

FAITS CONSTATÉS

1. Dans les régions calcaires, les sources sont plus *rares* et plus *localisées*.

2. Quelques-unes sont remarquablement *abondantes* et régulières, d'autres ne fonctionnent

Fig. 72. — Glacière naturelle de Saint-Georges, sur Nyon. — Remarquer que les ouvertures de la grotte sont en haut; qu'il y a accumulation de neige et formation de glace en croûtes et en stalactites; qu'il y a de l'eau en bas. — En été la température est entre 0° et +1° et l'air est toujours saturé. (Phot. E. Thury, juin 1890.)

qu'à la fonte des neiges ou lors de très grandes pluies.

3. On trouve quelques *glacières naturelles* fig. (72) plutôt dans le haut que dans le bas de la

montagne, et toujours dans des grottes dont l'orifice est en haut.

4. Dans les régions calcaires, les ruisseaux revêtent leur lit de *concrétions* (*tuf, travertin*), ou construisent avec les feuilles mortes des barrages en forme de *vasques*. Ce phénomène est encore plus grandiose près de quelques sources thermales : parc de Yellowstone (fig. 73), Hammam-Meskhoutine (Algérie), Pambouk-Kalési (Asie-Mineure), etc.

INTERPRÉTATION DES FAITS

1. Les roches calcaires étant très *fissurées* et *solubles* (voir § 5, p. 48), l'eau y établit des *canaux définis* et souvent des grottes, en sorte qu'elle sort en cours d'eau déjà formés au lieu de simples suintements.

2. Telle source peut être l'émissaire d'un *vaste système de canaux* souterrains (la rivière Laibach, en Carniole, réunit les eaux de Laas et Zirknitz, et des rivières Rakbach, Piuka, Unz, Loitsch, etc.); telle autre peut être *resserrée* en un point et ainsi régularisée, ou n'être que l'écoulement du *tropplein* temporaire de quelque grotte (c'est probablement le cas de la cascatelle d'Aiguebelle, au Petit-Salève, près de Genève)[1].

3. L'origine des *glacières naturelles* n'est pas absolument élucidée; mais il semble bien qu'elles soient dues à l'*accumulation de l'air froid de l'hiver*, qui ne peut pas en sortir en été parce qu'il est trop lourd; le bas de la montagne s'y prête moins, étant moins froid que le haut. Le Jura en présente beaucoup (notamment celles de Saint-Georges et de Monlési); les Alpes calcaires également (glacière du Vergy, au-dessus de Pralong, sur Cluses, en Savoie).

4. Les *concrétions* s'expliquent par le fait que l'eau dissout beaucoup de carbonate de chaux quand elle est froide (§ 5, p. 48) et qu'elle le dépose à mesure qu'elle s'échauffe et là où elle est agitée.

[1] On ne peut faire que des suppositions sur l'origine de quelques sources intermittentes curieuses, qui ne coulent que toutes les 10 ou 15 minutes, pendant un instant. Il y en a dans le Jura et en Savoie.

Fig. 73. — Mammoth Fall, Parc de Yellowstone. Vasques de concrétions.

§ 3. — Eaux courantes.

A. Mouvements de l'eau.

FAITS CONSTATÉS

1. La *vitesse* d'un cours d'eau est plus grande au milieu et à la surface qu'au bord et au fond (fig. 74). A pente égale, elle est sensiblement plus grande quand la *quantité* d'eau est plus grande, ainsi que le prouvent les vitesses remarquables du Pô, du Mississipi, etc.

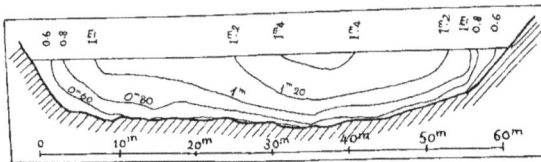

Fig. 74. — Vitesse de l'eau à diverses profondeurs. — Observations faites le 24 mars 1893 à Outre-Rhône (Valais). — Remarquer que l'eau fait plus de 1ᵐ40 par seconde à la surface dans le *fil d'eau*, et moins de 0ᵐ60 au fond et au bord. (Reproduction autorisée par le Bureau hydrométrique fédéral.)

2. Derrière tout obstacle et près des rives l'eau forme des *remous* ou *tourbillons* [1].

3. Le *fil d'eau*, ou zone de vitesse maximale (fig. 76), exagère les méandres des cours d'eau ; il se porte toujours du côté *convexe* ou externe du méandre [2] ; et la profondeur est plus grande aux points *A, C, E*, moindre aux points *B, D, F*.

INTERPRÉTATION DES FAITS

1. Les *différences de vitesse* sont évidemment dues au *frottement*, qui est infiniment plus fort contre les objets solides que dans l'eau elle-même.

2. C'est toujours par *remous* et *tourbillons* que l'eau rétablit son équilibre ; mais ce phénomène est encore

[1] Il y a parfois *contre-courant* latéral sur de grandes distances.

[2] *Convexe*, pour une personne qui serait sur la rivière.

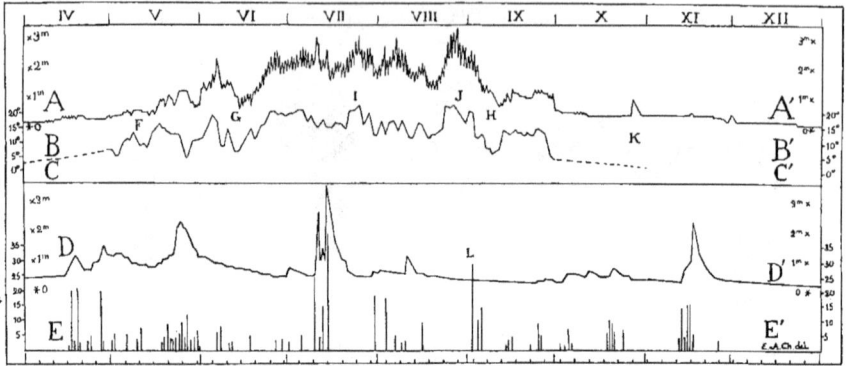

Fig. 75. — Observations limnimétriques tirées des publications du Bureau hydrométrique fédéral (1894). — Dans les lignes **AA'** et **DD'**, un demi-centimètre représente une variation de niveau de 1 mètre dans deux rivières. Dans la ligne **BB'** un demi-millimètre représente 1° C. Dans la ligne **EE'**, un demi-millimètre représente un millimètre de pluie. Le cadre inférieur porte une division en groupes de 5 jours (pentades). — La ligne **AA'** représente le niveau du Rhône, à Sion ; **BB'**, les températures moyennes à Reckingen. — Remarquer que, de juin à octobre, les crues et décrues dépendent entièrement de la température, avec maximum en août ; que de G à H il y a crue et décrue *journalière*, surtout quand il fait chaud (I et J), et que ces oscillations dépassent 1 mètre. — Les observations **DD'** et **EE'** se rapportent à la Maggia : **DD'** représente le régime de la rivière ; **EE'** les quantités de pluie tombées en moyenne sur tout le Tessin. Sauf dans le cas **L**, occasionné probablement par un orage hors du bassin de la Maggia, on voit que le niveau de la rivière dépend entièrement des pluies.

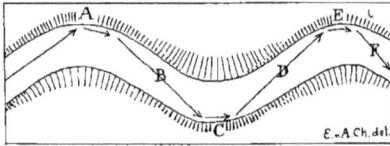

Fig. 76. — Allure du *fil d'eau* dans une rivière à méandres.

mal compris. Au reste, on ne sait pas exactement quel est le mouvement d'une molécule dans un cours d'eau.

3. La direction et l'action du *fil d'eau* sont dues à l'*inertie* [1] de l'eau ; mais elles sont encore mal expliquées.

B. Abondance des eaux.

FAITS CONSTATÉS

1. Dans certaines régions, les cours d'eau ont beaucoup moins de *ramifications* que dans d'autres (fig. 77).

[1] On sait qu'un corps inerte en mouvement chemine en ligne droite, tant qu'il n'est pas influencé par quelque force.

2. Dans les *régions sub-polaires* (Russie, Canada, etc.), les rivières sont gelées de novembre à avril (pourtant elles ont toujours de l'eau sous la glace) ; elles ont la *débâcle* des glaces et une *crue* en avril-juin, et leur *maigre* généralement en août (fig. 79). Dans les montagnes à *neiges temporaires* (Jura, etc.), le minimum est en janvier-février, le maximum en mai-juin. Dans les régions à *neiges éternelles et glaciers* (Alpes, etc.), les maigres sont en janvier-février, les crues entre juin et août, avec maximum du 20 juillet au 10 août (fig. 75, A).

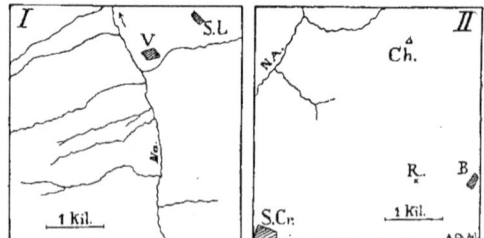

Fig. 77.

3. Dans les *pays méditerranéens* (et autres régions de même latitude), le *régime* des cours d'eau est irrégulier : leur débit est presque nul en été, maximal en automne et hiver. Dans les *régions sub-équatoriales* [1]

Fig. 78. — Eléments hydrographiques du Nil. — Le lac Victoria (**V**), à 1200 mètres, est dans la zone équatoriale S., **ABDC** ; 1 m. 30 à 2 mètres de pluie, en toute saison. mais avec maximum en décembre et avril. Le Bahr-el-Djebel, **BDJ**, le Bahr-el-Ghazal, **BG**, et le Sobat, **So**, dans la zone équatoriale N., **CDFE**, ont une longue saison pluvieuse de juin à octobre et un minimum principal en février. — Le Nil-Bleu d'Abyssinie, **Na**, et surtout l'Atbara, **At**, dans la zone sub-équatoriale **EFHG**, n'ont de pluie qu'en juillet. — La zone **GHJI** n'a que quelques averses, en juillet. — Le lac Albert, **LA**, est à 700 mètres ; Lado, **L**, à 400 mètres ; Khartoum, **K**, à 390 mètres. Le lac Tana, **T**, est à près de 2000 mètres ; le Ras-Dachan, **R**, a 4600 mètres ; les pentes y sont donc très fortes.

et à *moussons* (voir chap. IV, § 3, A), les crues sont estivales. Dans les *régions équatoriales,* le débit est considérable toute l'année et le régime régulier, avec légères crues en avril et octobre.

4. Une rivière qui traverse un *lac* en sort d'autant plus régulari-

[1] Sous le nom de régions *tropicales*, on désigne généralement les pays situés entre l'équateur et les tropiques, avec climat chaud et très humide. Mais l'application de ce terme est fausse, car justement sous les tropiques s'étend la *zone désertique*. Nous supprimons donc le terme « tropical» qui n'est pas clair et adoptons *sub-équatorial* dans le même sens que subtropical et sub-polaire.

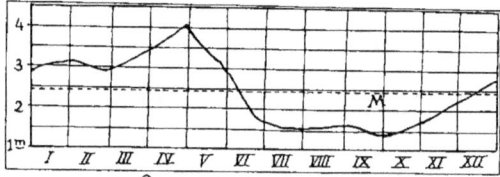

Fig. 79. — Régime de la Memel à Tilsit. — Remarquer la grande crue à la fonte des neiges, entre février et avril, et la période de maigre de juin à octobre. (D'après Supan.)

sée que le lac est plus vaste ; ainsi le Saint-Laurent est très régulier.

5. Le Nil, en Egypte (fig. 80), grossit lentement du 7 juin environ au 1er août, puis il a une crue rapide du 1er au 15 août et déborde ; ensuite son niveau continue à s'élever lentement jusque vers le 10 octobre ; il a une décrue rapide jusqu'à fin novembre et lente jusqu'en juin.

INTERPRÉTATION DES FAITS

1. Le nombre des *ramifications* dépend de la quantité des précipitations ainsi que de la *perméabilité* du sol et de la puissance absorbante du soleil.

2. Les crues printanières s'expliquent par la *fonte des neiges*, l'altitude et les hautes latitudes retardant l'époque de fonte maximale.

3. Dans les pays sans neiges, les crues dépendent des *saisons de pluies* (voir chap. IV, § 5, A). Il va sans dire qu'un fleuve à *bassin complexe*, comme le Rhône, a un *régime complexe* (affluents à régimes alpin, jurassien et méditerranéen).

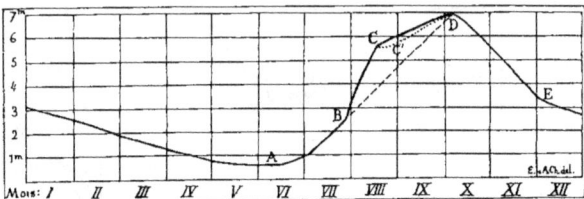

Fig. 80. — Régime moyen du Nil, au Caire (30 années). — 1 à 7 mètres au-dessus du niveau le plus bas.

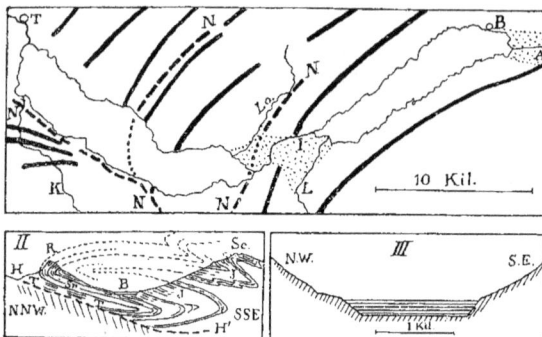

FIG. 81. — Formation des lacs de Thoune et de Brienz. — Les lignes **N, N, N** sont les limites des nappes de recouvrement (fig. 35, p. 16) ; les traits pleins sont des plis anticlinaux. — Le lac de Thoune coupe transversalement plis anticlinaux et nappes. Celui de Brienz est longitudinal et a l'air d'être synclinal ; mais la coupe II montre qu'il est taillé dans le flanc d'un pli couché. — Remarquer les alluvions de l'Aar vers Brienz, de la Lutchine et du Lombach à Interlaken. — Voir la coupe du lac, III, très régulière.

4. La régularisation du débit par les lacs provient de ce que des irrégularités même considérables des affluents n'amènent que des *dénivellations insignifiantes* dans un grand lac, donc un changement faible du débit de l'émissaire.

5. Les *crues du Nil* (fig. 78 et 80) dépendent

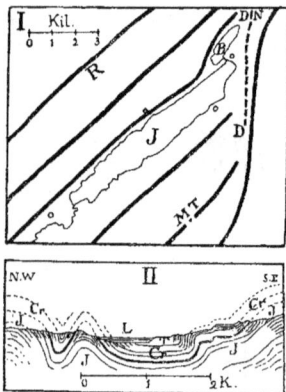

FIG. 82. — Origine du lac de Joux. — DD est un déplacement latéral (décrochement) des plis. Les traits pleins représentent des plis anticlinaux. — **R** et **MT** sont les chaînes du Risoux et du Mont-Tendre. — On voit dans I, que le lac est longitudinal, et dans II, qu'il occupe un synclinal érodé. — J, Cr, T = jurassique, crétacique et tertiaire. (D'après H. Schardt.)

du régime des *trois branches principales*, le Bahr-el-Djebel, le Sobat et le Nil-Bleu. Le premier, à *régime équatorial*, encore régularisé par les lacs, perd presque toute son eau dans les marais du Bahr-el-Ghazal et en sort tout à fait réglé ; il fournit donc *toute l'année* une même quantité d'eau. Le Sobat, à *régime sub-équatorial*, a une longue crue estivale, de mai à octobre. Le Nil-Bleu et l'Atbara ont des pentes fortes et *une crue estivale très violente mais très courte*, d'un mois ; c'est leur eau qui fait déborder le Nil égyptien entre le 1er et le 15 août.

§ 4. — Les lacs.

A. Origine.

FAITS CONSTATÉS

1. Dans certaines régions plissées (Jura, etc.) on trouve des *lacs longitudinaux*, c'est-à-dire allongés dans le sens des plis. Quelques-uns, comme

FIG. 83. — Le Seeland (1 : 400 000e).

le lac de Joux, sont dans des plis *synclinaux* (fig. 82); mais beaucoup, comme le lac de Brienz (fig. 81), sont longitudinaux sans être synclinaux, ou, comme les lacs du Seeland (fig. 83), semblent dus à l'érosion.

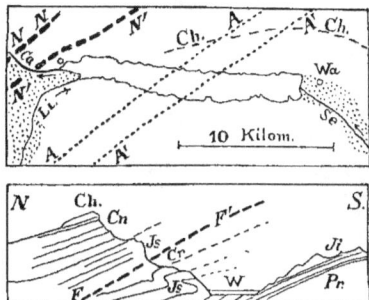

FIG. 84.— Origine du lac de Walenstadt.— **NN** et **N'N'** représentent la limite des nappes de recouvrement; **AA** et **A'A'**, la voûte de ces nappes: **Ch**, la chaîne des Churfirsten; **Ca**, le canal de la Linth; **Li**, la Linth et ses alluvions; **Se**, la Seez et ses alluvions. — II. *Coupe transversale.* — On voit que le lac est creusé dans le flanc des deux nappes de recouvrement (fig. 35. p. 16). **FF'** représente leur contact. **Pr, Jl, Js, Cr** = terrains primaire, jurassique inférieur, jurassique supérieur, crétacique.

2. Dans d'autres régions, Alpes, etc., les lacs sont plus ou moins *transversaux aux plis*, comme ceux de Thoune (fig. 81), de Walenstadt (fig. 84 et 86), etc. — Le lac des Brenets (fig. 88 et 92) présente les caractères d'une rivière à méandres encaissés, puis noyés.

3. D'autres lacs sont composés de plusieurs parties *de nature diffé-rente*. Ainsi dans le lac des Quatre-Cantons, quelques bassins sont longitudinaux, les autres transversaux (fig. 85 et 87). Même chose dans le Léman (fig. 89 et 91).

4. *Près des glaciers actuels*, on trouve un très grand nombre de petits lacs, soit *dans les moraines*, soit *dans la roche vive* (fig. 93) et les *régions anciennement gla-ciées* (Finlande, Suède et Norvège, Canada, Nouvelle-Zélande, etc.) en présentent toujours un nombre

FIG. 85. — Vue à vol d'oiseau du lac des Quatre-Cantons.

considérable, soit comblés, soit conservés (fig. 94 et 95).

5. Les *grands massifs de montagnes*, Alpes mé-ridionales, Nouvelle-Zélande, etc., possèdent une bordure de grands lacs *(sub-alpins)*, générale-ment transversaux et à fond plat (fig. 81, 84, 91), souvent très profonds (lac de Genève 310 m., lac Majeur 375 m., lac de Como 406 m.).

FIG. 86. — Lac de Walenstadt.

Rigi   Sæntis   Bürgenstock   Glærnisch

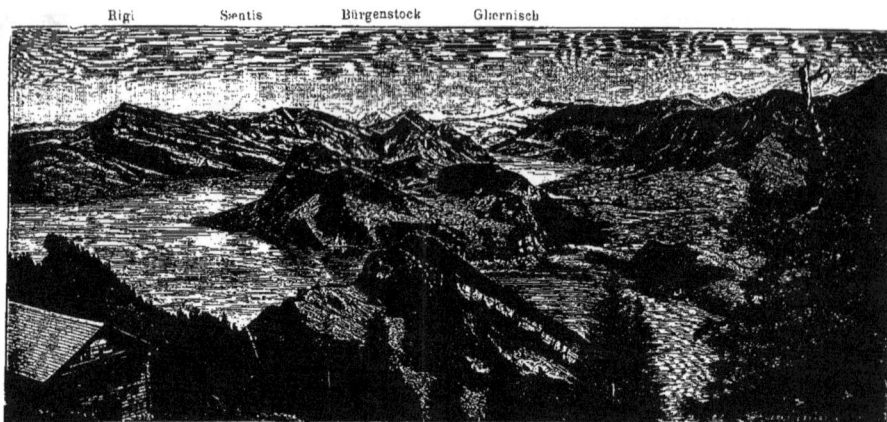

Fig. 87. — Vue prise de la ligne du Pilate, sur le lac des Quatre-Cantons et les Alpes. Remarquer les couches relevées vers la gauche du Pilate lui-même, du Bürgenstock et du Rigi.

6. Enfin beaucoup de *côtes sub-polaires* présentent le phénomène des *fiords* : l'Islande, le Grœnland, le Canada septentrional, la Terre de Feu, la Nouvelle-Zélande méridionale, la Scandinavie (fig. 97 et chap. III, § 8, C 2).

Les fiords sont des golfes généralement longs, ramifiés, étroits, profonds, à parois escarpées, souvent striées. A la limite équatoriale de ces régions, les fiords sont *atténués* ou *comblés* (chap. III, § 8).

Fig. 88. — Bassin de Calvin, au lac des Brenets, pendant la grande sécheresse d'octobre 1906. — Remarquer que les falaises, généralement immergées, présentent tous les caractères d'une berge fluviale.

(Phot. du Bureau hydrométrique fédéral, 1906).

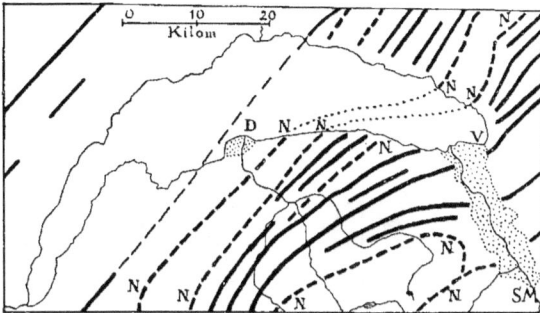

Fig. 89. — Origine du Léman. — Les lignes **N, N, N** représentent les limites des nappes de recouvrement. — Les traits pleins sont des plis anticlinaux. — Remarquer que le Petit-Lac est entre des anticlinaux, tandis que le Grand-Lac coupe transversalement anticlinaux et nappes de recouvrement. — Alluvions entre St-Maurice et Villeneuve et au delta de la Dranse.

INTERPRÉTATION DES FAITS

1. Les lacs longitudinaux sont parfois d'origine *tectonique*, c'est-à-dire créés par les plissements.

2. Les lacs transversaux ne peuvent être formés que par *l'érosion*; mais on discute la question de savoir si c'est *l'érosion fluviale* ou *l'érosion glaciaire* qui a créé leur vallée. En tout cas ils doivent être *retenus par quelque barrage*. Ces barrages sont de divers genres : le lac Mœrjelen (fig. 96) est retenu par la *glace* même du glacier d'Aletsch ; des lacs tels que le lac Combal et celui de Mattmarck, par la *moraine* d'un glacier actuel ;

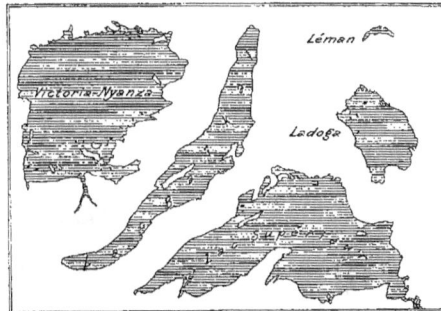

Fig. 90. — Superficie de quelques lacs comparée à celle du Léman (Echelle : 1/12 000 000e.)

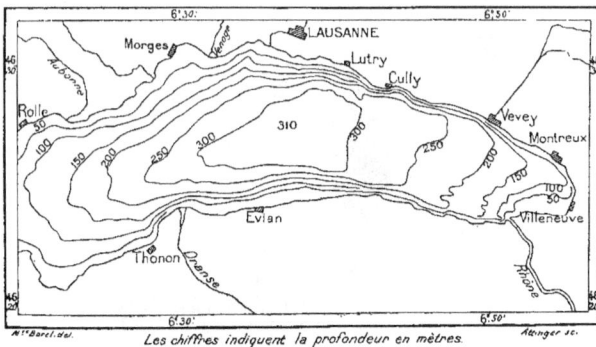

Fig. 91. — Carte bathymétrique du Grand-Lac. — Remarquer l'horizontalité du fond, le ravin sous-lacustre qui prolonge le cours du Rhône, et les pentes latérales très fortes.

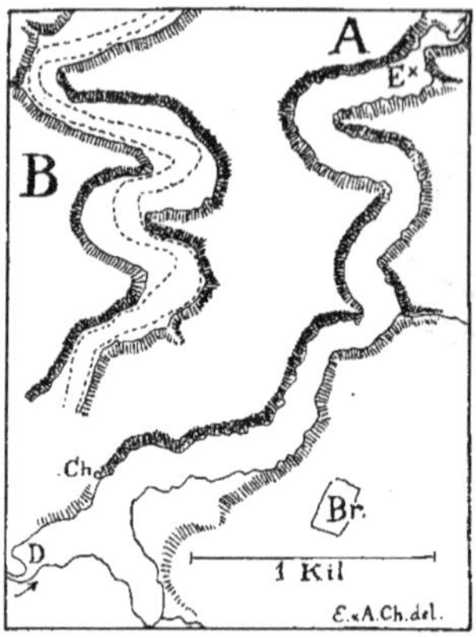

FIG. 92. — Origine du lac des Brenets, **A.** Remarquer qu'il présente les caractères d'une rivière encaissée **B** est une portion de la vallée de la Sarine à la même échelle, telle qu'elle serait si quelque barrage la changeait en lac ; elle présente les mêmes caractères. — **E**, écoulement sous-lacustre ; **Br**, village des Brenets ; **D**, embouchure du Doubs.

FIG. 94 — Une partie des lacs de la Finlande. — Remarquer l'alignement des lacs du N.-O. au S.-E.. direction de l'ancien glacier. Un grand nombre sont changés en marais, sont alluvionnés ou ont été drainés par l'enlèvement de leurs barrages de moraines.

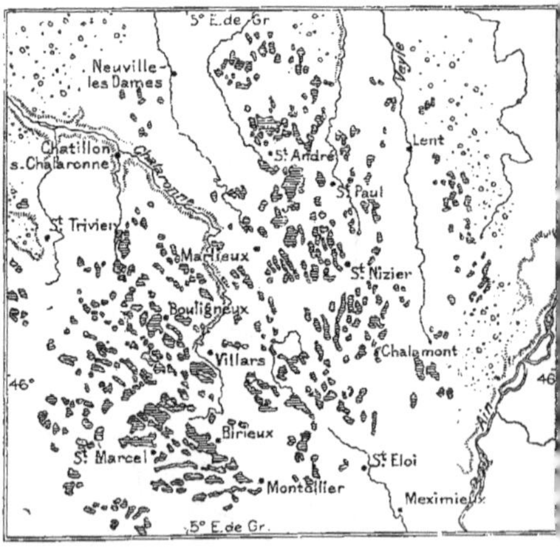

FIG. 93. — Vue prise sur le plateau anciennement glacié des Aiguilles Rouges, Chamonix. — Remarquer, au milieu des moraines et roches moutonnées, les lacs **A, B, C, D, E, F** qui brillent au soleil. — **AA** et **L** = Aiguille d'Argentières et Loguan. — Remarquer les escarpements entre lesquels le glacier d'Argentières s'enfonce entre **L** et **M** (est-ce un cas de surcreusement glaciaire ?). (Phot. E. Chaix, 1907.)

FIG. 95. — Etangs des Dombes. — La Dombes est un vaste cône à pente douce, situé à l'O. du Jura, au S. de Bourg, à l'issue des défilés par lesquels l'ancien glacier du Rhône et ses eaux franchissaient la chaîne, vers Ambérieu et Meximieux. Cette région est formée de dépôts d'argile glaciaire recouvrant un cône d'alluvions grossières anciennes. Une quantité d'étangs naturels et artificiels y sont semés. Remarquer leur disposition en éventail sur le cône d'argile. (Echelle 1 : 450 000e.)

FIG. 96. — Le lac de Mœrjelen. — Remarquer que c'est le glacier d'Aletsch lui-même qui
retient l'eau. (Phot. Ch. Duperrex.)

eux de Sempach, Hallwil, Garda, etc., par d'an-
iennes moraines (fig. 64, p. 29); les lacs des Bre-
*ets et de Montriond, par des *éboulements*; les
acs de Mergozzo, Mezzola, Brienz, Walenstadt,
*ar des alluvions (fig. 98, 81, 84).

4. Les fig. 93 à 95 montrent d'elles-mêmes les
causes de formation des petits lacs *glaciaires*.

5. Comme les grands lacs sub-alpins sont toujours situés autour de régions qui ont été *glaciées*,

FIG. 97.

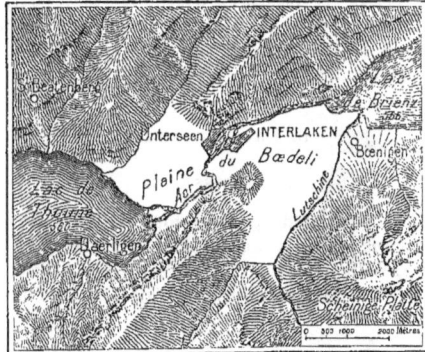

FIG. 98. — Plaine du Bœdeli (1 : 140 000°).

3. Les diverses parties d'un lac *complexe* peuvent être d'origines très différentes ; pour le Léman, le Petit-Lac serait *tectonique*, le Grand-Lac
est probablement dû à *l'érosion*.

ils pourraient être *dus à l'érosion des glaciers*
pendant la dernière glaciation, *ou à un affaissement du centre des massifs montagneux après

Mt Gonzou

FIG. 90. — Plaine d'alluvion du Rhin. Au premier plan, Ragatz (canton de St-Gall).

creusement des vallées par les rivières. Il est encore difficile de trancher ces questions [1].

6. Même indécision sur l'origine des *fiords* : ils pourraient être dus à *l'érosion glaciaire,* les plus rapprochés des pôles en conservant les traces plus fraîches ; ou bien ce seraient d'anciennes *vallées fluviales immergées* par l'affaissement du massif, et protégées par les glaciers contre l'érosion fluviale et l'alluvionnement. Il existe encore beaucoup d'autres causes possibles de la formation des lacs.

B. Lacs anciens.

FAITS CONSTATÉS

1. A l'amont de presque tous les lacs s'étendent des *plaines alluviales très plates,* de St-Maurice à Villeneuve (fig. 89), de Meiringen à Brienz (fig. 81), de Ragatz au lac de Walenstadt et Constance (fig. 99 et 100).

2. Les *affluents latéraux* forment des *deltas* qui empiètent sur les lacs (fig. 101), par exemple le delta de la Dranse sur le lac de Genève (fig. 89), celui de la Maggia sur le lac Majeur,

[1] Voir : Delebecque, Penck et Brückner.

ceux de Megozzo, de Silvaplana, de Sisikon (fig. 101).

3. Presque tous les lacs présentent sur leurs bords la structure que représente la fig. 104.

4. Les émissaires d'un grand nombre de lacs sont *encaissés* dans des gorges profondes (Rhône de Genève à Seyssel, Rhin à Schaffhouse, Reuss à Lucerne, etc.).

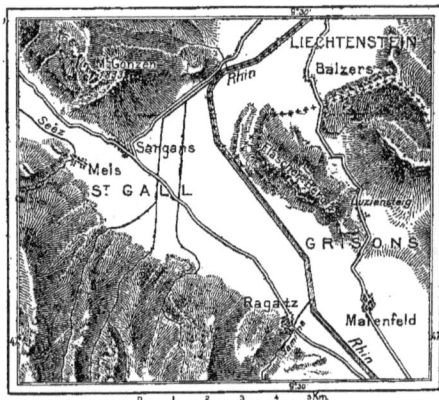

FIG. 100. — Carte de la région que représente la figure 99. Echelle 1 : 165 000e.

5. Au-dessus de nombreux [l]acs actuels ou de plaines [d]'alluvions se trouvent des [te]rrasses *lacustres*, à surface [p]lane, dans le genre de la [fi]g. 103 ou 104 (par exemple [te]rrasse de Genève, de Nyon, [d]e Thonon, etc.). Leur struc[t]ure interne est représentée [p]ar les fig. 142 et 144, IV.

6. Enfin bien des vallées [s]ont formées d'une *succession [d]e petites plaines d'alluvions* [fi]g. 102) *séparées par des [b]arrages* rocheux où la ri[v]ière est encaissée.

INTERPRÉTATION
DES FAITS :

1, 2. L'alluvionnement par [l]es affluents n'a pas besoin [d]'explications.

Fig. 101. — Delta de Sisikon sur le lac des Quatre-Cantons. — **AB**, partie orientale du Rigi. DG, plateau du Seelisberg. — Remarquer : les pentes inférieures abruptes, CD et EF ; les terrasses probablement glaciaires, DG et FH ; le cône d'éboulement, IJ ; le cône à pente douce du delta, **JKL.** — A 2 ou 3 mètres de la grève, la pente sous-lacustre est de 40°, et, à 350 mètres du bord, la profondeur du lac atteint 200 mètres.   (Phot. E. Chaix, 1904.)

3. Les formes de la fig. 104' sont l'effet du *tra- | vail des vagues* quand les lacs conservent long-temps un même niveau.

[F]ig. 102. — Plaine d'alluvion d'Innertkirchen, en amont du barrage rocheux des gorges de l'Aar près de Meiringen. — **BA**, région du Grimsel. — Remarquer : la forme géné-rale en **V** de la vallée. **CDF** ; les coulisses successives. **D, E,** etc., entre lesquelles se cachent des élargissements de la vallée ; la terrasse **GHI,** qui n'est pas une terrasse d'alluvions lacustres, mais un *gradin de confluence* de roche en place, à la sortie de l'ancien glacier de l'Urbachthal.   (Phot. E. Chaix, 1900.)

4. Les gorges à l'aval des lacs sont dues à *l'enfoncement gra-duel* de l'émissaire (voir § 9, *E*); et s'il y reste des rapides ou cascades, cela indique que cet encaissement est relativement récent.

5. Les *terrasses lacustres* sont généralement d'*anciens deltas* formés par les affluents quand les émissaires n'avaient pas en-core approfondi leur lit, donc quand le niveau des lacs était plus élevé.

6. L'érosion des barrages, le drainage et le comblement des lacs continuent, et tous les lacs disparaîtront un jour. Notre lac s'est étendu jusqu'à Saint-Mau-rice et a eu un niveau de 40 mè-tres plus élevé qu'aujourd'hui.

C. Bassins sans écoulement superficiel.

FAITS CONSTATÉS

1. Les pays tels que le S.-E. de la Russie, l'Asie centrale, le Sahara algérien, l'Australie centrale, offrent un grand nombre de *bassins fermés, avec lacs ou marais salés ou saumâtres.*

2. La mer Morte, plusieurs *chotts* algériens et quelques autres régions désertiques sont même plus bas que le niveau de la mer. Les *chotts* ont leur sol plus ou moins imbibé d'eau et leur surface couverte d'une croûte d'*efflorescences de sel* (fig. 105).

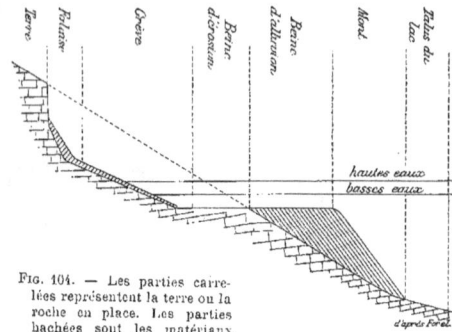

Fig. 104. — Les parties carrelées représentent la terre ou la roche en place. Les parties hachées sont les matériaux déplacés.

Fig. 103. — Terrasses d'alluvions sur le Connecticut.

3. Les pays calcaires, Jura, Grèce, Carniole, etc., possèdent un grand nombre de lacs d'eau douce sans écoulement apparent (lac de Joux, de Flaine, fig. 106, de Zirknitz, etc., etc.).

4. Les *régions glaciées* ou anciennement glaciées en ont aussi beaucoup.

INTERPRÉTATION
DES FAITS

1, 2. Les bassins fermés des pays secs n'ont pas d'écoulement parce

que l'*évaporation* y est plus active que l'apport des eaux; et les eaux y sont salines, parce que toute eau contient des sels et que les sels ne se vaporisent pas (voir chap. III, § 2, *A*).

3. L'eau de nombreux lacs des régions calcaires s'échappe par des *fissures* ou des *grottes*. Mais dans d'autres lacs, l'eau s'écoule à *travers le barrage* qui a formé le lac (lac de Montriond en Savoie et des Brenets en temps de sécheresse).

4. L'écoulement des lacs glaciaires se fait souvent à *travers les moraines* qui les retiennent.

Fig. 105. — Chott Mérouan (Sahara algérien). — Remarquer : au premier plan les grosses efflorescences salines; au loin, des îlots de végétation (salsolacées), une apparence trompeuse de nappe d'eau (vers E) et une falaise à environ 13 kilomètres.
(Phot. E. et A. Chaix, 1902.)

D. Les seiches.

...es premières observations ont été faites à Genève. On se
...t actuellement d'une sorte de maréographe (plémyramétre)
... enregistre sur un tambour tournant les dénivellations
l'eau.

FAITS CONSTATÉS

1. Les *seiches* sont un balancement rythmique
l'eau des lacs (fig. 107, V et VI). *Tous les lacs,*

et d'autres, notamment des périodes dues à des
combinaisons (fig. 107, IV).

5. En faisant des observations simultanées aux
deux extrémités et en divers autres points des
rives, on reconnaît qu'il y a quatre genres principaux de seiches :

Fig. 107 V : Seiches *uninodales* :		Fig. 107 VI : Seiches *binodales* :	
longitudinales (70 min.).	transversales (10 min.).	longitudinales (35,5 min.).	transversales (5 min.).

FIG. 106. — Vallée fermée du Lac de Flaine (Haute-Savoie). vue d'un col situé à 90 m.
au-dessus et à l'ouest du lac. — Remarquer : le lac L, dont l'écoulement se fait par
des entonnoirs à droite et à gauche ; la plaine du lac, P. longue de 800 mètres et à
pente très douce ; le point C où arrive au printemps une cascade ; les parois de
rochers calcaires. les talus d'éboulement. — GV = Grands Vans.

(Phot. E. Chaix, 1891.)

...rtout ceux qui sont allongés, présentent ce
...énomène.

2. Les *seiches* ont lieu à des époques irréguliè-
...s, fréquentes, et leur *période* varie d'un lac à
...utre, augmentant avec les dimensions des lacs
...ériode maximale : 73 min. à Genève, 45 min. à
...euchâtel, 9 h. au lac Ontario, etc.).

3. Leur *amplitude,* à Genève, va de quelques
...ntimètres à 1 m. 80.

4. Les *périodes* pour le lac de Genève sont :
... min. (fig. 107, I), 35 ½ min. (II), 10 min. (III)

6. Les seiches *commencent brusquement* et diminuent graduellement (voir surtout fig. 107, IV
et III).

INTERPRÉTATION DES FAITS

1, 2. L'ubiquité des seiches et l'irrégularité de
leur apparition prouvent qu'elles n'ont ni une
cause régionale, ni une relation avec la marée
(dont la période est de 12 h. 24).

3, 4, 5. La diversité des seiches prouve que
leur cause varie d'intensité et agit tantôt à un
bout, tantôt au milieu ou sur les bords des lacs.

6. On cherche généralement la raison des seiches dans deux phénomènes : *inégalité de pression atmosphérique* entre deux parties du lac et
changement brusque de sa répartition, ou *change-*

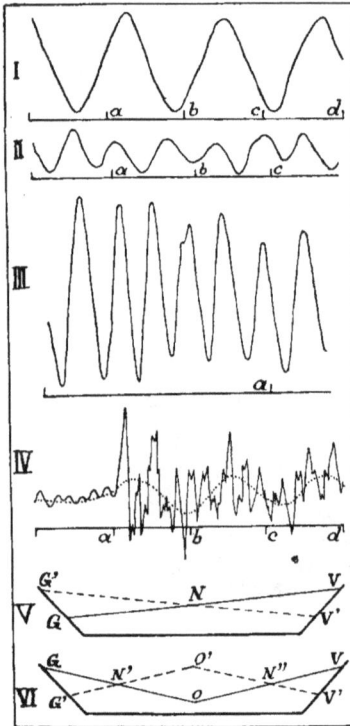

FIG. 107. — Portions de tracés d'inscription de quelques seiches,
d'après F.-A. Forel. — **a, b, c,** ... = heures. — **I.** Seiche d'environ 1 h. 10. — **II.** Seiche d'environ 35 minutes. — **III.** Seiche de
10 minutes. — **IV.** Seiche composée : oscillations insignifiantes de
10 minutes pendant 1 heure, puis combinaison d'une seiche (trait
pointillé) de 70 minutes avec une seiche de 10 minutes et une de
5 minutes. — **V.** Oscillation uninodale, alternative aux deux extrémités du bassin. — **VI.** Oscillation binodale, simultanée aux
deux extrémités (**N, N', N''** sont les *nœuds*, c'est-à-dire les points
où le niveau ne change pas ; **G, V, O,** représentent Genève, Villeneuve, Ouchy).

ment brusque du vent après qu'il a soufflé longtemps dans un sens. Si les changements se faisaient *progressivement*, il n'y aurait plus de seiche, le lac reprenant son niveau insensiblement[1].

[1] Les grands tremblements de terre en ont occasionné.

§ 5. — Erosion chimique.

FAITS CONSTATÉS

1. Toutes les roches sont attaquées par les
agents atmosphériques, aidés par les *lichens*, etc.

2. Dans d'immenses espaces des régions équatoriales le sol superficiel est formé de *latérite*,
terre rouge poreuse.

FIG. 108. — Crevasses transversales à la pente, au Désert de Platé
(Haute-Savoie). — Juger des dimensions par l'ombre du chapeau
du photographe (les crevasses ont parfois 1 à 2 mètres de large et
plus de 10 mètres de profondeur).   (Phot. G. Bordier, 1891.)

3. Aux latitudes moyennes, les surfaces *calcaires* présentent, dans leurs dépressions, une sorte
d'*argile rouge* (terra rossa).

4. Vers 2000 m., elles sont dénudées et forment
des *lapiés* ou rascles (Karrenfelder). Ces formations existent au Parmelan et au Désert de Platé
(Savoie), au Sanetsch, au Steinernes-Meer, etc.
Elles offrent deux genres de ravinements : des
cannelures dans le sens de la pente (fig. 109) et
des *fissures* et *crevasses* de toutes dimensions et
aspects, indépendantes de la pente (fig. 108).

5. A moindre altitude, dans le Jura, la Dalmatie, la Carniole, etc., on trouve dans le calcaire

des *dolines,* enfoncements arrondis, à bords verticaux, ou à bords en pente douce (fig. 111). Parfois le pays est couvert de ces enfoncements (fig. 110). Ailleurs on rencontre des dépressions plus vastes (*les poliés*) avec arrivée et départ de l'eau par des grottes (vallée de Flaine, fig. 106, p. 47).

6. Ces régions calcaires offrent beaucoup d'*entonnoirs,* bétoires, emposieux et *pertes de rivières* (fig. 112).

7. Elles sont riches en *grottes,* les unes à circulation d'eau et parois nues, les autres à concrétions (stalactites, stalagmites, gours).

Ces diverses formations portent le nom général de *phénomène carsique* (du Carso, à l'E. de Trieste)[1].

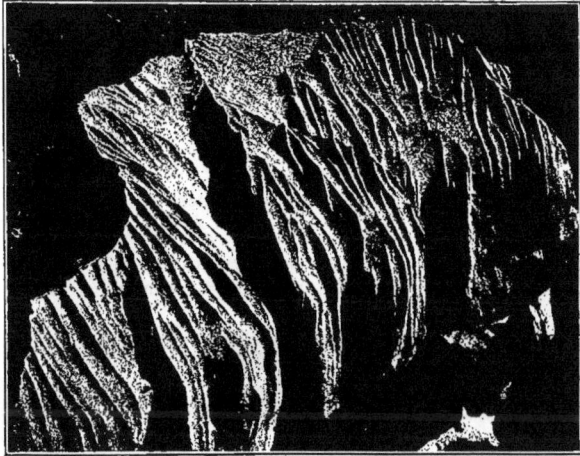

Fig. 109. — Bloc de calcaire *lapiazé* ou *cannelé* par les pluies, au Silbern (canton de Schwytz), hauteur 0m80. (Phot. E. et A. Chaix, 1904.)

INTERPRÉTATION DES FAITS

1. Toutes les roches sont au moins un peu *solubles dans l'eau,* surtout sous l'influence de la végétation.

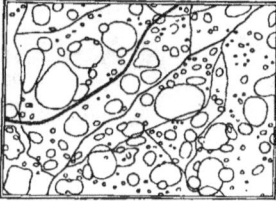

Fig. 110. — Abondance des *dolines* dans un coin de la Carniole, près de Sezana, E. de Trieste. — Chaque rond représente une *doline* et la voie ferrée et les sentiers sont obligés de faire de nombreux détours.

2. La *latérite* est probablement le résidu de la décomposition des roches cristallines par la végétation tropicale.

3. Le calcaire est très soluble dans l'*eau conte-*

Fig. 111. — Petite *doline* cultivée, en Carniole. La dépression est absolument ronde : elle est entourée de deux murs grossiers, pour la protéger contre le bétail. Remarquer au premier plan la végétation épineuse des garrigues entre les dolines.

nant de l'acide carbonique, et la *terra rossa* est son résidu argileux moins soluble [1].

[1] La couleur rouge de ces résidus provient du fer ; presque toutes les roches en contiennent.

[1] Voir un très grand nombre de photographies d'érosion chimique dans les diverses *Contributions à l'étude des lapiés,* de MM. E. et A. Chaix, parues dans *Le Globe* (Société de géographie de Genève).

4. A grande altitude tout résidu est entraîné par les pluies, et la roche, toujours dénudée, est plus vivement attaquée. Dans la pierre *homogène,* l'eau suit la pente (fig. 109) ; mais, presque partout, la roche a des *fissures naturelles* que la dissolution *élargit* (fig. 108).

5. L'origine des *dolines* et *poliés* est encore obscure. Les végétaux y jouent probablement un rôle.

6, 7. La roche calcaire est toujours extrêmement fissurée et les grottes sont généralement

FIG. 112. — Disparition de la rivière Rackbach (Carniole). — Cette rivière vient du *polié* de Zirknitz, apparaît dans une série d'enfoncements de 60 mètres de profondeur, disparaît dans cette grotte, reparaît dans le *polié* de Planina et disparaît de nouveau avant d'arriver à Laibach.   (Phot. A. Chaix, 1906.)

dues à des fissures que l'eau élargit, d'abord chimiquement, puis mécaniquement. Tant que l'eau y est active, elle dénude les parois ; quand elle trouve un écoulement plus facile ailleurs, les suintements subséquents déposent des *concrétions*. Il est possible que les stalactites et les stalagmites se forment là où le suintement est assez lent pour que l'eau s'évapore en partie. Il y a des grottes fort belles dans le Muottathal (Schwytz) ; mais les stalactites les plus étonnantes sont dans les cavernes d'Adelsberg, au N. de Trieste [1].

[1] Voir *Les Abîmes*, de E.-A. Martel.

§ 6. — Erosion mécanique.

A. Désagrégation.

FAITS CONSTATÉS

1. Au printemps, dans nos pays, les mottes de terre sont *émiettées* et certaines roches *effri-*

FIG. 113. — Crête au pied de l'Aiguille de l'M et des Charmoz. — Remarquer la différence de désagrégation entre la protogine des Charmoz et les schistes du premier plan, dont les couches sont également redressées, mais délitées sur une grande épaisseur.   (Phot. E. Chaix, 1907.)

tées. Les sommets des montagnes sont souvent des *accumulations de débris* (fig. 113).

2. Là où il y a mélange de terre meuble et de pierres, il se forme des *nonnes* ou *demoiselles* (fig. 114). De grands exemplaires de ces formes se trouvent dans les falaises de l'Arve, à St-Gervais, à Useigne (Valais), à Botzen en Tirol (fig. 116).

3. Dans les régions désertiques, on trouve des

Fig. 114. — Talus avec petites *nonnes* de 2 à 3 centimètres de hauteur. Chacune s'est formée à l'abri d'une petite pierre. C'est un phénomène très répandu.
(Phot. E. Chaix, 1895.)

pierres émiettées autour des affleurements rocheux, de petits *cailloux roulés et brillantés* et du *sable roulé* par le vent et accumulé en *dunes* (fig. 117). La pente du côté du vent dominant est plus douce que celle où le sable tombe [1].

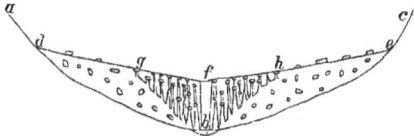

Fig. 115. — Barrage morainique transversal à une vallée. La rivière passant en **b**, le ruissellement déchausse les blocs graduellement, mais ils protègent contre la pluie, pendant un certain temps, la terre sous-jacente.

4. Dans les cours d'eau, les pierres sont *arrondies*, et mélangées à du sable.

INTERPRÉTATION DES FAITS

1. L'eau *augmentant de volume* quand elle gèle, les alternatives de congélation et de fusion de

l'eau qui a pénétré dans les fissures amènent la désagrégation des roches par éclatement. Sur les

Fig. 116. — Quelques-unes des *pyramides* de Botzen, dans le Tirol. — Remarquer que celles qui ont gardé leurs « chapeaux » sont plus élancées. Elles sont formées dans une ancienne moraine glaciaire. Les sapins de droite ont plus de 10 mètres de hauteur.
(Phot. A. Chaix, 1906.)

[1] Un dixième du Sahara est couvert de dunes, mais il y en a aussi sur beaucoup de plages marines. Même le golfe de Coudrée, près d'Yvoire, sur le lac de Genève, a quelques petites dunes recouvertes de végétation.

FIG. 117. — Dune de sable près d'Ourlr, Sahara algérien. — Remarquer :
les rides et petites vagues de sa surface; le fait que le vent fait
« fumer » la dune, le sable remontant la pente douce et tombant sur
l'autre versant; le fait que les quelques plantes posées sur le sable,
en haut à gauche, suffisent pour créer un relèvement du sable jusqu'à la crête.   (Phot. E. et A. Chaix, 1902.)

sommets, les alternatives de gel et de dégel sont
plus fréquentes.

2. Les nonnes sont dues au
fait que la pluie *entraîne la
terre*, sauf là où des pierres
agissent comme *parapluies*
(fig. 114, 116). La désagrégation et le ruissellement ten-
dent à atténuer les pentes.

3. Dans le désert, la désagrégation est due à l'*échauffement brusque* de la surface
des roches au lever du soleil
après les nuits fraîches. Cela
cause la *desquamation* ou
écaillement. Dès que les esquilles de pierre sont assez
petites, le vent les emporte
et les *roule*.

4. La destruction des ma-
tériaux dans les rivières est
due aux chocs et au frottement[1]. Elle est bien plus
active pendant les crues.

[1] On l'entend fort bien, surtout
en appliquant l'oreille sur le sol,
près d'un torrent glaciaire.

B. **Erosion fluviale latérale.**

FAITS CONSTATÉS

1. Les cours d'eau déplacent sans cesse
leurs *méandres* et les élargissent en rongeant
le *bord externe* (ou convexe).

2. Dans les *pays plats* les méandres s'étendent en largeur et se déplacent peu *vers
l'aval*, mais se recoupent parfois (fig. 118 à
120, I) ; sur des *pentes fortes*, les zigzags sont
moindres et le déplacement *vers l'aval* est rapide (fig. 120, II).

3. En terrains plus ou moins homogènes,
les vallées de rivières présentent des formes
variées dans le genre des fig. 122.

4. Dans les *régions sèches* les falaises sont
souvent *abruptes* (fig. 122, I et II, et 124);
ailleurs, elles présentent des *pentes douces;* souvent il y a mélange (fig. 122, III).

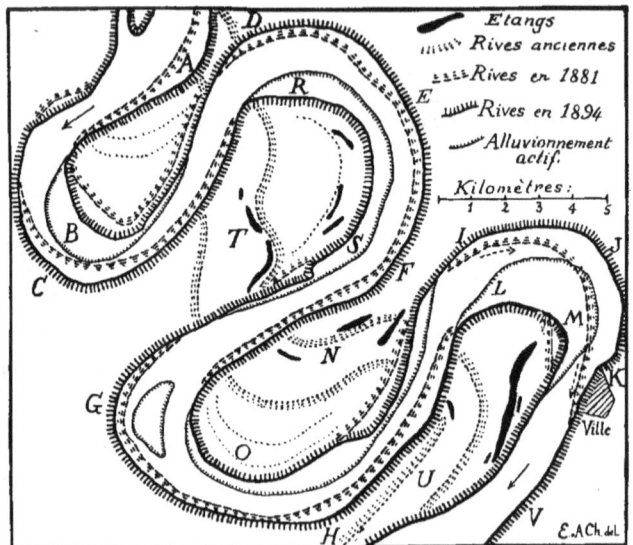

FIG. 118. — Déplacement des méandres du Mississipi, de 1881 à 1894. — A remarquer : l'amin-
cissement des isthmes **A, F** et **H**; l'élargissement des méandres vers **CB, RE** et **LM**; l'alluvionnement des promontoires **B, RS, LM**; les traces d'anciens lits **D, T, N, U**; l'enlèvement
d'une partie de la ville **K**, malgré des endiguements. (D'après R. Tarr, dans *Bull. Americ.
Geogr. Soc.*, 1894.)

INTERPRÉTATION
DES FAITS

1. L'érosion latérale est due à *l'inertie* de l'eau (de même que le fil d'eau). — Ce qui est arraché vers *A* (fig. 125) est déposé vers *BCD* par les remous, pendant que l'eau affouille le terrain en *EFG* et le transporte vers *HIJ*, etc. *Les méandres s'élargissent*, mais les points *R* et *S* restent à peu près *stationnaires* (voir fig. 126).

2. L'influence de la pente est illustrée par la figure 123. On comprend qu'un cours d'eau puisse moins zigzaguer sur une pente *AB* que sur *CD*.

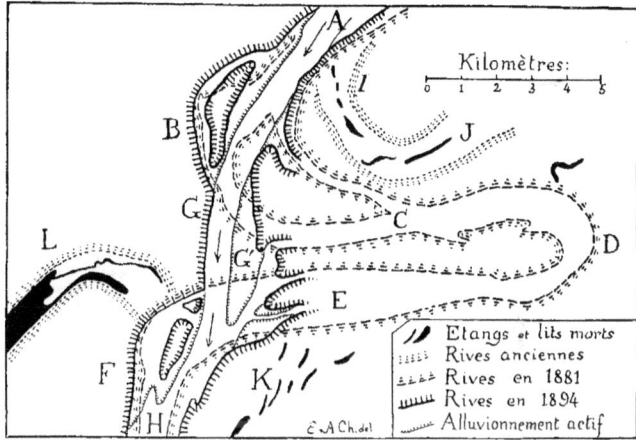

Fig. 119. — Rectification naturelle d'un méandre sur le Mississipi (d'après R. Tarr). — En 1881 la rivière passait par ABCDEF ; à force de ronger l'isthme G' elle l'a coupé et a passé directement par AGH, alluvionnant graduellement les canaux C, E, B et F. Remarquer les *lits morts* IJ, K et surtout L.

3. Par simple érosion latérale prolongée, les *falaises s'écartent et s'élèvent*. La fig. 122, II,

peut représenter la même vallée que fig. 122, I, mais après des années d'érosion, ou plus en aval, là où la rivière est plus abondante.

4. Les rivières sapent leurs falaises *par la base* en sorte qu'elles sont presque verticales, sauf

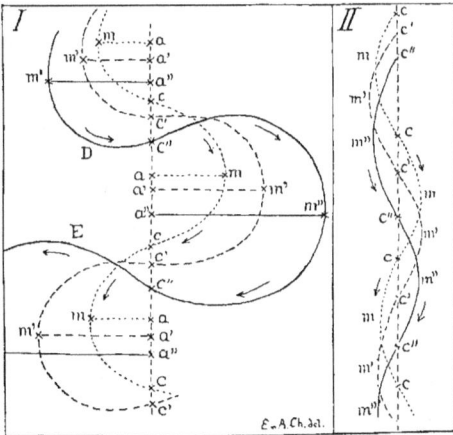

Fig. 120. — I. Transformation des méandres sur une pente faible. L'amplitude du méandre peut être très grande et les coudes **D** et **E** peuvent se rapprocher beaucoup, au point de provoquer une coupure : mais soit l'axe **am**, soit le point de croisement **c**, se déplacent très lentement vers l'aval.

II. Transformation des méandres sur une pente forte. — La pesanteur entraînant l'eau vers l'aval, empêche le développement latéral des méandres, et les points c et a se déplacent rapidement. Le *lit-majeur* du cours d'eau sera moins large.

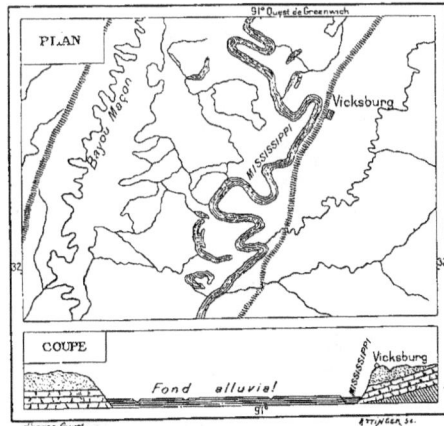

Fig. 121. — Vallée inférieure du Mississipi. — Remarquer plusieurs *lits-morts* et les falaises presque rectilignes qui limitent son *lit-majeur* à l'E. et à l'O. (Comparer avec fig. 118 à 124.)

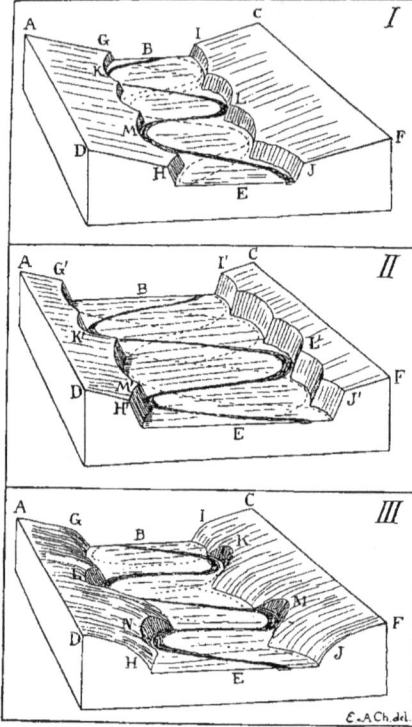

Fig. 122. — Développement latéral d'une vallée fluviale.

I. La rivière est jeune ou faible, ses falaises sont encore peu écartées et peu élevées.

II. La vallée est plus développée ; elle est plus ancienne que I, ou bien la rivière est plus puissante, ou la pente est plus faible. — Dans I et II, la falaise est escarpée, donc il n'y a guère d'érosion pluviale.

Dans III, la falaise n'est escarpée que vers **K, L, M, N**, où la rivière travaille ; ailleurs elle est adoucie par les pluies.

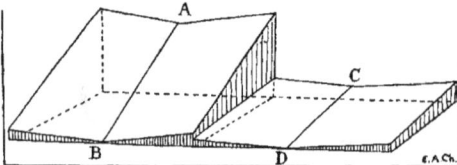

Fig. 123.

Fig. 124. — Lit d'un *oued* au N. du col de Sfa, près de Biskra. - Remarquer : la pente verticale de la berge ; le manque presque complet de stratification dans le *læss* qui la forme ; les terrasses, en arrière, faites par tassement du *læss*, comme dans la terre jaune de Chine.   (Phot. E. et A. Chaix. 1902.)

quand l'érosion *pluviale* est plus active que l'érosion fluviale.

C. Erosion fluviale verticale.

FAITS CONSTATÉS

1. Sur une pente régulière, on constate un creusement plus énergique vers le bas, en sorte que les canaux d'érosion s'approfondissent en *reculant vers l'amont* (fig. 127). Sur une pente va-

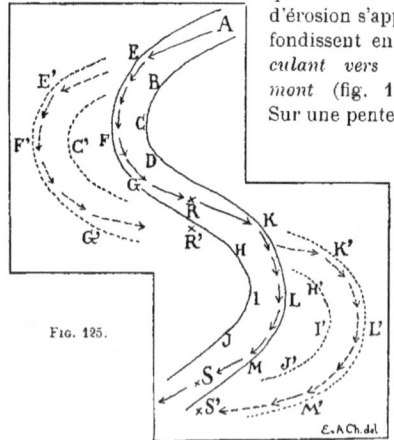

Fig. 125.

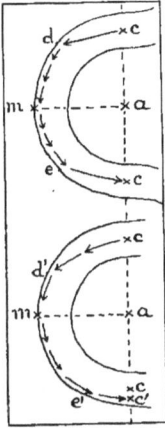

FIG. 126. — S'il n'y avait pas de pente, l'érosion en **dm** et **me** serait symétrique, et les points **c** et **c'** aussi ; mais la pente entraîne plus longtemps l'eau le long de la rive droite, et **c'** est déplacé vers l'aval.

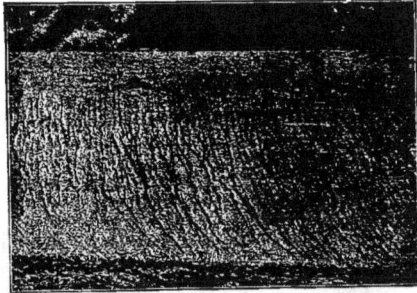

FIG. 128. — Effet du ruissellement sur un talus de terre à pente de 40° en haut, 30 à 35 au milieu et 20 à 25 en bas. — Remarquer que le ravinement est à peine commencé en haut, que les ravines sont plus creusées au milieu, qu'elles alluvionnent en bas ; que le nombre des ravines est plus grand en haut qu'en bas ; qu'entre les grandes ravines il y a de petits affluents rudimentaires. (Phot. E. Chaix, 1907.)

riée, même phénomène, mais avec dépôt en bas (fig. 128).

2. Les petits filets *s'unissent* en cours d'eau plus puissants, qui s'encaissent davantage.

FIG. 127. — Effet du ruissellement sur un talus de terre à pente uniforme de 35°. — Remarquer que les rigoles sont plus larges et plus profondes dans le bas du talus.
(Phot. E. Chaix, 1907.)

FIG. 129. — « Perte de la Valserine », au Pont-des-Oulles, près de Bellegarde (Ain). — On voit que cette gorge étroite est uniquement le résultat de l'érosion tourbillonnaire et qu'elle se compose de marmites qui ont détruit leurs cloisons. (Phot. E. Chaix, 1904.)

FIG. 130. — *Marmite en fond de bouteille*, au Pont-des-Oulles
(Bellegarde). — Le cône central forme une saillie de **10** à **15**
centimètres ; il est perforé, comme les pierres fig **132**, probablement par de petits tourbillons secondaires. La règle noire
a 0ᵐ60. Remarquer que la marmite ne contient que de très
petits matériaux.   (Phot. E. Chaix, 1904.)

3. On remarque que tout *obstacle* crée des
remous dans l'eau courante et qu'il est *rongé
autant ou plus en aval qu'en amont.*

4. Là où un cours d'eau franchit un seuil dur,
on constate ce qui suit : 1º Formation de *marmites*, d'abord en *fond de bouteille* (fig. 130), puis
en sac (fig. 131) ; 2º formation de *gorges étroites*
par la jonction des marmites (fig. 129 et 133) ;
3º *élargissement des gorges* par la formation de
chapelets parallèles de marmites et enlèvement
des murs mitoyens (fig. 129, 133 et 134). De simples galets peuvent même être perforés par les
tourbillons (fig. 132).

5. On constate que *toutes les cascades reculent*
(Niagara 65 cm. en moyenne par an), et que l'eau
ronge surtout *à la base.* (Au Niagara, le calcaire
dur repose sur des couches tendres, à la chute
du Rhin le calcaire est dur de la base au sommet ;
depuis la fin de la période glaciaire, la chute du
Niagara a reculé de 11 km., celle du Rhin d'environ 50 m. seulement).

FIG. 131. — *Marmites* en forme de sac, photographiées sous l'eau, au Pont-des-Oulles,
près de Bellegarde (Ain). — La réfraction diminue la profondeur apparente des marmites **2, 3** et **4**. Le bloc **B**, encore informe, n'a pas pu tournoyer dans la marmite où
il est tombé. En revanche, dans les marmites **2** et **4**, les petites pierres doivent tournoyer les jours où le courant est fort, mais la boue y est presque toujours en mouvement.   (Phot. E. Chaix, 1905.)

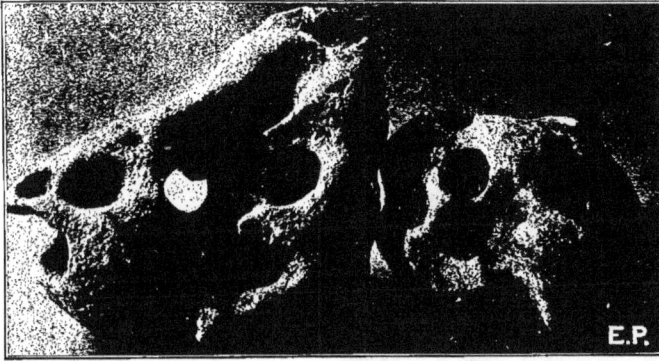

FIG. 132. — Galets de 15 centimètres d'épaisseur perforés par les tourbillons dans le lit d'une
rivière (la Dronne).   (Phot. Eug. Pittard, 1906.)

IG. 133. — Vue prise dans les gorges de l'Aar, à Meiringen. —
Remarquer la superposition de restes de *marmites* sur toute la
hauteur de la paroi.   (Phot. E. Chaix, 1900.)

FIG. 134. — La Perte du Rhône à Bellegarde, en février, vue d'amont
en aval. — Remarquer que les couches plus résistantes restent en
saillie, toute la masse de la rivière passant sous **AB**. — On a fait
sauter les saillies **CC'** et **DD'**, que formaient jadis les couches
supérieures. Le point de disparition recule d'année en année (barrage artificiel récent).   (Phot. Ph. Vieux, 1895.)

Fig. 135. — Cataracte du Niagara, côté canadien, ou Fer à cheval, vu de l'île de la Chèvre. Hauteur 50 mètres.

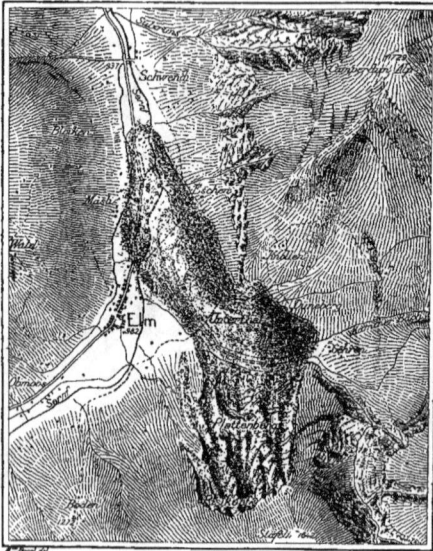

Fig. 136. — Éboulement d'Elm, canton de Glaris.

INTERPRÉTATION DES FAITS

1. La puissance érosive dépend de la *vitesse*, donc de la *pente* et de la *quantité*. Or l'abondance d'un cours d'eau est plus grande en aval, puisqu'il draine une plus grande surface de réception (fig. 137). Toutefois, là où la *pente diminue* trop, les troubles enlevés en amont se *déposent*.

2. L'impuissance relative des petits filets d'eau affluents est bien naturelle ; une des conséquences, c'est que les affluents rejoignent souvent la rivière maîtresse par des *cascades* ou des *rapides* (Valais, etc.).

3 et 4. Dans les tourbillons, l'eau tourne avec une même vitesse *angulaire ;* l'érosion est donc beaucoup plus violente sur le pourtour ; cela explique la forme en fond de bouteille des *marmites* jeunes ou peu profondes. Ce sont le sable et les petites pierres qui servent de *mordant*. On ignore la raison de formation des chapelets parallèles de marmites.

5. Dans une cascade comme le Niagara, l'eau

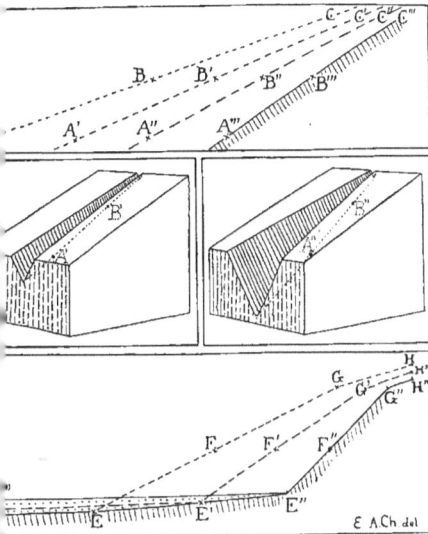

Fig. 137. — I et II. Régression de l'érosion. Sur la pente uniforme A, il y a plus d'eau, donc plus de puissance érosive à A qu'à B . Au bout de quelque temps, les points A, B et C reculent jus- à A', B' et C', puis à A'' et A'''. — La vallée a donc entamé la e d'aval en amont. — Dans III, la pente étant variée, l'érosion presque nulle de G à H, en sorte que la pente de la vallée s'ac- ue et il se fait des dépôts en bas.

itte immédiatement le bord supérieur ; ce n'est nc pas ce bord qui est rongé, mais la base de scarpement, grâce à la force vive de l'eau et x remous.

Quelques faits capitaux sont à retenir : l'éro- n fluviale est toujours rétrograde[1] ; elle atta- e les obstacles *de tous les côtés*, y laisse des ces *sinueuses* et *arrondies*, et finit toujours par détruire.

D. **Dépôts.**

FAITS CONSTATÉS

1. Au pied de chaque paroi rocheuse se trouve *talus d'éboulis*, avec pente de 25 à 35° (voir . 106, p. 47).

Un barrage transversal dans une vallée aurait son som- t raboté *d'amont en aval* par un glacier, tandis qu'il ait scié *d'aval en amont* par l'action régressive de la cade qu'il créerait dans une rivière.

2. Un *éboulement* localisé (fig. 136 et 138) mon- tre généralement une *surface d'arrachement*, une *gorge* et un *éventail de décombres* ; tous les ma- tériaux y sont *anguleux*, et mêlés sans distinction de grosseur.

3. Là où la pente d'un cours d'eau diminue, il dépose ses troubles et forme des *cônes de dé- jections* ou *d'alluvions* (fig. 139, 140).

4. Les matériaux y sont *arrondis* et *classés*, et la pente y est toujours plus douce que dans les talus d'éboulis et les cônes d'éboulement ; d'au- tant plus douce que les matériaux sont plus fins (Hoång-ho 1 m. pour 4000 m.).

5. A leur embouchure *dans un lac* ou dans la mer, les cours d'eau font des dépôts à pente forte, mais dont les éléments sont arrondis et classés en couches alternantes de pierres plus ou

Fig. 138. — Éboulement typique au-dessus du village de Muraz, près de St-Maurice (Valais). — Remarquer la surface d'arra- chement, la gorge et l'éventail ou cône de débris.
(Phot. E. Chaix, 1891.)

FIG. 139. — Cône d'alluvions du torrent de Saint-Barthélemy au Bois-Noir, à Saint-Maurice, vu de la rive droite du Rhône. La pente est relativement forte à cause de la grosseur des matériaux ; remarquer sa régularité absolue. (Phot. E. Chaix, 1891).

moins grosses et de sable (fig. 140 à 144). Il y a différence sensible entre les *trois genres de dépôts* (fig. 144).

FIG. 140. — Delta formé par un petit ruisseau glaciaire dans le Lac Blanc, vallée de Chamonix. Remarquer les traces de déplacement du torrent sur son cône. (Phot. P. Chaix, 1907.)

INTERPRÉTATION DES FAITS

1. Les talus d'éboulis sont le résultat de l'effritement, et les gros matériaux sont en bas, parce que rien ne peut les arrêter dans leur chute [1].

[1] Au reste, ces talus sont des *cônes* juxtaposés.

2. Si l'éboulement se fait en une fois, le mélange des matériaux est plus complet.

3. Le dépôt des troubles provient du manque

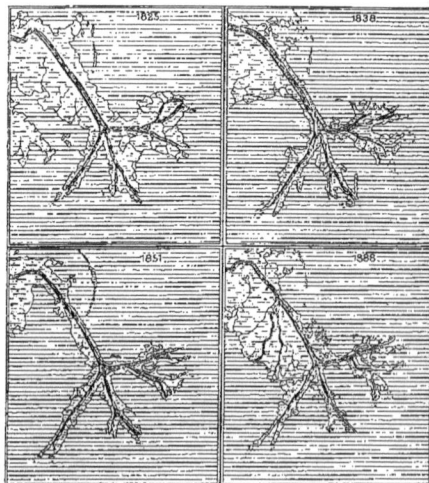

FIG. 141. — Changements survenus au XIXe siècle dans le delta du Mississipi. — Echelle 1 : 1 490 000.

force de transport que cause le ralentissement
courant[1].

4. La pente des cônes d'alluvions est adoucie
rce que le cours d'eau, déplaçant son lit, comme

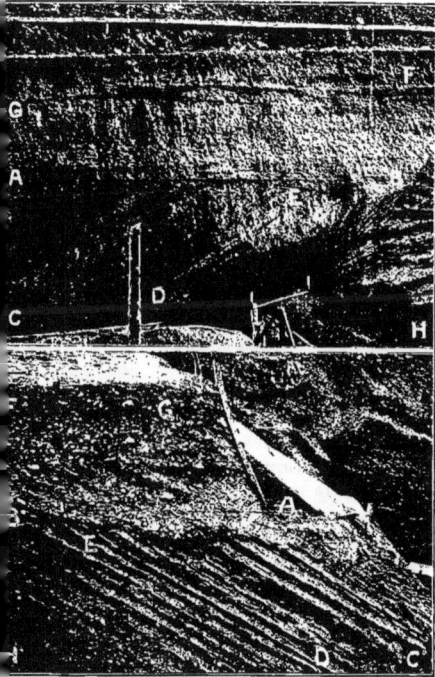

Fig. 142. — Tranchées faites dans la *terrasse lacustre* de Genève
32 mètres au-dessus du lac). — **AB**, surface horizontale du delta
us-lacustre. — Remarquer la pente forte de 30° de ses couches
E, etc., et l'inclinaison très faible des couches du cône superfi-
el **ABFG** qui les a recouvertes. — Comparer à fig. 144 IV.
(Phot. Daniel Colladon et Boissonnas. 1870.)

le voit dans la fig. 140, *remanie* ses propres dé-
ts. Comparer les cônes *AB* et *CD* de fig. 143.
classement des matériaux est l'effet des diffé-
nces de *débit* du cours d'eau.

5. La pente forte des dépôts sous-lacustres

D'après A. Penck, il suffit d'une vitesse de 30 cm. par
onde pour que le limon soit emporté ; mais il faut 1 m. 60
seconde pour que l'eau entraîne des pierres de 5 cm.
diamètre.

Fig. 143. — Trois cônes de débris en face de Randa, vallée de
Saint-Nicolas (Valais). — **AB** est un cône formé par l'*éboulement
graduel*, mais non remanié, des débris du plateau G, et sa pente
est de près de 35°. — **CD** est un cône de *déjections torrentielles*
très grossières, mais remaniées, et sa pente n'est que de 12°. —
EF est un cône créé par des avalanches ; pente 22°.
(Phot. E. Chaix, 1905.)

provient de ce que les pierres, une fois tombées,
ne sont *plus remaniées* par la rivière.

Un fait capital est à retenir : dans les dépôts
faits par l'eau courante, les matériaux sont toujours *roulés* et *classés*, tandis que les dépôts glaciaires sont toujours pêle-mêle (fig. 48, 53, 56, 63).

E. **Profil longitudinal des cours d'eau.**

FAITS CONSTATÉS

1. En diverses régions les rivières ont atteint
un *profil longitudinal régulier*, leur *profil d'équilibre ;* dans ces conditions, la rivière ne ronge
plus ou emporte à mesure ce que les affluents ou
les crues déplacent. C'est le cas de la Seine, de la
Somme, de la Tamise, etc. (fig. 145).

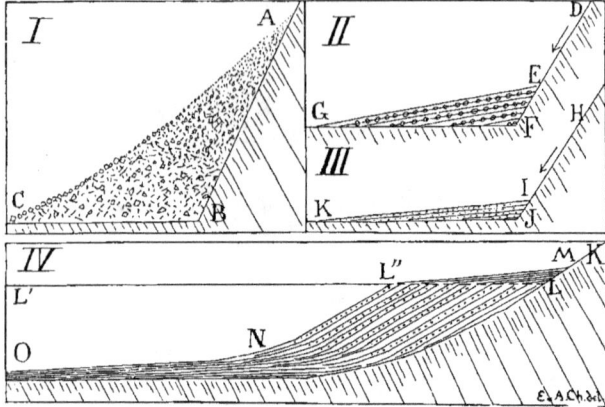

Fig. 144. — I. Cône d'éboulement : matériaux anguleux jet mélangés, les plus gros dans le bas. — II. Cône d'alluvions grossières ; matériaux arrondis et classés. — III. Cône d'alluvions plus fines. — IV. Cône d'alluvionnement sous-lacustre ; matériaux arrondis et classés. pente forte. NO, dépôt des troubles fins. ML'', cône extérieur, à pente douce.

2. Dans d'autres régions, elles ont des *profils irréguliers*, des *seuils* avec rapides, des lacs,

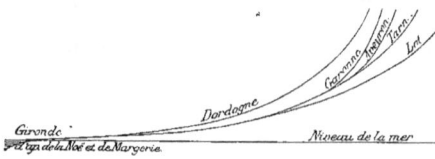

Fig. 145. — Profil de quelques rivières de France.
(Hauteur très exagérée.)

c'est-à-dire des contre-pentes (fig. 146) ; c'est le cas, par exemple, dans les Pyrénées et les Alpes, où le fond de quelques lacs est inférieur au niveau de la mer; dans le Canada, la Scandinavie, etc., qui ont des multitudes de lacs et de cascades ; en Afrique, où les fleuves ont des rapides vers leurs embouchures. Partout, d'ailleurs, la différence de dureté des roches se traduit par des irrégularités dans le profil des cours d'eau (fig. 148, 150).

3. A faible distance des glaciers actuels, beaucoup de rivières, outre qu'elles ont des rapides ou des chutes, passent par des *gorges étroites* (Aar, Rhin, Rondchâtel sur la Suze, etc.).

4. Enfin presque tous les *affluents,* dans ces régions, rejoignent la rivière maîtresse par des

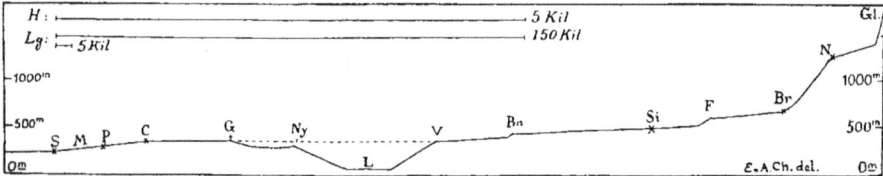

Fig. 146. — Coupe longitudinale de la vallée du Rhône (échelle des hauteurs 30 fois plus forte que celle des longueurs). — Les gradins de Gletsch à Brigue, Gl à Br, sont creusés dans la roche ; ceux de Finges et du Bois-Noir, F et Bn, sont créés par les apports trop considérables d'alluvions grossières des torrents d'Illgraben et Saint-Barthélemy (fig. 139). Remarquer la contre-pente considérable du lac entre Villeneuve et Genève, V et G, et la pente rapide, avec érosion active entre Chansy et Seyssel, C et S, à la Perte du Rhône, P, et au Malpertuis, M; cette pente est due au barrage rocheux du Jura.

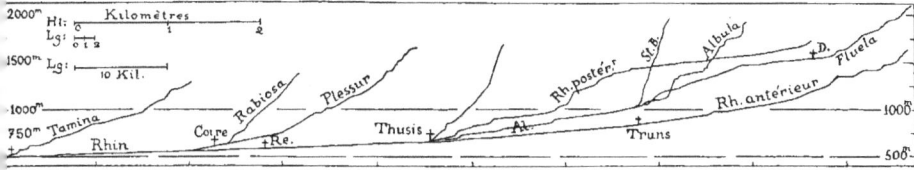

FIG. 147. — Profil longitudinal de quelques affluents du Rhin supérieur, réduit d'après le dessin original du *Bureau hydrométrique fédéral*, 1907. — Les hauteurs sont décuplées. — Remarquer que le Rhin antérieur a presque atteint son profil d'équilibre, tandis que ses affluents en sont encore loin.

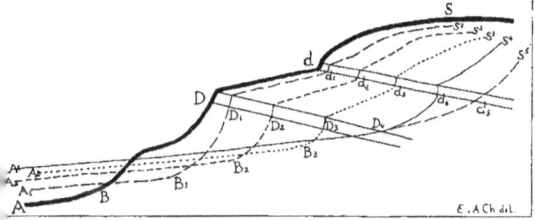

FIG. 148. — Etablissement du profil d'équilibre dans des roches variées. — D et d étant des couches de roches dures causeront longtemps des cascades, qui reculeront lentement. Le travail de dS ne peut commencer que quand D est rongé. (Voir fig. 150.)

orges, des rapides ou des cascades (affluents du hône en Valais, etc., fig. 147).

INTERPRÉTATION DES FAITS

1. Le profil d'équilibre n'est atteint que dans es régions depuis longtemps *stables,* où les riviè-

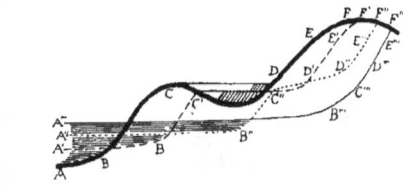

FIG. 149. — Etablissement du profil d'équilibre : l'érosion plus forte de C à B, rétrograde vite, rattrape celle qui a été commencée entre F et D. Les matériaux arrachés en amont sont déposés de B vers A et plus loin.

es ont eu le temps de combler les dépressions et e creuser les seuils pour adapter leurs cours à eur *niveau de base* (fig. 148 à 152). Quant au elèvement dû profil vers la source (fig. 145 à 152), l provient de ce que les troubles y sont encore assez *grossiers* et que la rivière, moins abondante

d'ailleurs, a besoin d'une pente plus forte pour leur enlèvement[1].

2. Dans les régions montagneuses d'*origine récente* (système alpin, etc.), les plis et dislocations n'ont pas eu le temps d'être égalisés (fig. 146, 147, 150). Les pays comme la Scandinavie, le Canada, les Alpes, etc. (voir fig. 65 et 67, p. 30), ont subi les *dernières glaciations*, qui y ont creusé des lacs, amoncelé des moraines, etc., et rien n'est encore régularisé (voir fig. 63, 64).

FIG. 150. — Sommet du Ropbaien, au-dessus de Fluelen, lac des Quatre-Cantons. Ravinement gêné par des couches de roche dure. Chaque couche sert de niveau de base pour la pente surincombante, et l'arête terminale est formée par la rencontre des deux pentes opposées. (Phot. E. Chaix, 1904.)

3. Les gorges dans les régions anciennement glaciées sont souvent dues à ce que les moraines

[1] Il suffit d'une vitesse de 30 cm. par seconde pour transporter de la boue, et 50 cm. pour du gros sable ; mais il faut 1 m. 60 pour du gravier de 5 cm. de diamètre, et 5 m. par seconde pour des pierres de 40 à 50 cm. de diamètre.

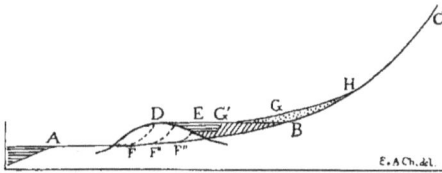

Fig. 151. — Effet d'un plissement **D** transversal à un cours d'eau précédemment régularisé : s'il est rapide, il cause un lac en **E** et il s'y forme des terrasses lacustres **G'**, jusqu'à ce que l'érosion **FF'** abaisse le niveau du lac ; alors l'érosion remontera dans les alluvions **G'H**, jusqu'à ce que le profil **ABC** soit rétabli. Les alluvions en **A** relèveront le cours **ABH**.

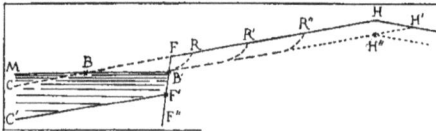

Fig. 152. — Effet d'un déplacement du niveau de base. — **M** = mer ; **CBH** = profil ancien d'une terre. Si la région **CF** s'affaisse jusqu'à **F'**, l'embouchure est reportée de **B** à **B'** et l'érosion doit creuser un nouveau lit vers **R, R'**, etc., jusqu'à **H'**, ou **H''** s'il y a érosion de l'autre côté.

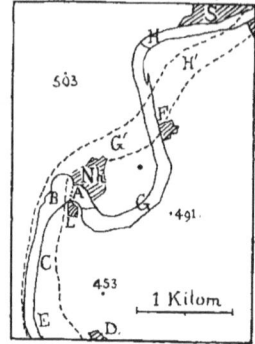

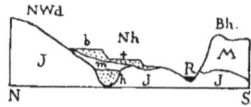

Fig. 153. — I. Cours ancien et actuel du Rhin vers sa chute, **AB**. — **S, F, Nh** = Schaffhouse, Flurlingen, Neuhausen ; **Nwd, Bh** = Niederhauserwald, Buchhalde ; **SH'G'BCE** = cours ancien. Recul de **B** vers **A** très lent.

II. **R** = Rhin actuel ; **hm** = ancien lit comblé par du gravier des hautes terrasses **h**, de la moraine profonde **m** et du gravier des basses terrasses **b**. **M** et **J** = molasse et jurassique.

ont *comblé les lits primitifs* et forcé les rivières à recommencer leur travail d'érosion, qui n'a pas eu le temps d'être achevé. Ces faits se voient à Schaffhouse (fig. 153, 154), dans les gorges du

Rive zuricoise.

Rive schaffhousoise.

Fig. 154. — Chute du Rhin. — L'ancien lit allait des maisons de gauche directement vers la droite.

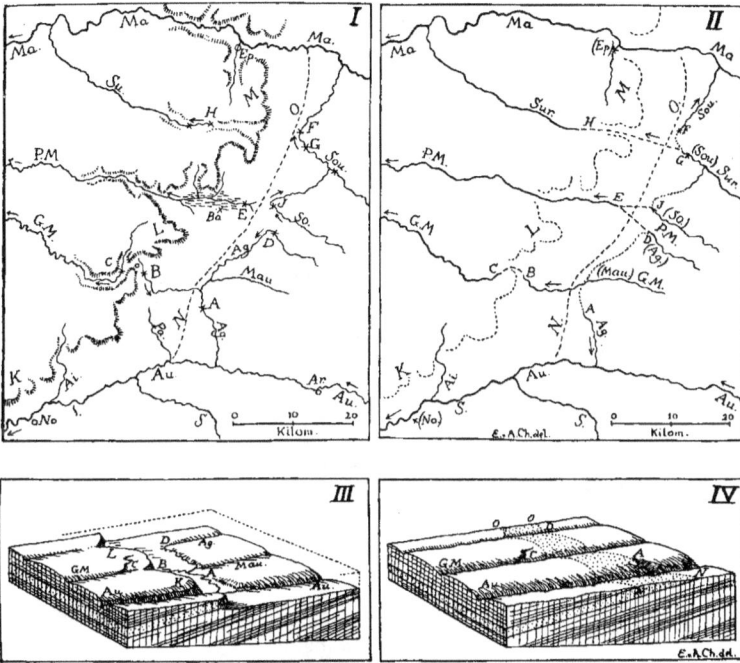

Fig. 155. — **I.** Partage actuel des eaux vers la falaise rocheuse d'Epernay **KLM**. — **NO**, situation primitive de l'affleurement de roche dure. — **GM, PM** et **Su**, Grand Morin, Petit Morin et Surmelin. — **S, Au** et **Ag**, Seine, Aube et Auges. — **So, Sou** et **Ma**, Somme, Soude et Marne.
    II. Ecoulement primitif des rivières entre Marne et Aube. — L'affleurement rocheux **NO** a été repoussé jusque vers **KLM**, mais les affluents directs de l'Aube et de la Marne, l'Auges et la Soude, ont décapité les anciennes rivières *(conséquentes)* qui étaient les sources du Surmelin, du Grand et du Petit Morin.
    III. Représentation schématique de ces captures : **III**, état actuel, correspondant à **I** ; — **IV**, état primitif, quand l'affleurement de roche dure **NO** n'était pas attaqué, correspondant à **II**.

auderon, à Rondchâtel dans les gorges de la
ize, dans les gorges de l'Aar [1].
Ces rivières, recommençant un nouveau *cycle
érosion,* la région présente un caractère de
jeunissement, car, dans l'état de *maturité,* les
llées sont élargies et leurs pentes sont douces.

4. Le retard dans le creusement des vallées
fluentes provient de ce que la quantité d'eau
ant *moindre* dans les affluents, leur travail
érosion est plus lent (fig. 128, p. 55).

[1] Le Malpertuis, près de Bellegarde, est peut-être explica-
e par un plissement récent, comme dans fig. 160, p. 67.
e cas du Niagara est plus compliqué ; il y a eu comble-
ent glaciaire et faible plissement.

§ 7. — Localisation du travail de l'eau.

FAITS CONSTATÉS

1. Les cours d'eau coulent peu dans des *synclinaux* (parties supérieures du cours dans la Valserine, l'Orbe, le Doubs, la Reuse, la Suze, la
Birse). Même des cours d'eau *longitudinaux* ont
souvent creusé l'*anticlinal* ou le *flanc* des plis,
et non le synclinal.

2. La plupart des cours d'eau ont coupé les
plis plus ou moins *transversalement,* ou ont entamé en tous sens les nappes de recouvrement.

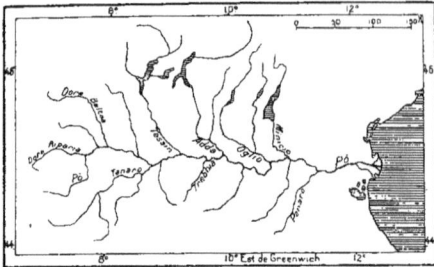

FIG. 156. — Bassin du Pô, presque symétrique.

3. Mais on se demande *pourquoi* l'érosion est *localisée* à telle place plutôt qu'à une autre, par exemple pourquoi le Rhône et l'Arve ont scié transversalement tant de plis.

4. On constate souvent que des rivières ont *été détournées de leurs vallées primitives* ou naturelles (fig. 155). Cela se constate notamment par la nature des alluvions qu'elles ont laissées sur leur ancien parcours.

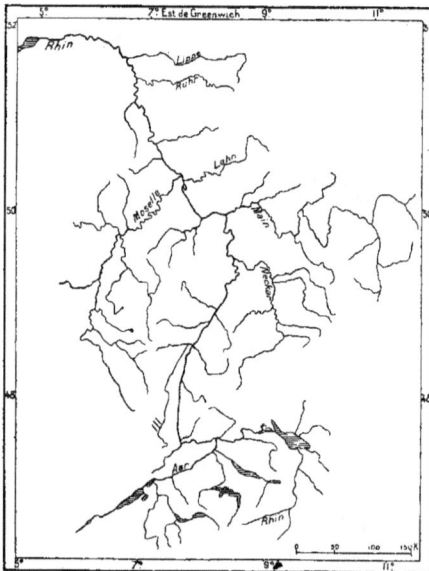

FIG. 157. — Bassin du Rhin, très asymétrique et composé de parties disparates.

5. C'est ainsi que, tandis que certaines rivières ont des *réseaux normaux, symétriques* (fig. 156), comme le Pô, l'Amazone, le Mississipi, etc., d'autres ont des cours heurtés, *asymétriques*, comme le Rhin (fig. 157), le Rhône, le Danube, etc.

INTERPRÉTATION DES FAITS

1. La rareté des vallées fluviales synclinales est encore peu expliquée. Il est certain que les *anticlinaux* primitifs ont dû être attaqués énergiquement puisqu'ils faisaient *saillie*, tandis que les synclinaux étaient protégés par les alluvions ;

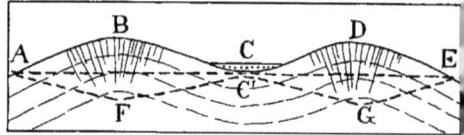

FIG. 158. — Coupe transversale de deux anticlinaux.

puis le plissement comprime et par conséquent *durcit* le synclinal. Donc, le pays une fois *abrasé* au niveau ACE (fig. 158), l'érosion aura dû être plus forte dans les anticlinaux, et les cours d'eau longitudinaux s'y seront établis, en F et G. Effectivement beaucoup de sommets sont des restes de *synclinaux* (C') et ce n'est que dans les mas-

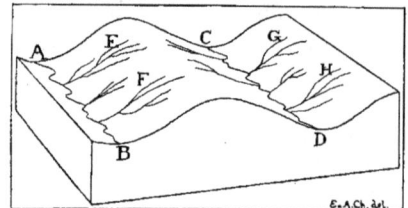

FIG. 159.

sifs *jeunes* (Jura, etc.) qu'on trouve des vallées synclinales.

2. L'*érosion transversale* s'explique : 1º par le fait que les pentes de rivières telles que E, F, G, H (fig. 159) sont plus fortes que celles des rivières AB et CD ; 2º parce qu'il tombe beaucoup de pluie sur les hauteurs ; 3º parce que les rivières AB et CD sont gênées par les *alluvions*

de leurs tributaires. Mais on ne sait généralement pas pourquoi E ou H rongerait plus que F ou G.

3. La *localisation* de quelques grandes vallées transversales s'explique par le fait que les anti-

FIG. 160. — Anticlinaux coupés par une rivière. — I. L'axe des anticlinaux **ACB** et **IJ** s'abaisse, formant des *enssellements* en **C** et **J** ; la partie **E'F'**, où pouvait être un *enssellement*, a été enlevée par érosion. — II. Si le plissement s'est fait vite, il se sera formé des lacs **D** et **H**, que les émissaires **G** et **K** auront vidés en s'encaissant. Si le plissement s'est fait lentement, les anticlinaux auront été sciés à mesure.

clinaux qu'elles avaient à traverser avaient des *abaissements* à telle ou telle place. Si les anticlinaux des deux côtés restent horizontaux jusqu'à la vallée (fig. 160, I) comme EE' et FF', on reste perplexe ; s'ils s'abaissent comme II' et JJ', on

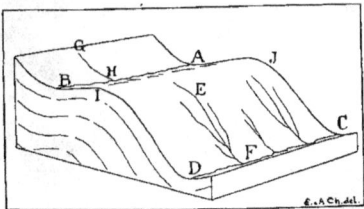

FIG. 161.

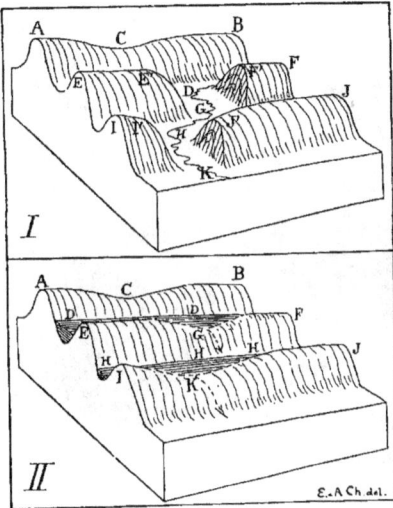

FIG. 162. — Bifurcation de l'Orénoque (échelle 1 : 450 000).

comprend qu'il y avait *enssellement* ou col, comme dans l'anticlinal ACB, et que l'eau s'est accumulée en arrière et a scié les cols (fig. 160, II).

4. Les changements de vallées s'expliquent par des *captures* : le niveau de base CD (fig. 161) étant plus bas que AB, la puissance érosive de l'affluent EF sera grande ; il creusera *régressivement* la

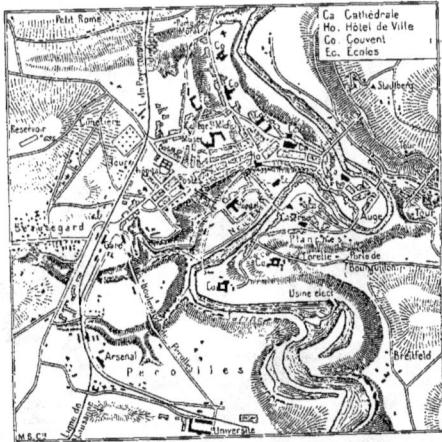

FIG. 163. — *Méandres encaissés* de la Sarine à Fribourg (échelle 1 : 30 000).

vallée jusqu'au point *H* et captera les sources *A H*
et *G H*, laissant la rivière *B décapitée* et *affaiblie.*

L'Orénoque est un cas de capture en cours
d'exécution : le Cassiquiare ne fonctionne encore
qu'en temps de crue ; s'il s'approfondit davantage, il décapitera l'Orénoque (fig. 162).

Beaucoup de rivières, comme la Sarine (fig. 163), le Rhône
à Genève, l'Arve, l'Aar à Berne, etc., présentent des *méandres encaissés,* lorsqu'elles ont conservé leur localisation
primitive malgré un abaissement de leur niveau de base ou
un simple progrès de leur érosion verticale.

§ 8. — Quelques phénomènes complexes.

1. En Abyssinie (fig. 165), structure simple (couches érup-
tives horizontales) ; réseau hydrographique *très jeune,* créé
au hasard de l'érosion régressive ; vallées étroites, *canyons,*
rapides, cascades.

2. *Canyon du Colorado* (fig. 164, 166). — Couches presque
horizontales, plus dures en bas. Méandres encaissés, donc
érosion rajeunie par un soulèvement. La large vallée superficielle semble prouver que la rivière est restée longtemps
à ce niveau avant de s'encaisser. Les couches se sont lentement voûtées et la rivière les a *sciées à mesure* qu'elles

Fɪɢ. 164. — Canyon ou cluse creusée par le Colorado.

Fɪɢ. 165. — Vue prise dans les montagnes d'Abyssinie.

s'élevaient et s'est enfoncée là où elle se trouvait (elle est donc *antécédente*). Ces changements sont anciens, car le

FIG. 166. — Marble canyon, sur le Rio Colorado (Etats-Unis). Cette gorge a 1000 mètres de profondeur.

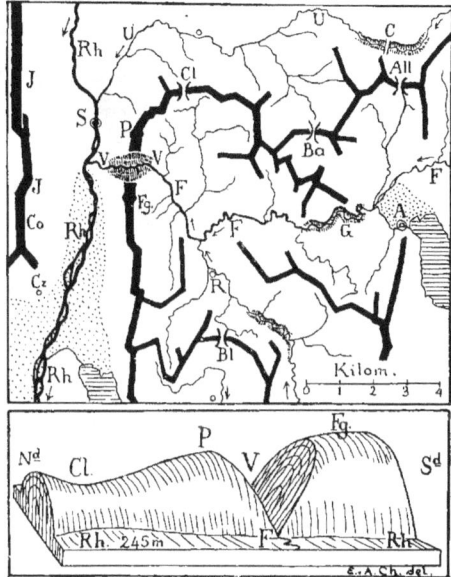

FIG. 167. — I. Situation du Val de Fier, **VV.** — **Rh, F, U** = Rhône, Fier, les Usses; **JJ, Co, Fg, P** = Jura, Colombier de Culoz, Gros-Foug (1051 m), Mont des Princes (942 m.); **VV, Cl, Ba, Al, Bl** = Val de Fier (300 m.), cols de Clermont (600 m.). de la Balme (490 m.), d'Allonziers (633 m.), de Bloye (379 m. ; **G, A, C** = Gorges du Fier, Annecy, Pont de la Caille; **S, Cz, R** = Seyssel, Culoz, Rumilly. — II. Représentation schématique de la coupure de l'anticlinal de 1000 mètres, tout près du col de Clermont, moins élevé.

FIG. 168. — Vallée de Valorcine, vue du S.-O. — A, B, C, D, E sont des plateaux rocheux (Phot. E. Chaix, 1907.)

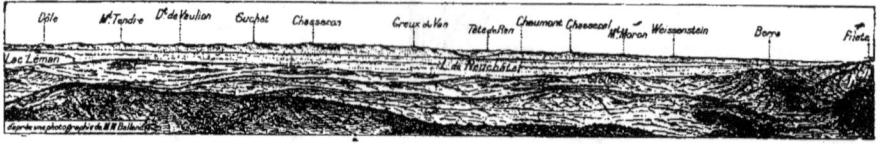

FIG. 169. — Profil du Jura, vu du Moléson.

profil longitudinal est presque régularisé. Les berges sont restées verticales parce qu'il ne pleut pas.

3. Le *Val de Fier*, près de Seyssel (*VV*, fig. 167) est taillé dans l'anticlinal du Gros-Foug *(Fg)* et des Princes *(P)*

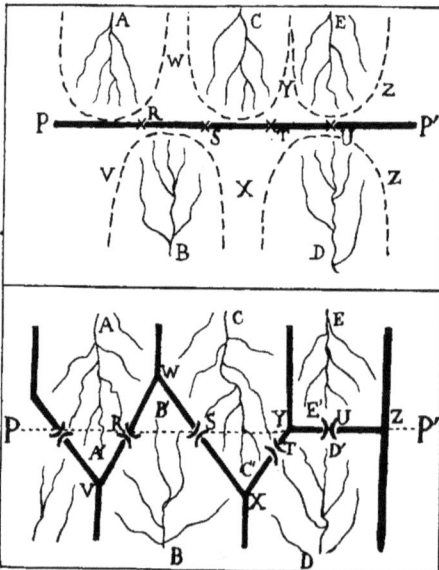

FIG. 170. — Déplacement des lignes de partage des eaux. — **PP'** est l'axe d'un anticlinal; les *rivières* **A, B, C,** ... creusent chacune un cirque d'érosion; ces cirques entament l'anticlinal et s'enchevêtrent. La crête sera déplacée, et abaissée surtout aux points **R, S, T, U** qui formeront des cols, tandis que les points **V, W, X, Y** resteront en saillie.

dans sa partie la plus élevée (1051 m.), tandis que la rivière aurait pu rejoindre le Rhône par les passages moins élevés de Clermont *(Cl)*, de la Balme *(Ba)*, d'Allonziers *(All)* et surtout de Bloye *(Bl)*, à 370 m. — La formation de cette cluse curieuse ne peut s'expliquer qu'en admettant que la rivière passait là *avant le plissement* de l'anticlinal du Gros-Foug, que ce plissement a été *très lent*, et que la rivière l'a *scié à mesure* (rivière antécédente) [1].

[1] Un plissement brusque eût créé un lac vers Rumilly *(R)*, et on trouverait des terrasses lacustres tout autour.

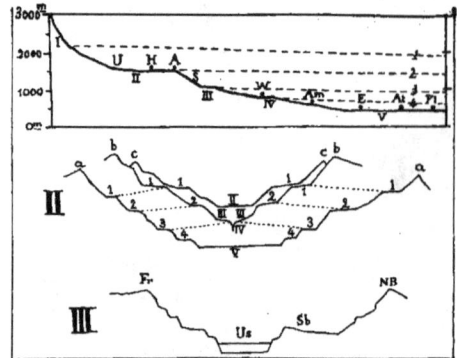

FIG. 171. — Gradins et terrasses latérales de la vallée de la Reuss. (D'après Alb. Heim.)

I. Profil longitudinal : I à **V**, gradins; **1** à **4**, niveau des terrasses latérales correspondantes; **U, H, A** = vallée d'Urseren, Hospenthal et Andermatt; **S, W, Am** = défilé des Schœllenen, Wassen et Amsteg; **E, At, Fl** = Erstfeld, Attinghausen et Fluelen.

II. Trois coupes transversales : **aa**, vers Altorf; **bb**, près de Gœschenen; **cc**, dans la vallée d'Urseren.

III. Lac d'Uri, **Us**, avec terrasses du Seelisberg, **Sb.** — **NB** et **Fr** = Niedere Bauen et Frohnalpstock.

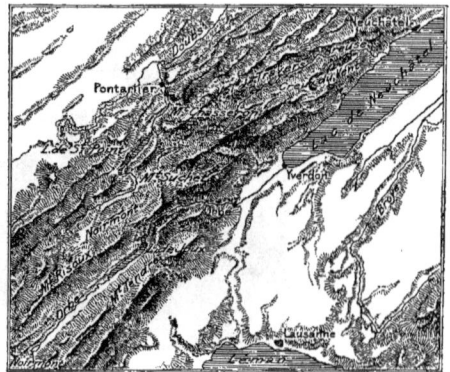

FIG. 172. — Carte d'une partie du Jura.

Fig. 173. — Vue prise dans la forêt de Bohême. — Remarquer la largeur des vallées et l'uniformité des crêtes.

4 Les *lignes de partage* des eaux se déplacent perpétuellement; les faîtes primitifs sont attaqués par l'érosion régressive (voir une carte des Alpes). L'anticlinal primitif $P P'$ est détruit par chaque réseau de rivières (fig. 170), surtout aux points R, S, U; en U, si les deux rivières sont également fortes, le col sera fortement creusé et la crête disparaîtra complètement. Dans les pays à relief indécis (Russie), ce travail régressif cause un curieux enchevêtrement des bassins.

5. Beaucoup de vallées présentent des *replats* ou *gradins rocheux*, plutôt rectilignes, suivis de pentes fortes et dont l'altitude est la même sur les deux rives (fig. 171). Tout le monde est d'accord pour attribuer cela au *surcreusement* de la vallée par plusieurs cycles successifs d'érosion; mais les uns l'attribuent au cours d'eau, les autres aux diverses périodes d'extension glaciaire (voir l'ouvrage de Penck et Brückner sur les Alpes pendant la période glaciaire).

6. Dans le Jura (fig. 171, 169), les chaînes forment de longues croupes peu variées, orientées, comme les plis, du S.-O. au N.-E. Il y a des *vallées longitudinales* et des

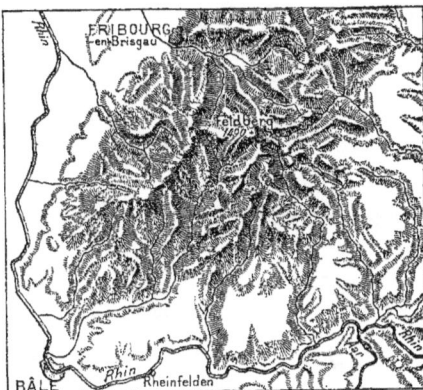

Fig. 174. — Partie méridionale de la Forêt-Noire (1 : 85 000). Remarquer sa dissection en tous sens.

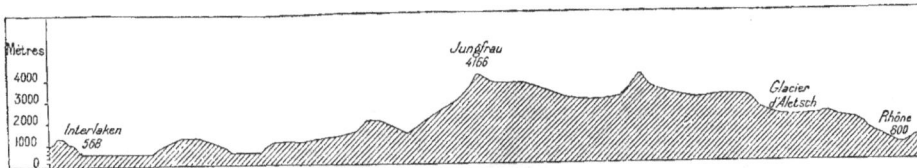

Fig. 175. — Coupe à travers les Alpes bernoises, d'Interlaken au Rhône. L'échelle des hauteurs est égale à celle des distances, 1 : 250 000°.

Fig. 176. — Les Alpes bernoises, vues du Niesen. — Les comparer au Jura. fig. 169.

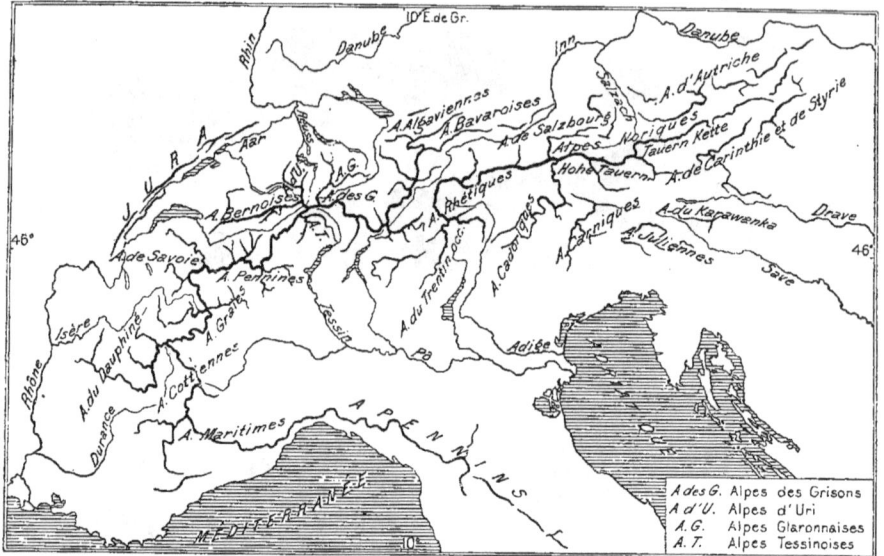

Fig. 177. — Tracé des chaînes des Alpes (1 : 6 600 000ᵉ). — Remarquer leur différence avec le tracé du Jura.

cluses transversales jeunes. C'est un relief qui a dû être *rajeuni* par un soulèvement relativement récent.

7. Il existe des massifs *disséqués* en tous sens, mais à *formes arrondies* et simples quoique leur *structure* soit

Fig. 178. — Partie du massif du Mont-Blanc. — Remarquer l'aspect déchiqueté des crêtes.

Fig. 179. — Extrémité N.-E. de la vallée de Chamonix. — **T** = village du Tour; **B** = col de Balme; **RS** est un ravinement normal, « conséquent » au relief; il se déplace évidemment vers D, puisqu'il y est plus actif; l'érosion **AC**, au contraire, au milieu du plan incliné **OK**, semble extraordinaire; elle ne peut s'expliquer que par la *régression* d'une érosion partie de **F**, qui a d'ailleurs profité de la présence en cet endroit de calcaire (liasique), moins résistant que les roches cristallines; **J, J** sont des ravins très caractéristiques des schistes cristallins, avec énormes talus **I, I**; **FTE** est un vaste *talus torrentiel*, venu surtout de **AC**, et tout cultivé, parce qu'il contient plus de calcaire que les autres. Le promontoire **GH** est une formation curieuse; **H** est évidemment un éboulement arraché en **H'**; quant à **G**, c'est une *terrasse*, à surface et à stratification presque horizontales, à matériaux fins; elle présente les caractères d'une terrasse lacustre; comme on trouve vers **D** quelques restes de *moraine* à blocs de granit, et comme **NN** est une même moraine, on comprend que le glacier du Tour a rempli tout l'espace plat; il aura laissé vers **GSD** un coin libre, où se sera formé un lac (genre Mærjelen); ce lac s'est comblé; le torrent **S** aura emporté une partie de l'alluvion, et **H'H** l'aura recouverte. La moraine **MMM** date de la dernière extension du glacier (1832). (Phot. E. Chaix, 1907.)

rès compliquée, avec vallées à pentes douces, sur des roches ourtant dures (Forêt-Noire, Forêt de Bohême, fig. 173-174). e sont évidemment des massifs *anciens*, soumis epuis longtemps à l'érosion (état de maturité).

8. Les Alpes sont aussi disséquées en tous ens (fig. 177), mais elles présentent des pentes eaucoup plus fortes (fig. 175) et des *profils eurtés* (fig. 176 et 178); les rivières y ont des apides et des cascades. Le développement des *allées transversales* prouve que l'érosion y est oins récente que dans le Jura, mais elle y a eu eaucoup à faire. Sur la carte scolaire fédérale, u mieux sur le relief de M. Ch. Perron, remar- uer l'aspect du Jura, avec son relief uniforme, aspect du Napf, découpé dans toutes les direc- ons, le caractère des Alpes calcaires, avec chaî- ons longitudinaux mais morcelés (notamment la ègion du Sæntis); enfin l'aspect des hautes Alpes, vec leurs profondes coupures et leurs crêtes, urs grandes vallées fermées, à fond plat, les avinements du Tessin.

9. Presque partout, les moindres détails du paysage sont intéressants et peuvent parfois être *interprétés* (voir fig. 179).

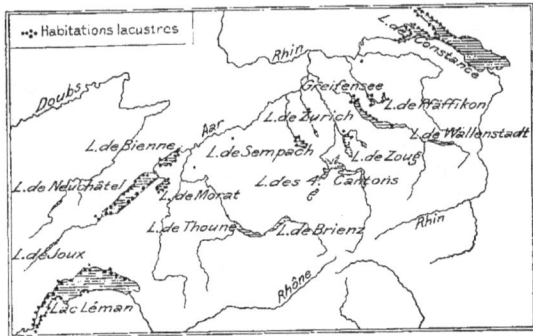

Fig. 180. — Distribution des stations lacustres préhistoriques en Suisse.

§ 9. — Influence de l'hydrographie continentale sur l'humanité.

Influences nombreuses et très importantes :

Neiges et glaces : Elles excluent généralement l'homme, mais constituent une excellente réserve d'eau, avec débit maximal en été.

Nappe d'infiltration : Une grande partie des établissements humains dépendent de la nappe d'infiltration, notamment des sources de tout genre et de toute température[1]. Importance actuelle des puits artésiens, en Afrique, en Australie, aux Etats-Unis.

Eaux courantes : Trois utilisations capitales : irrigation, transports, force. L'*irrigation* est fort ancienne (Mésopotamie, Egypte, Iran, Touran) ; mais elle progresse beaucoup (Egypte, Espagne, Indes, Etats-Unis, etc.), et l'on étudie de vastes projets. Les pays à irrigation artificielle ont toujours une grande valeur et des populations denses, comme les Indes, la Chine, l'Egypte[2].
— La *navigation fluviale,* complétée par des canaux, reprend, grâce à son bas prix, une grande activité, après avoir diminué temporairement.
— Les *forces hydrauliques,* transportées par le courant électrique, commencent à peine à être utilisées ; elles transforment les Alpes, les Etats-Unis, etc. Il y a encore une quantité incroyable de forces inutilisées (Andes, Himalaya, Afrique, etc.). — Les vallées de grandes rivières sont presque partout les lieux de concentration des habitants (fig. 181).

Les *lacs* sont précieux comme régulateurs. Dès la plus haute antiquité, ils ont servi de centres de rassemblement aux hommes et ont eu leur moment d'influence civilisatrice (fig. 180). Quant aux marais, on les assèche de plus en plus (moustiques et fièvres).

---

[1] Remarquer les innombrables endroits dont les noms contiennent des mots signifiant source : *'ain* en arabe, *brunn* et *bronn, fontein* au Cap, *aix, ex, ey* en pays romans. — Nécessité de parer à la contamination des nappes d'infiltration.

[2] Voir : J. Brunhes, *L'Irrigation*.

Erosion : La *désagrégation* des roches est la préparation indispensable du sol (lœss, latérite). — L'*érosion mécanique* rend les montagnes pénétrables : remarquer que le Jura, qui n'a que

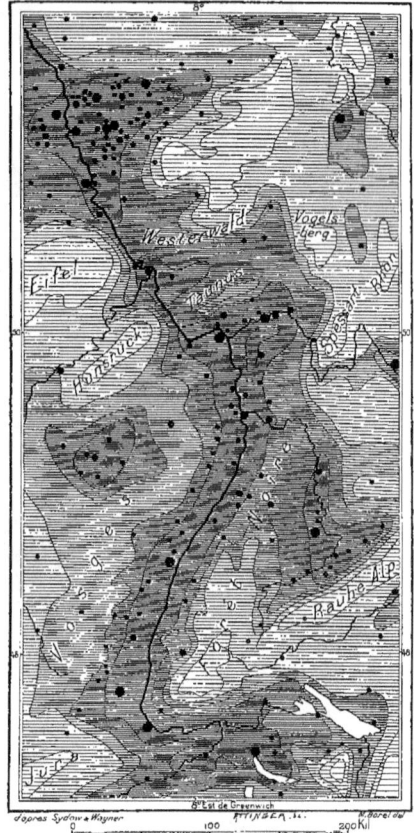

moins de 25 habitants par km²
de 25 à 50 »   »   »   »
de 50 à 75 »   »   »   »
de 75 à 100 »   »   »   »
de 100 à 150 »   »   »   »
plus de 150 »   »   »   »

● ● ● *Villes suivant le nombre des hab[ts]
La population des villes de plus de 20 000
âmes a été déduite du nombre total des
hab[ts] avant le calcul de la densité.*

Fig. 181. — Remarquer que les villes sont plus nombreuses et la densité plus grande dans les vallées que dans les montagnes.

OCÉANOGRAPHIE 75

200 m., mais est à peine entamé, est, relativement à sa grandeur, aussi gênant pour les chemins de fer que les Alpes, qui dépassent 4000 m. mais sont plus découpées de *vallées transversales*. — Ces vallées transversales, avec leurs entrées souvent étroites, ont facilité la naissance de communautés indépendantes (Uri, Unterwald, Glaris, etc.); dans beaucoup de régions, elles ont servi

jadis de refuge aux vieilles populations et aux vieilles mœurs.

Dépôts : Leur valeur dépend de leur finesse ; et les alluvions fines ont toujours été les meilleures régions du globe (Chine, Indes, Egypte, Mésopotamie, Lombardie, etc.). Les alluvions du Fleuve Jaune, du Gange, du Nil nourrissent 200 à 400 habitants par km² (les Grisons 16 par km²).

CHAPITRE III

OCÉANOGRAPHIE

Les mers ont une *étendue* 2 ½ fois plus grande que celle des terres (365 000 000, contre 145 000 km². fig. 182).

L'*hémisphère méridional* en a plus que l'hémisphère septentrional, et si l'on partage le globe en *hémisphère océanique*, avec centre en Nouvelle-Zélande, et *hémisphère continental*, la différence est frappante (fig. 183) :

	Mers :	Terres :
Hém. continental	53 %	47 %
Hém. océanique	90.5 %	9.5 %

Le *niveau de la mer* représente l'*ellipsoïde de rotation* normal du globe ; il subit pourtant de petites *déformations géoïdales*) dues aux différences de pression atmosphérique, de salinité et de température de l'eau, mais plus encore à l'attraction des continents, qui relève légèrement l'eau (on le constate par le pendule à secondes).

§ 1. — Relief sous-marin.

MOYENS D'OBSERVATION

Pour mesurer exactement et vite des profondeurs peu considérables, on se sert généralement de *bathomètres*, qui indiquent la *pression* de l'eau, par la compression d'un certain volume d'air. Pour les grandes profondeurs, on utilise la sonde de Brooke (fig. 185), ou plutôt une sonde basée sur le même principe : Le lest de la sonde se déclenche au fond de l'océan et l'on ne remonte que le tube central, ce qui per

met l'emploi d'un fil de sonde très mince. Les divers appareils ont des agencements différents pour indiquer exactement

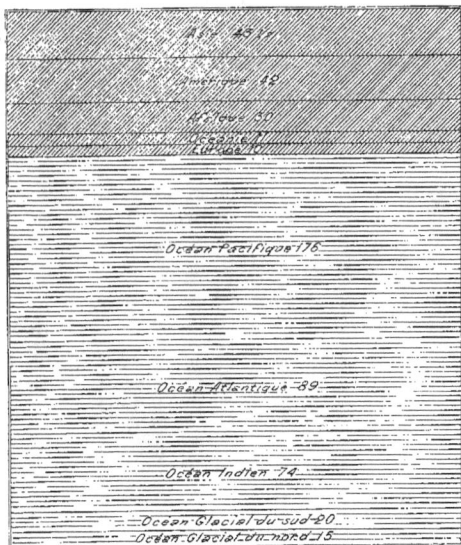

Fig. 182. — Etendue comparée des continents et des océans, en millions de kilomètres carrés.

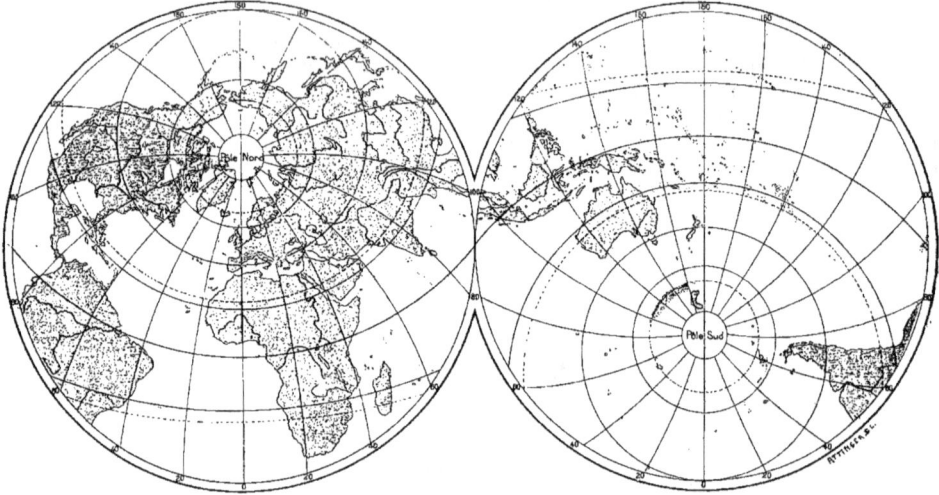

Fig. 183. — Hémisphère continental et hémisphère océanique.

l'instant où la sonde touche le fond. Un sondage à grande profondeur dure toujours plusieurs heures (4 à 8 h.). Près des côtes le nombre des sondages déjà faits est énorme. On trace des *lignes isobathes* comme les isohypses ou courbes de niveau sur les cartes terrestres.

A. Profondeur.

FAITS CONSTATÉS

1. La *distribution des profondeurs* est représentée par la fig. 186. Y remarquer les faits suivants : Les *socles continentaux* britannique, canadien, argentin ; la série des socles continentaux

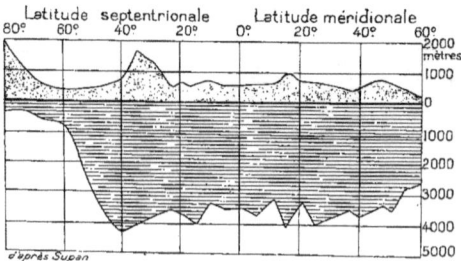

Fig. 184. — Distribution, aux diverses latitudes, de la hauteur moyenne des terres et de la profondeur moyenne des mers.

de Carpentarie, d'Insulinde, de la Mer Jaune, etc. — La *croupe sous-marine* longitudinale de l'Atlan-

Fig. 185. — Sonde de Brooke.

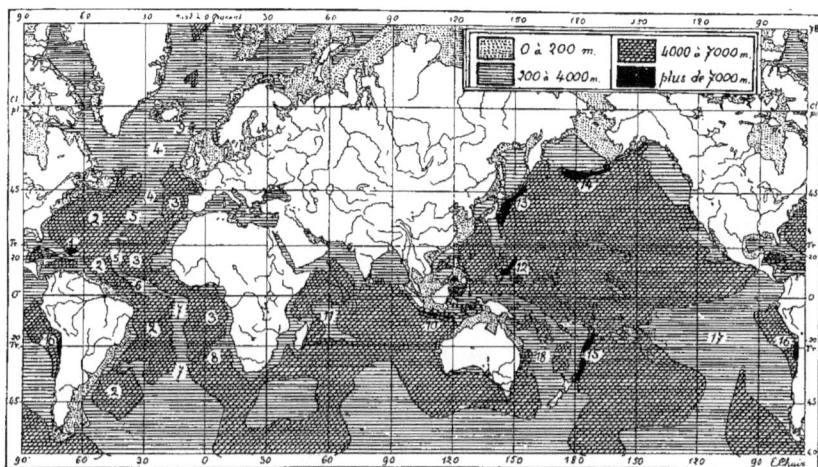

Fig. 186. — Relief sous-marin.

1. Fond de Puerto Rico, 8340 m.
2, 2. Fosse atlantique occidentale }
3, 3. Fosse atlantique orientale } 6000 à 7000 m.
4. Croupe du Télégraphe }
5. Croupe du *Dolphin* }
6. Croupe équatoriale } environ 3000 m.
7. Croupe du *Challenger* }
8. Seuil du Capricorne.
9. Seuil W. Thomson, 300 à 600 m.

10. Fond de Java, 6205 m.
11. Plateau des Mascareignes.
12. Fond du *Néron* ou des Mariannes, 9636 m.
13. Fond des Kouriles, 8513 m.
14. Fosse des Aléoutiennes, 7383 m.
15. Fosse des Kermadec, 9427 m.
16. Fosse d'Arica, 7635 m.
17. Plateau de l'île de Pâques.
18. Plateau de Nouvelle-Calédonie.

ie, et celles du Pacifique, orientées du N.-O. S.-E. — Le fait que les *grands fonds* sont très s des terres. — Les *fosses* profondes des Antil- (6270 m.), avec pente de 9°.

Remarquer en outre ce qui suit : Sur les 0 km. qui séparent les Iles Britanniques des ts-Unis, la *profondeur maximale* étant de 0 m., cette profondeur n'est que $^1/_{800}$ de la lance et, comme la Terre est ronde, le fond des ans est *convexe*. — Etant donné l'étendue des ans, les *pentes* sont extrêmement faibles : à ne 1 à 5 m. par km., donc moins de $^1/_4$ de degré, notre œil ne perçoit pas les pentes inférieures à de degré. — Exceptionnellement, et toujours s des régions volcaniques, on trouve des pen- de 3 à 10°, allant même jusqu'à 35°.

. Le *profil hypsographique* permet de juger répartition des profondeurs (fig. 189). Les lon- eurs horizontales représentant les *espaces*, on t que l'espace occupé par des dénivellations

de plus de 6000 m. est bien moindre sur terre que dans la mer. Rarement la profondeur aug- mente *régulièrement*; la figure montre qu'il y a presque toujours un socle continental étendu.

Fig. 187. — Relief sous-marin de l'Insulinde. — Remarquer le socle continental qui s'étend jusqu'à l'E. des Philippines, de Bornéo et de Java-Bali (ligne de Wallace), et les fosses profondes entre les groupes orientaux 6505 m., et jusqu'à 16 à 29° de pente).

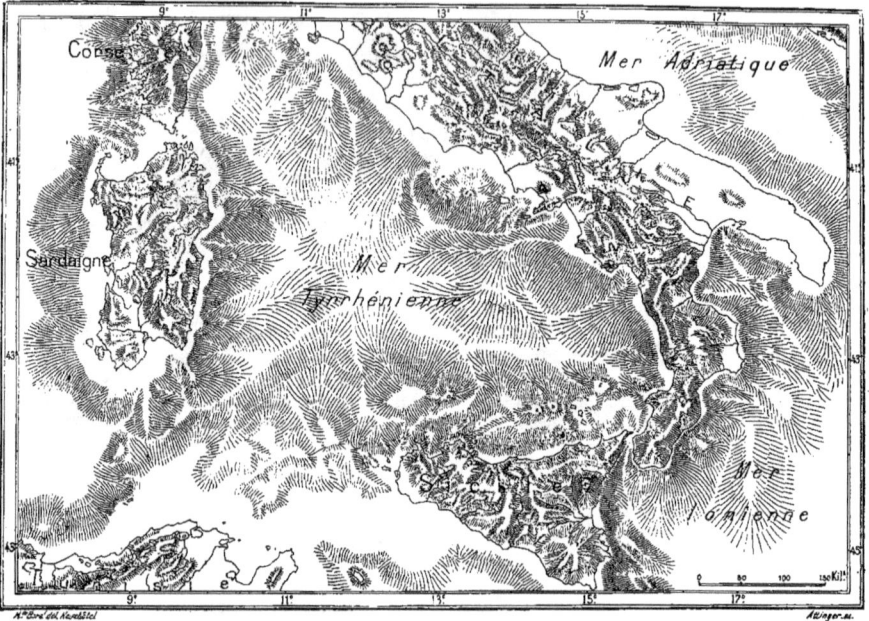

FIG. 188. — Comparaison du relief continental avec le relief sous-marin. — Le fond de la Méditerranée est beaucoup plus mouvementé que celui des océans ; mais il est bien moins varié que les terres émergées.

3. *Socles continentaux*. La Mer du Nord (fig. 190) est très peu profonde (min. 13 m. au Doggerbank), et son fond, comme celui de la Baltique, a des *irrégularités* qui rappellent un paysage glaciaire. Par contre, la *fosse scandinave* atteint 400 à 800 m. de profondeur et a des pentes de 4 à 8°. Remarquer la descente brusque du socle britannique vers le S.-O.

Plusieurs socles continentaux, comme celui de Gascogne (fig. 191), pré-

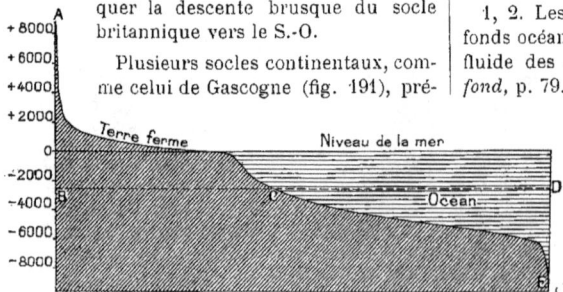

FIG. 189. — Courbe hypsographique.

sentent des *vallées sous-marines ;* celle de la rivière Hudson va jusqu'à 600 m. de profondeur, avec des pentes atteignant 14°. Il y en a au Saint-Laurent, au Congo, au Gange, etc., etc.

INTERPRÉTATION DES FAITS

1, 2. Les *pentes* en général très douces des fonds océaniques s'expliquent par la nature très fluide des dépôts abyssaux, voir *B, Nature du fond*, p. 79. Il semble que les *grands fonds* sont en relation avec les zones de *dislocation* et les régions séismiques (voir carte des tremblements de terre, fig. 22, p. 11) ; on peut supposer qu'ils sont dus à des effondrements tertiaires ou même plus récents. En tous cas, il y a fréquemment instabilité du sol là où il manque un large socle continental.

Fig. 190. — Socle continental britannique. — Remarquer la descente brusque du socle vers le S.-O. et la *fosse scandinave* ou du Skagerrak, au S.-O. de la Norvège.

3. Les socles continentaux, avec leurs dénivellations très spéciales, sont peut-être des zones immergées depuis la période glaciaire.

Quelques moyennes permettent de faire des comparaisons intéressantes :

PROFONDEURS MOYENNES

Océan Atlantique, 3760 mètres ⎫
   » Indien,   3650 » ⎬ 3900 mètres.
   » Pacifique, 4080 » ⎭

HAUTEURS MOYENNES

Europe,   300 mètres, ⎫
Australie, 300   » ⎪
Afrique,   650   » ⎬ 700 mètres, soit ¹/₅ de la
Amérique, 680   » ⎪ profondeur des mers.
Asie,   950   » ⎭

Le *volume* des terres émergées n'est que ¹/₁₂ du volume des mers. — Quand toutes les dénivellations seraient régularisées, il resterait une couche d'eau de 2300 m. (ligne BCD, fig. 189).

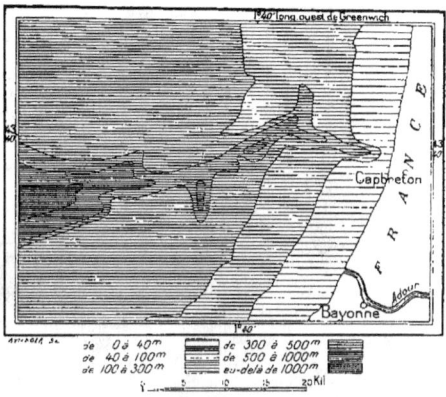

Fig 191. — Vallée sous-marine de Cap-Breton, sur le socle de Gascogne.

B. Nature du fond.

MOYENS D'OBSERVATION

Les sondes possèdent un godet ou un cylindre creux qui se remplit de ce qui se trouve au fond de l'océan. On fait également de véritables dragages.

FAITS CONSTATÉS

1. Il n'y a de *galets* ou de *sable* que dans une zone littorale de 100 à 200 m. de profondeur.

2. Jusque vers 2000 m. en moyenne, on trouve des *dépôts terrigènes* divers (fig. 192) : des *boues bleues* en général, surtout vers les embouchures de fleuves : par place des boues vertes ou des *dépôts coralliens* ou *volcaniques*.

3. Au delà de 5000 m. de profondeur en moyenne (comparer la carte 192 avec celle des profondeurs, fig. 186), on ne rencontre que des *argiles rouges*, amorphes, avec très peu de restes organiques (dents de requins, etc.) et beaucoup de cendres volcaniques[1].

4. Entre 2000 et 5000 m. s'étendent des vases organiques. — Les plus répandues sont les vases à *globigérines* (foraminifères calcaires) ; un courant de 3 mm. par seconde suffit pour les entraîner. Elles sont dans les mers chaudes. — Les *radiolaires*, animaux à aiguilles siliceuses, sont beaucoup moins répandus. — Les *diatomées* (algues siliceuses) ne dominent qu'autour du pôle sud.

[1] On y trouve souvent de petites boules de fer météoritique (sphérules cosmiques) : ce sont des débris d'étoiles filantes.

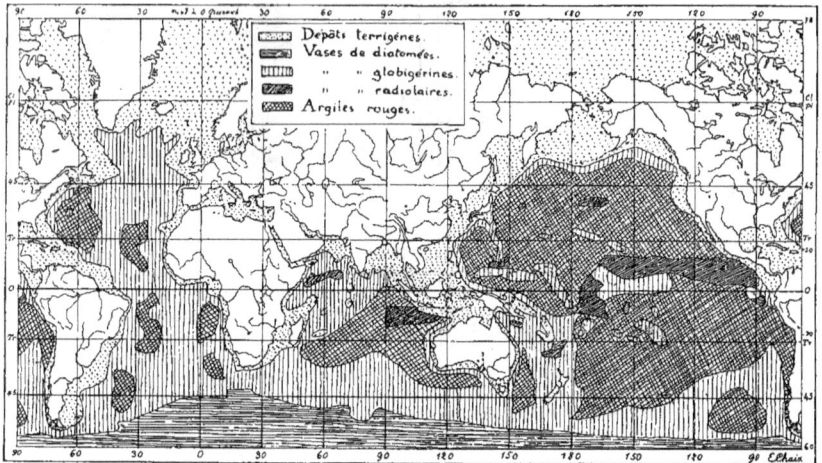

FIG. 192. — Nature du fond des mers, d'après O. Krümmel (simplifié). — Outre les dépôts figurés sur cette carte, il existe des boues coralliennes aux Antilles, entre Madagascar, Zanzibar et l'Hindoustan, au N.-E. de l'Australie et dans le Pacifique intertropical. (Voir la carte plus récente et plus complète de L.-W. Collet, dans *Dépôts marins*, Encycl. scientifiq., 1908.)

INTERPRÉTATION DES FAITS

1. Les dépôts littoraux grossiers sont les débris de la côte encore à peine triturés et d'ailleurs débarrassés de leurs parties fines par l'agitation de l'eau (voir les figures du § 8).

2. Les dépôts terrigènes sont évidemment les débris ténus de la côte. Les boues bleues contiennent beaucoup de restes organiques en décomposition.

3, 4. Les *globigérines*, *radiolaires* et *diatomées* vivent à la surface et, à leur mort, leurs restes descendent ; leur *absence sur les argiles profondes* provient de ce qu'ils

d'après *Trouessart*.

FIG. 193. — Vase marine vue au microscope.

sont dissous quand la descente est trop longue. Cela explique leur rareté dans le Pacifique. Tous ces dépôts sont plus ou moins la continuation des formations géologiques anciennes : conglomérats et grès littoraux, calcaires de foraminifères, schistes argileux, etc.

§ 2. — Eau marine.

MOYENS D'OBSERVATION

On puise des échantillons à diverses profondeurs avec des bouteilles spéciales, et la salinité est calculée à l'aide d'un aréomètre ou par la détermination du chlore.

A. Salinité.

FAITS CONSTATÉS

1. L'eau de mer contient des *substances très variées :* presque $^4/_5$ de *sel de cuisine* et d'autres chlorures, des sulfates, etc.[1]. La proportion de ces sels *entre eux* est presque constante.

2. La *salinité* moyenne superficielle est de 35,5 gr. pour 1000 gr. d'eau, mais elle varie :

[1]
Na. Cl.	78.32 %	Mg. SO$_4$	6.40 %
Mg. Cl.	9.44	Ca. SO$_4$	3.94
K. Cl.	1.69	Autres	0.21

elle est plus faible vers les pôles et sous l'équateur (33-35 °/₀₀), plus forte sous les tropiques (36-38 °/₀₀), encore plus forte dans la Méditerranée (37-40 °/₀₀) et dans la Mer Rouge (41 et plus), très faible dans la Mer Noire et la Baltique.

3. Dans les *mers dépendantes* la salinité est généralement *plus grande au fond*. Ainsi, dans la Baltique, là où la salinité superficielle est de 30, 15 et 4 °/₀₀, la salinité profonde est respectivement de 35, 30 et 12 °/₀₀.

INTERPRÉTATION DES FAITS

1. Les *sels de la mer* ne doivent pas provenir des rivières, car les eaux fluviales contiennent des sels différents [1]. On ignore l'origine de la salinité de la mer (les plus anciens fossiles sont des organismes marins).

2. La *salinité moindre* des mers polaires s'explique par la fonte des neiges et des glaces (voir § 3 C, p. 85) ; celle de la région équatoriale, par les pluies de la zone des calmes (voir chap. IV, § 5, A) ; celle de la Baltique, de la Mer Noire, etc., par l'abondance des eaux fluviales et la faible évaporation. La *forte salinité* des régions tropicales est due à la sécheresse des vents alizés (Chap. IV, § 5, A). Enfin la Méditerranée, et surtout la Mer Rouge, sont soumises à des climats très secs qui comportent une évaporation intense.

3. L'accumulation d'eau salée au fond des *mers dépendantes* peut provenir, ou de l'évaporation locale (Méditerranée), ou de la pénétration d'eau océanique (Baltique, etc.). Voir § 3, *B*, fig. 198, IX et XII, p. 84.

B. Propriétés physiques de l'eau de mer.

1. La *pression* augmente environ d'une atmosphère par 10 m.

2. Le *dépôt des troubles* se fait plus vite que

	Fleuves	Mer.
Carbonates	60.1	0.2
Sulfates	9.9	10.3
Chlorures	5.2	89.5
Divers	24.8	0.0

GÉOGRAPHIE PHYSIQUE.

dans l'eau douce ; d'autant plus vite que l'eau est plus chaude et plus salée. Cela contribue à la formation des *deltas* et des *barres* (fig. 194).

3. La *transparence* est très grande, surtout dans les mers tropicales, la Méditerranée, la Mer Rouge ; elle est moindre dans les mers froides et près des côtes. Dans la Méditerranée, des appareils photographiques ont enregistré de la lumière jusqu'au-delà de 500 m. [1] (dans le Léman 200 m).

4. La *couleur* de l'eau est verdâtre dans les mers froides et près des côtes ; bleu foncé, même

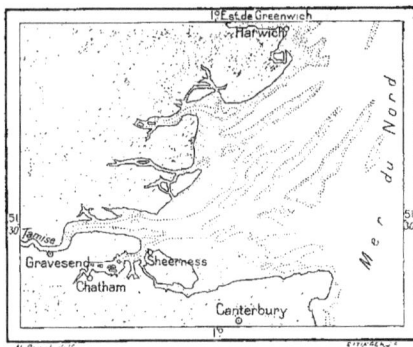

Fig. 194. — Delta sous-marin de la Tamise.

indigo, dans les mers chaudes (Méditerranée et Mer Rouge).

5. La proportion d'*air dissous* dans l'eau est grande à la surface des mers froides et au fond de tous les océans (exactement la même proportion qu'à la surface des mers polaires).

INTERPRÉTATION DES FAITS

1. La pression dépasse 900 atmosphères ou 9 000 000 kgr. par m² dans le fond maximal.

2. La rapidité du *dépôt des troubles* n'est pas logique, puisque l'eau marine est lourde. On a trouvé qu'elle provient de ce que la boue absorbe beaucoup de sel, ce qui l'alourdit.

3. La transparence est due en partie à la rapi-

[1] Ed. Sarasin et H. Fol.

dité du dépôt des troubles. La diminution dans les mers froides provient aussi de la très grande abondance des organismes vivants ou *plankton* (voir chap. V, § 3, *C*).

4. La couleur dépendant probablement de la pureté, varie pour les mêmes causes; l'abondance des *diatomées* décolore sensiblement certaines régions de la mer.

5. L'eau chaude absorbe peu d'air; cela explique la pauvreté en air des eaux équatoriales. Mais, logiquement, il devrait y avoir peu d'*air au fond* des mers, par manque de contact avec l'atmosphère; et l'abondance d'air qu'on y constate ne peut s'expliquer que par la descente verticale des eaux polaires superficielles (voir : Courants de convection § 6, et § 3, *B*).

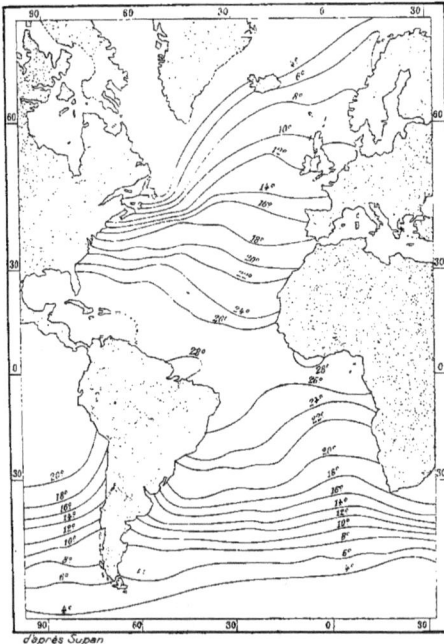

Fig. 195. — Répartition moyenne des températures superficielles dans l'Atlantique. — Remarquer les maxima (28°) et la zone équatoriale de 26°, plus large à l'O. qu'à l'E. ; [comparer avec la carte des courants (fig. 216, p. 93).

§ 3. — Températures.

MOYENS D'OBSERVATION

Pour l'observation des températures à diverses profondeurs on se sert, actuellement, surtout de la *bouteille de Peterson*, qui est construite en matière mauvaise conductrice et rapporte un échantillon d'eau avec un thermomètre immergé dans cette eau. On utilise aussi le *thermomètre à retournement*, que l'on fait fonctionner à la profondeur que l'on veut. Dans tous ces thermomètres, le réservoir doit être *protégé contre la pression* hydrostatique par une enveloppe extérieure étanche, à moitié remplie d'alcool.

A. Distribution horizontale des températures.

FAITS CONSTATÉS

1. La répartition des températures superficielles *moyennes* dans tous les Océans est semblable à celle de l'Atlantique (fig. 195); mais les zones thermiques se déplacent un peu vers le N. en été, vers le S. en hiver.

2. L'*amplitude annuelle moyenne* est à peine de 4° entre les tropiques; de 5 à 10° vers 40° de lat. N. et S. (fig. 196). L'*amplitude journalière*

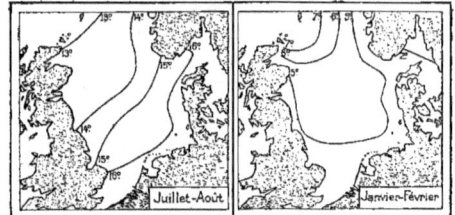

Fig. 196. — Changement saisonnier des températures dans la mer du Nord. — Remarquer que c'est l'Océan qui fournit l'eau chaude en hiver.

est presque nulle (0°3 C. jusque vers 40° de lat.). Ces amplitudes sont plus sensibles dans les endroits peu profonds, et bien plus encore sur terre (Chap. IV, § 6, *D*).

3. Les *températures maximales* sont 35°6 en août dans le Golfe Persique ; 32° dans la Mer Rouge et l'Archipel Malais [1].

[1] La température superficielle *moyenne* de toutes les mers = +17°7; les 2/3 ont 24° et plus.

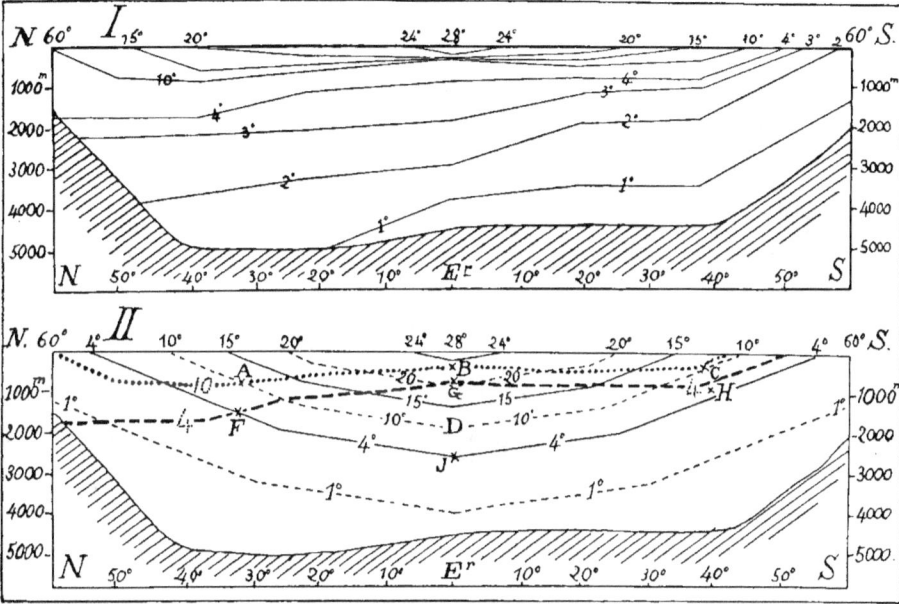

INTERPRÉTATION DES FAITS

1. La comparaison de la fig. 195 avec la carte des courants (fig. 216, p. 93) montre que la répartition des températures dépend grandement des courants. Quant au déplacement saisonnier des lignes isothermes, il s'explique naturellement par le déplacement apparent du soleil [1].

2. La faiblesse des *amplitudes annuelles* et surtout *journalières* s'explique, en été, par l'évaporation (qui refroidit la surface), en hiver par la descente de l'eau de surface dès qu'elle se refroidit, et par son remplacement par de l'eau moins froide. Dans les endroits *peu profonds*, la provision d'eau chaude est vite épuisée en hiver, tandis qu'en été le fond est échauffé par le soleil.

[1] Déplacement du soleil : 23 1/2° vers le S. puis le N.: déplacement des isothermes : à peine 10°.

B. Distribution verticale des températures.

FAITS CONSTATÉS

1. Dans les *océans* (fig. 197, I), la couche d'eau très chaude est peu épaisse sous l'équateur ; la masse d'eau froide du fond est beaucoup plus considérable dans le S. que dans le N.

Dans les *mers dépendantes* (fig. 198) les conditions varient : dans les mers chaudes (I-VI), la température baisse jusqu'à une certaine profondeur, puis reste invariable jusqu'au fond ; dans la Méditerranée (VII-X), on trouve, dans les profondeurs, de l'eau très salée, avec la température superficielle de l'hiver ; dans la Baltique, la couche superficielle, peu salée, change de température avec les saisons, atteignant 0° en hiver, tandis que l'eau du fond, plus salée, a toute l'année + 3° (même phénomène dans la Mer Noire) [1].

INTERPRÉTATION DES FAITS

1. La *répartition* verticale des températures représentée par la fig. 197, I, est incompréhensible si l'on suppose que les eaux profondes des océans sont *immobiles* ; dans ce cas, en effet, la

Le *cas de la Méditerranée* (fig. 198, VII à X) est certainement différent : le seuil de Gibraltar se trouve bien au niveau où l'Océan a environ 13° (fig. 200), mais l'eau profonde de la Méditerranée est plus salée que celle de l'Océan ; il est probable qu'elle provient *de la surface de la Méditerranée* ; qu'elle est *concentrée* par l'évaporation en été et descend quand l'hiver augmente

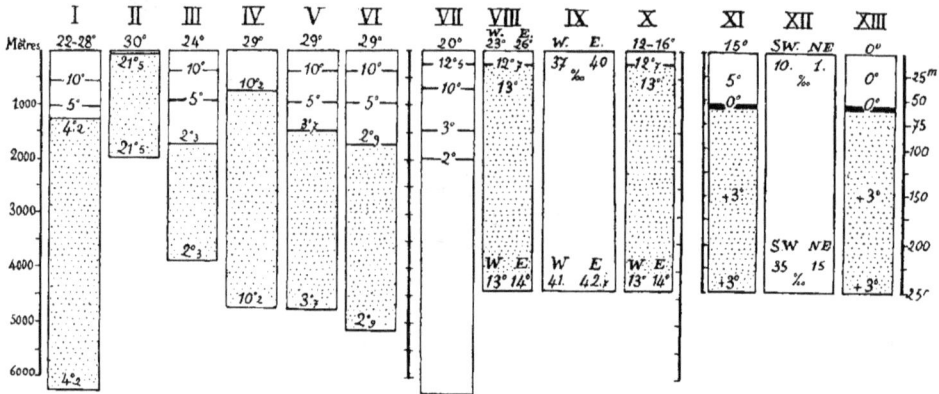

FIG. 198. — I à VI. Distribution verticale des températures dans les mers dépendantes sub-équatoriales (I, mer des Antilles ; II, mer Rouge ; III, mer de Chine ; IV, mer de Soulou ; V, mer de Célébès ; VI, mer de Banda).
VII à X. Distribution verticale de la température et de la salinité dans la Méditerranée (VII, dans l'Océan Atlantique voisin, en été ; VIII, températures de la Méditerranée en été ; IX, salinité de la Méditerranée ; X, température de la Méditerranée en hiver).
XI à XIII. Distribution verticale de la température et de la salinité dans la Baltique (XI, température en été ; XII, salinité ; XIII, température en hiver).

température superficielle pénétrerait *par conduction* et l'on trouverait une répartition dans le genre de la fig. 197, II. Il faut admettre l'existence d'un vaste *mouvement de convection*, provenant surtout du pôle S. et ayant une tendance à remonter sous l'équateur (voir § 6, p. 91).

2. La distribution des températures dans les *mers dépendantes à climat chaud* s'explique par la pénétration de l'eau froide et lourde de l'Océan au niveau de communication des deux bassins, comme l'indique la fig. 199 : l'eau océanique de 10° étant plus lourde que celle de 15 à 20° de la mer dépendante, entrera par le détroit C et remplira la dépression jusqu'au niveau CD.

[1] La température moyenne de toute la masse des eaux marines n'est que + 3°5, tandis que leur surface a + 17°7, note. p. 82.

encore sa densité en abaissant sa température à 13° (moyenne de janvier) [1]. *Dans la Baltique*

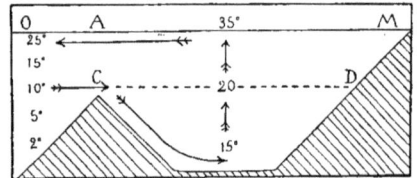

FIG. 199.

(fig. 198, XI à XIII) il y a évidemment pénétration d'eau océanique relativement chaude mais salée, stagnation de cette eau lourde sous l'eau locale,

[1] Les courants du détroit de Gibraltar confirment cette explication (§ 6, n° 6).

moins salée, dont la couche superficielle seule change de température avec les saisons.

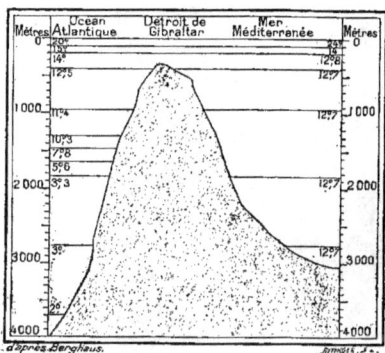

Fig. 200. — Distribution verticale des températures à Gibraltar.

C. **Glaces marines.**

FAITS CONSTATÉS

On rencontre dans les mers polaires deux sortes de glaces : la *banquise* et les *icebergs*.

1. La *banquise se forme sur la mer*. C'est d'abord une bouillie d'aiguilles de glace, puis une croûte plastique, qui durcit bientôt. La glace de banquise *contient du sel*, mais très peu ; parfois 5 au lieu de 35 °/oo (sous la forme d'inclusions d'eau saturée). Son épaisseur normale est de 2 à 3 m. ; mais elle est souvent plus épaisse, et fréquemment sillonnée de longues accumulations de blocs (toross).

2. Les *icebergs* se trouvent là où des glaciers se terminent dans la mer, notamment autour de l'Antarctide, du Grœnland et terres voisines, du Spitzberg et de l'Archipel François-Joseph. Leur glace est *douce*. Autour du pôle sud (fig. 202), ils ont parfois plusieurs kilomètres de côté ; ils y émergent en moyenne de 50 à 80 m.[1].

3. Pour la *distribution des glaces flottantes*, voir la carte, fig. 66, chap. II, p. 30. La Mer d'O-

[1] Les icebergs émergent généralement du ¼ ou du ⅓ de leur volume. Les plus gros de la région du Grœnland émergent en moyenne de 70 m. (maximum connu 137 m.).

khotsk et ses voisines n'ont guère que des *glaces côtières* hivernales.

INTERPRÉTATION DES FAITS

La *banquise* est évidemment de la glace *marine*. La température de congélation dépend de la salinité ; c'est —2° C. pour une salinité de 35 °/oo ; mais la congélation est plus rapide lorsque de la neige dilue l'eau superficielle. Le sel se sépare évidemment de l'eau à l'instant de la formation des aiguilles de glace ; mais si cette formation est brusque, quelques gouttes d'eau salée se laissent emprisonner[1]. L'*épaississement* local de la ban-

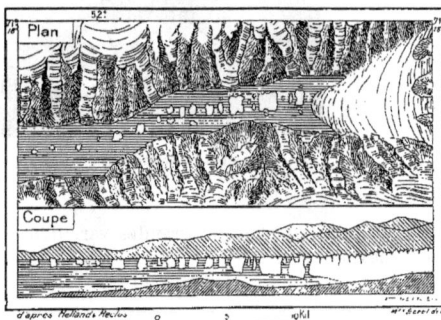

Fig. 201. — Formation des icebergs dans un fiord, là où le glacier flotte. — Remarquer le dépôt de moraine.

quise et la formation des *toross* proviennent de ce que les glaces sont poussées par le vent ou la marée et se superposent en s'écrasant (lire Nansen).

2. Les *icebergs* sont évidemment de la *glace de glaciers*, d'origine terrestre, et ils se forment comme l'indique la fig. 201.

3. En comparant la distribution des glaces flottantes, fig. 65, chap. II, p. 30, avec la carte des courants marins, fig. 216, p. 93, on voit que leur limite dépend évidemment des courants et des

[1] L'eau salée n'atteint pas comme l'eau douce son maximum de densité avant sa congélation. Elle doit donc descendre à mesure qu'elle se refroidit et ne devrait geler que quand toute la masse des océans aurait — 2°. Les grands froids surprennent probablement les molécules avant qu'elles aient eu le temps de descendre.

Fig. 202. — Glaces antarctiques. — Remarquer la régularité de leurs formes et leur relation de grandeur avec le navire.

vents; mais on constate de grandes variations, encore inexpliquées.

core en grande partie inexpliquée; on ne peut qu'en *constater quelques caractères.*

Il y a *deux mouvements* dans la vague : le mouvement

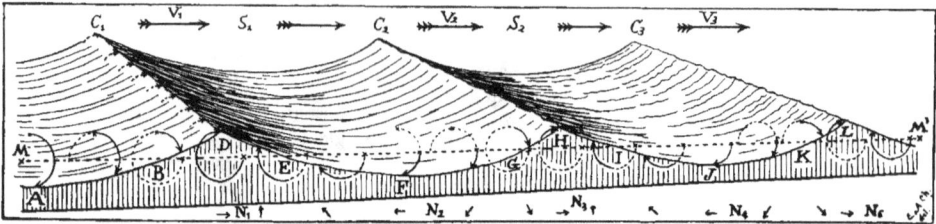

Fig. 203. — Mouvement des particules superficielles de l'eau dans une vague. — V_1-V_3 mouvement de translation dans le sens du vent. Dans les crêtes C_1-C_3 les particules sont au-dessus de leur niveau moyen **MM'**; dans le sillon S_1-S_3, au-dessous de ce niveau.— Pour former la vague, de longues rangées de particules DC_1 doivent cheminer ensemble. — La particule **D** est au sommet de son parcours et va descendre, **B** descend déjà, **E** monte pour occuper une crête, **F** est au bas de l'orbite et va remonter.— Remarquer que, dans la partie antérieure de la vague, les particules doivent revenir en arrière et monter pour que la vague ait sa forme normale, N_1-N_2. Quand elles occupent la crête, les particules reçoivent une nouvelle impulsion du vent et peuvent être déplacées (déferler).

§ 4. — Vagues.

MOYENS D'OBSERVATION

Pour étudier le mouvement *superficiel* de l'eau, on peut photographier un flotteur brillant pendant le passage d'une vague (fig. 205), ou l'observer par une ouverture carrée.

La vague est évidemment produite par le vent, mais en

de l'onde qui passe, ou *mouvement de translation*, et le mouvement réel des particules de l'eau, ou *mouvement orbital* (fig. 203). Un objet flottant sur l'eau ne participe qu'au second [1].

Pour bien se développer, une vague a besoin de beaucoup

[1] De même que, lorsqu'on frappe une corde tendue, une ondulation la parcourt très rapidement, tandis que le déplacement temporaire des particules de la corde est très petit.

Fig. 204. — Une vague qui déferle. — Remarquer la forme concave de la vague et le mouvement des particules qui tombent.
(Phot. Fréd. Boissonnas, Genève.)

d'espace et de profondeur ; ce sont effectivement les grandes mers qui ont les grandes vagues.

La hauteur moyenne des vagues est de 3 m. dans les océans en général, de 4 m. dans leurs parties australes. Leur hauteur maximale est de 6 m. dans la Mer du Nord, de 6 à 8 m. dans l'Atlantique septentrional, de 8 à 12 m. vers 50° de latitude sud.

Leur amplitude, ou distance de crête à crête, varie entre

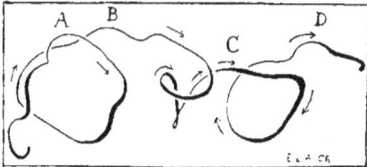

Fig. 205. — Mouvement d'un flotteur brillant photographié pendant le passage de quatre vagues (phot. E. Chaix). — L'épaisseur du trait est plus grande là où le mouvement était plus lent. Les irrégularités du mouvement orbital proviennent de ce que plusieurs systèmes d'ondes inégales s'entrecroisent ; le grand déplacement latéral vient du fait que ces vagues, photographiées non loin du bord, commençaient à déferler.

150 et 400 m. (la houle dépasse parfois 600 m.) — Le rapport entre la hauteur et l'amplitude oscille entre 1 : 33 et 1 : 25 ; les pentes sont donc toujours très faibles.

La crête est tranchante dans la lame, ou onde forcée, qui est encore poussée par le vent ; elle est ronde dans la houle ou onde libre, sortie de la zone d'influence du vent. La houle peut continuer son chemin d'un bout d'un océan à l'autre, et comme les tempêtes d'ouest sont fréquentes autour du pôle sud, les côtes occidentales des continents méridionaux sont battues presque perpétuellement par un énorme ressac (kaléma).

La vitesse de translation peut être de 10 à 20 m., parfois 25 m. par seconde. — La période ou durée du passage d'une vague, va de 15 à 30 secondes.

Mouvement orbital. — L'orbite des molécules superficielles a pour diamètre la hauteur de la vague (fig. 203). La période étant la même que celle de la vague, la vitesse orbitale n'est jamais très grande [1].

[1] Dans une vague de 10 m. de hauteur, 300 m. d'amplitude et 15 secondes de période, l'orbite $= 10 \times \pi$, soit 30 m. en gros ; la vitesse orbitale $= 30$ m. : 15 secondes. soit 2 m. par seconde ; la vitesse de translation serait $= 300$ m. : 15 secondes. soit 20 m. par seconde.

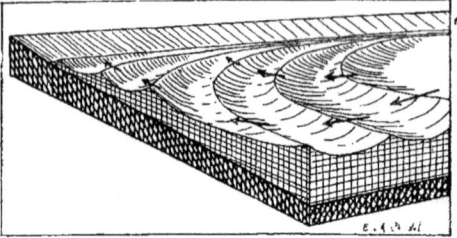

Fig. 206. — Incurvation des vagues sur une plage dont la profondeur diminue graduellement.

§ 5. — Marées.

MOYENS D'OBSERVATION

On ne peut observer la marée que sur les côtes. Pour des études précises, on emploie le *maréographe* ; il consiste en un puits qui communique avec l'océan par un canal très étroit, et dans lequel un flotteur inscrit ses dénivellations sur un tambour tournant (comme dans le baromètre enregistreur). L'observation des marées n'est bien organisée que sur quelques côtes.

Comme pour les vagues, on ne peut guère que constater les faits [1] :

Dans le haut de leur parcours, les molécules vont *dans le sens du vent*, qui les pousse en avant quand elles occupent la crête ; cela crée la *dérive*, ou déplacement latéral de l'eau, qui est surtout sensible près du bord (voir fig. 205).

Dans le bas de leur parcours, dans le *sillon* de la vague, elles vont *en sens inverse du vent*. La *face antérieure* de la vague est donc formée de molécules qui *doivent revenir en arrière et s'élever*[1]. Là où la profondeur de l'eau

1. Le *flux et le reflux* sont périodiques, mais varient d'intensité selon les *phases de la lune* (fig. 208) et selon sa *déclinaison*, c'est-à-dire sa hauteur sur l'horizon. D'après la figure 207, on voit qu'il y a marées fortes (de vives eaux) au moment de la nouvelle et de la pleine lune ; marées faibles (de mortes eaux) au moment des quartiers. La figure 210 montre que les deux marées d'une même journée ont souvent une hauteur très différente dans un

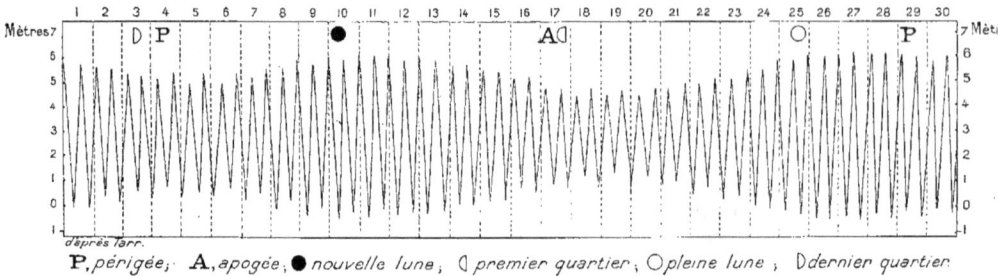

P, *périgée*; A, *apogée*; ● *nouvelle lune*; ◖ *premier quartier*; ○ *pleine lune*; ◗ *dernier quartier*.

Fig. 207. — Tracé d'un maréographe en septembre, dans une région où la marée est très simple. — On y remarque qu'il y a *deux marées hautes* en 24 heures (exactement en 24 h. 48 m. en moyenne) ; que les marées sont plus fortes pendant et après la nouvelle lune et la pleine lune (syzygies), plus faibles pendant et après les quartiers (quadratures) ; que le *périgée* atténue la diminution de la marée de quadratures, prolonge et accentue les fortes marées de syzygies.

est insuffisante, ce mouvement rétrograde est retardé par frottement, en sorte que la face antérieure de l'onde manque d'eau, qu'elle *se creuse* et que la vague *déferle* (fig. 204).

Au reste, dans les eaux peu profondes, tandis que la pente de la vague augmente, sa vitesse et son amplitude diminuent. Sur une plage où la profondeur va en s'atténuant graduellement, toutes les vagues abordent la côte presque directement, parce que leur vitesse diminue graduellement comme la profondeur (fig. 206).

La *pression* qu'exerce la vague est considérable quand elle déferle (30 000 — 50 000 kg. par m² de surface).

[1] On ne sait rien sur le mouvement de l'eau dans l'*intérieur* de la vague ; mais l'usure de certains câbles sous-marins semble prouver que l'eau doit être parfois agitée jusqu'à 1000 m. de profondeur.

même lieu. Il est bien certain que l'attraction de la lune, combinée avec celle du soleil, est la cause première de la marée ; mais on n'est pas d'accord sur leur mode d'action.

2. En ce qui concerne la *propagation de la marée*, voici ce que l'on sait : Il semble que, dans le Pacifique et l'Océan Indien, la marée se propage de l'E. à l'O. (donc en sens inverse du mouvement de rotation) ; du S.-E. au N.-O. sur les côtes atlantiques des Etats-Unis ; du S.-O. au N.-E. sur celles d'Europe. — En Europe, elle se comporte un peu comme une vague : elle pénètre là où les passages sont le

[1] Les observations modernes ont fait remettre en question beaucoup d'idées admises précédemment. Plusieurs chapitres de l'océanographie subissent ainsi une sorte de crise de transformation.

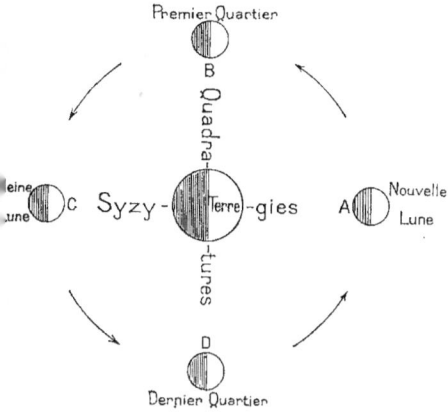

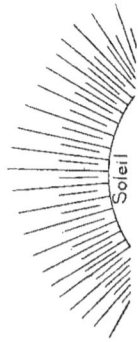

Fig. 208. — Phases de la lune, vues du nord.

Fig. 209. — La baie du Mont-Saint-Michel a des marées très violentes, qui couvrent et découvrent une plage qui a atteint 5 à 6 kilomètres de largeur.

Fig. 210. — Tracé d'un maréographe en février. — Le soleil n'est que très peu au S. de l'équateur. La *déclinaison lunaire* varie : c'est-à-dire que la lune est à peu près à l'équateur pendant la période CD, beaucoup plus au S. pendant AB, au N. pendant DE. Remarquer que les *deux marées journalières* sont très *inégales* au moment où la déclinaison est forte, et presque égales en CD ; que la *série nocturne* n prédomine dans l'une des déclinaisons, la *série diurne* j dans l'autre.

lus faciles, et le manque de profondeur la retarde (fig. 211) [1].

3. On a observé dans les ports d'Europe que la marée haute est *en retard sur le passage de la lune* au méridien. Ce retard est de 36 h. en Bretagne ; il est encore plus grand en Angleterre [2].

4. Il semble que l'intensité de la marée soit moindre *en haute mer* que sur les côtes continentales : 0°30 à 0°50 dans les îles Sandwich, Tahiti, etc. ; 2 à 6 m. et plus sur les côtes d'Europe. — Les marées sont très hautes dans les *golfes* largement ouverts : 10 à 16 m. dans le golfe de Bristol, 12 à 15 m. au Mont-St-Michel (fig. 209), jusqu'à 20 m. dans la *baie de Fundy*, en Nouvelle-Écosse. Dans la Baltique et la Méditerranée, elles sont presque nulles (elles n'atteignent 1 m. dans la Méditerranée qu'au golfe de Gabès).

5. Dans les mers *peu profondes*, comme la Manche, et surtout dans les groupes d'îles, les marées créent des *courants*

[1] Dans le sens E.-O., l'Atlantique n'est guère plus étendu que la Méditerranée : mais les marées de l'Atlantique oscillent entre 3 et 20 m., celles de la Méditerranée entre 0 m. 20 et 1 m.

[2] Ce retard est ce qu'on appelle l'*établissement du port* ;

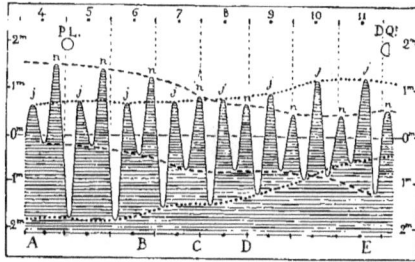

la formule pour le calculer est basée sur les positions de la lune et du soleil, et elle donne d'assez bons résultats.

violents. Près des Iles Normandes de la Manche, par exemple, quelques-uns de ces courants font jusqu'à 5 m. par seconde. Le Malstrœm et le Saltstrœm en Norvège, et le Corryvreckan en Ecosse (île Jura), sont célèbres.

6. La marée remonte dans les fleuves (par exemple jusqu'à 980 km. dans l'Amazone). Dans quelques-uns, la Severn la Seine, la Gironde, et les rivières de la Bretagne, dans l'Amazone, dans le Hugli à Calcutta, et le Tsientang en Chine, elle remonte brusquement, sous la forme d'une grosse vague très rapide et à front presque vertical, le *mascaret* ou la *barre d'eau* (fig. 212 à 214). Dans la Gironde

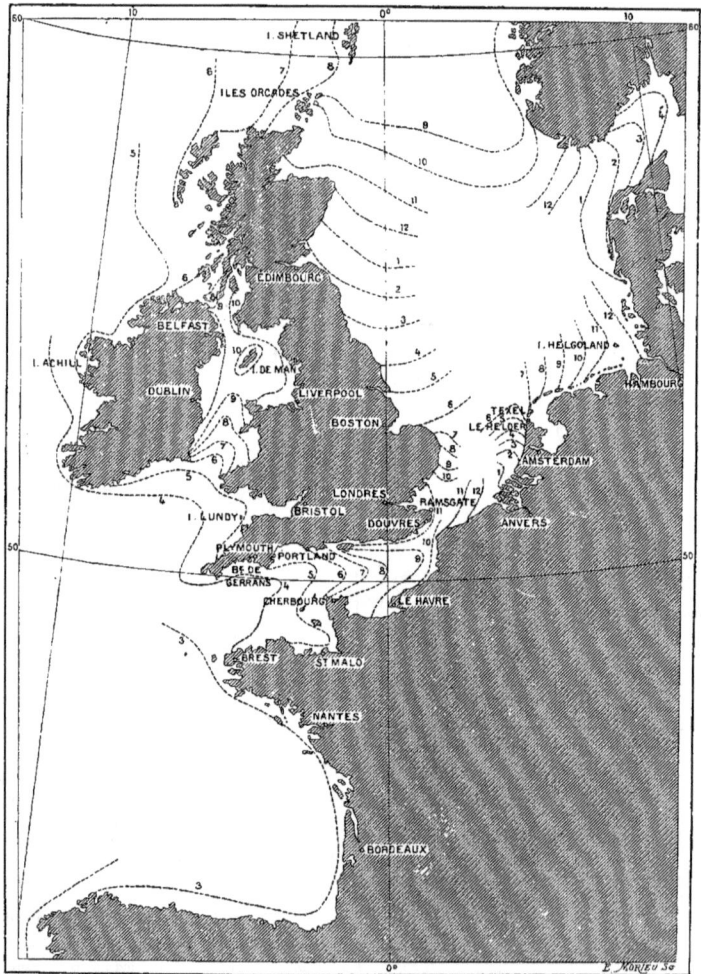

Fig. 211. — Propagation de la marée d'heure en heure. — Même pour les côtes d'Europe, les lignes qui indiquent l'heure du passage de la marée (lignes cotidales) sont en grande partie hypothétiques. Remarquer que, dans la Manche, la propagation se fait de l'O. à l'E. et qu'il y a des complications très grandes dans la mer du Nord et la mer d'Irlande.

1 m. 50 à 2 m. de haut ; au Tsientang, 8 à 10 m. de haut et 7 m. 20 par seconde (fig. 212, I) ; dans le Hugli, 5 à 8 m. de haut et 10 m. par seconde.

Fig. 212. — Le Mascaret. — I. Sur le Tsientang (Chine), d'après une photographie de M. Krümmel. Remarquer qu'il ne déferle pas. Comparer sa hauteur avec les hommes assis sur la falaise à gauche.
II. Sur la Severn (Angleterre), d'après une photographie. Remarquer que le mascaret déferle.

§ 6. — Mouvements de convection[1].

MOYENS D'OBSERVATION

Tous indirects : distribution verticale des températures (p. 83) et autres propriétés de l'eau.

FAITS CONSTATÉS

1. *Dans les océans*, la figure 197, I, p. 83, montre que la couche d'eau chaude est faible sous l'équateur et que l'eau froide du fond est en couche plus puissante au S. qu'au N.

2. Au fond des océans la *quantité d'air* contenue dans l'eau est exactement celle de la surface près des pôles (voir § 2, B, 5, p. 81).

3. On a constaté que, *sous le vent* des terres, on trouve toujours de l'eau froide, depuis le fond

[1] On nomme ainsi les déplacements de l'eau qui ont lieu dans le sens vertical.

Fig. 213. — Mascaret dans la Seine, près de Caudebec.

jusqu'à la surface (voir la carte des courants, fig. 216, p. 93). Par exemple, dans le port du Callao (Pérou), l'eau a 10 à 12° de moins que dans le courant du Pérou (qui est relativement froid lui-même ; Callao 13°, courant 20 à 25°). La Côte de Somalie n'a que 13 à 14° pendant la mousson du S.-O. Il n'y a pas de coraux sur les côtes occidentales du Pérou, des îles Galapagos, du Mexique, de l'Australie, de l'Afrique méridionale, du Sahara.

4. Dans les mers froides, il existe des *superpositions irrégulières* d'eaux de température et de salinité différentes.

5. Dans les *mers dépendantes*, la distribution des *températures* est autre que dans les océans (fig. 198, p. 84).

6. Dans le détroit de Gibraltar, on a constaté la superposition d'un courant superficiel qui entre, et d'un courant profond, plus salé, qui sort.

Fig. 214. — Petit mascaret sur la rivière Parret (Angleterre). (Phot. de Mme Thompson, Haygrove.)

Dans le Sund et le Bosphore, c'est le courant superficiel qui sort et qui est peu salé.

INTERPRÉTATION DES FAITS

1, 2. La distribution générale des températures basses (voir fig. 197, II, p. 83) et de l'air absorbé sont inexplicables sans un *mouvement général de convection* qui, dans les profondeurs, amènerait sous l'équateur l'eau froide et la ferait remonter. Ces mouvements doivent être d'une lenteur extrême.

3. La présence d'eau froide sous le vent de certaines côtes ne peut s'expliquer que par des mou-

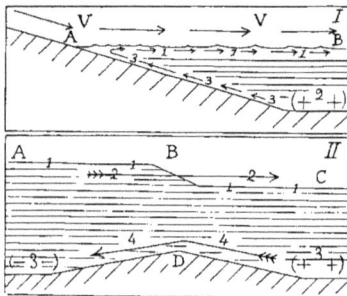

Fig. 215. — I. Convection causée par le vent. Le vent entraîne l'eau superficielle de A vers B ; cela augmente la pression au-dessous et détermine l'ascension de l'eau profonde vers A.

II. Origine des courants de convection dans les détroits.

vements locaux de convection dans le genre de la figure 215, I.

4. Les superpositions d'eau plus ou moins salée s'expliquent par des *différences de densité* et prouvent l'existence d'un grand nombre d'autres mouvements locaux de convection.

5, 6. Les *courants des détroits* ne peuvent s'expliquer que comme suit (fig. 215, II) :

Dans le cas de la Méditerranée et de la Mer Rouge : *D* étant l'endroit le plus profond du détroit, *AB* serait l'Océan, *BC* la Méditerranée ou la Mer Rouge ; *1-1* serait le niveau tel qu'il devrait être, étant donné la moindre salinité de l'Océan ; *2-2* serait le courant superficiel d'eau océanique entrant pour rétablir l'égalité de ni-

veau ; *3* serait l'augmentation relative de la pression de l'eau causée au niveau *D* ; *4* la sortie de l'eau lourde qui en serait la conséquence.

Dans les *mers dépendantes à climats chauds*, la différence de pression au niveau *D* provient de ce que l'Océan, à ce niveau, a des eaux très froides, tandis que les mers dépendantes y ont de l'eau chaude [1].

§ 7. — Circulation superficielle.

MOYENS D'OBSERVATION

Surtout les déviations que subit la marche des navires, puis la « poste aux bouteilles », les plantes et bois flottés, la salinité, la température, et le plankton (chap. V, § 3, C).

FAITS CONSTATÉS

1. Dans la *distribution des courants*, on peut remarquer sur la carte, fig. 216, les faits suivants :

Chaque océan possède : *a*) sous l'équateur un *contre-courant* allant de l'O. à l'E., — *b*) au N. et au S. de ce courant, un *circuit fermé*, dont la direction est déterminée par les courants sub-équatoriaux, — *c*) dans l'intérieur de ces circuits, vers 25 à 35° lat., des *espaces immobiles*, avec ou sans algues flottantes (*sargassum bacciferum*). Tout cet ensemble de courants *se déplace* un peu avec le soleil, alternativement vers le N. et le S.

Autour du pôle sud, règne la vaste *dérive antarctique* des eaux vers l'E. — Dans la Mer d'Oman et le golfe du Bengale *les courants changent de direction* tous les six mois, avec les moussons.

2. Remarquer la direction des courants *relativement chauds* et *relativement froids*, ainsi que les *zones froides* sans courants au Mur-Froid, vers le Sahara, le Benguella, le Pérou, la Patagonie [2].

3. Au point de vue de la *vitesse*, voici quelques

---

[1] Dans la Méditerranée (Espagne), dans la Baltique et quelques autres bassins, des nivellements délicats ont déjà permis de constater les différences de niveau que comportent ces hypothèses.

[2] Au large de la Norvège, à 71° lat. N., l'eau a +3° ou 4°, tandis qu'elle devrait avoir 0° à —2°. Au Callao (Pérou) les eaux littorales n'ont que 13° et le Courant du Pérou 20 à 25°, tandis qu'il devrait y avoir 28 à 30° au moins.

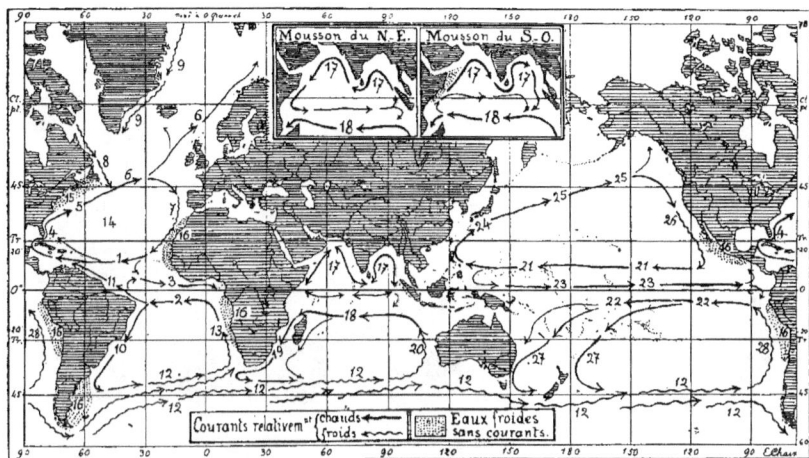

Fig. 216. — Circulation océanique superficielle.

1 et 2. Courants sub-équatoriaux du N. et du S.
3. Contre-courant équatorial de Guinée.
4. Courant de Floride.
5 et 6. Courant du Golfe et sa dérive.
7. Courant des Canaries.
8 et 9. Courants du Labrador et du Grœnland.
10. Courant du Brésil.
11. Courant de Guyane.
12, 12. Dérive des vents d'ouest.
13. Courant du Benguella ou d'Afrique sud-occidentale.
14. Mer des Sargasses.
15. Mur-froid.

16. 16. Afflux d'eaux profondes.
17. Courants des Moussons (qui changent de direction tous les six mois).
18. Courant sub-équatorial méridional.
19. Courant d'Afrique sud-orientale (et des Aiguilles).
20. Courant d'Australie occidentale.
21 et 22. Courants sud-équatoriaux du N. et du S.
23. Contre-courant équatorial.
24 et 25. Courant du Japon et sa dérive.
26. Courant de Californie.
27. Courants d'Australie orientale et de Nouvelle-Zélande.
28. Courant du Pérou.

faits : Le Courant du Golfe, jusque vers Charleston, fait 1 m. 50 à 2 m. 50 par seconde, soit 5,5 à 9 km. par heure ; devant Terre-Neuve, il ne fait plus que 0 m. 50 par seconde, ou 1,5 km. à l'heure. — La vitesse moyenne des *courants* est de 0 m. 30 par seconde ou 1 km. par heure ; les *dérives* sont beaucoup plus lentes. Une tempête peut créer un courant superficiel passager ou changer temporairement la direction des eaux superficielles. — La vitesse est presque nulle à 200 m. de profondeur.

ESSAIS D'EXPLICATIONS

Faute d'observations suffisantes, les hypothèses sur l'origine des courants superficiels ont peu de valeur. On a cherché leur cause, entre autres, dans les faits suivants :

a) Dans le *retard de l'eau* sur le mouvement de la rotation de la Terre; *b)* dans des *différences de densité* dues à la température ou à la salinité; *c)* dans *l'action des vents* constants (alizés) ou simplement dominants (moussons et vents d'ouest).

L'existence des contre-courants équatoriaux rend la première hypothèse insoutenable [1].

Les différences de densité ont certainement une influence, mais doivent produire plutôt des mouvements de convection, dont la partie superficielle est facilement voilée par d'autres mouvements (sauf à Gibraltar et au Bosphore).

L'action du vent est prouvée surtout par le changement de direction des *courants de moussons*, par le déplacement saisonnier des courants et par l'existence de *remous* ou *contre-courants* dans les zones calmes entre les vents dominants. Ce sont les *alizés* qui sont le moteur principal, et le système qu'ils créent peut être représenté par la fig. 217.

Le mouvement superficiel se communiquerait à la longue, par frottement, à une certaine profondeur (mais des objections sont possibles).

[1] Dans le mouvement général de convection exposé au § 6, p. 84, l'eau qui remonte sous l'équateur doit avoir un très léger retard sur le mouvement de rotation superficiel, puisque le rayon est plus court ; mais ce retard doit être d'une faiblesse extrême, et peut être facilement voilé par une cause externe.

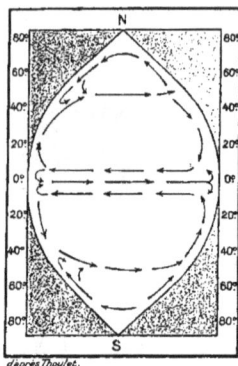

FIG. 217. — Représentation schématique des courants
marins.

§ 8. — Travail de la mer.

A. Destruction.

FAITS CONSTATÉS

1. Dans certains endroits, la falaise
est *émiettée* sans être usée préalablement
(fig. 218, 219).

2. En général on trouve, au pied de la
falaise, des *matériaux mobiles*, qui ten-
dent à l'user (fig. 221). Les gros matériaux sont d'abord passifs (fig. 219).

FIG. 218. — Cap Land's End (Angleterre); granit émietté par les
vagues.

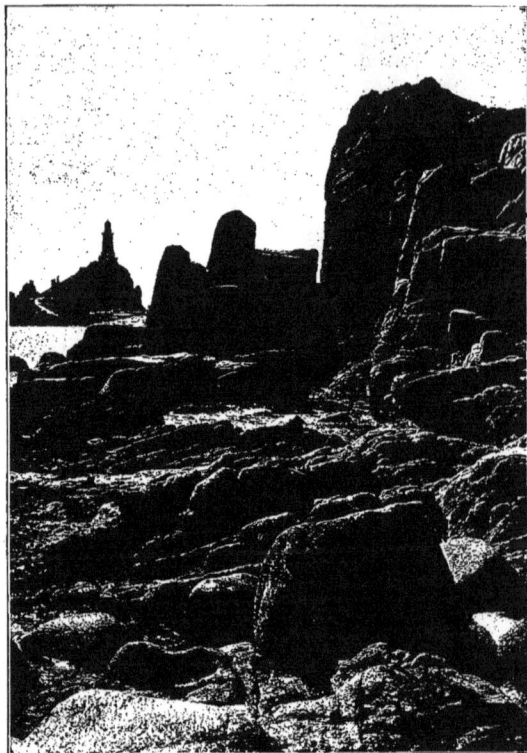

FIG. 219.— A marée basse, granit fissuré de la Corbière (S.-O. de Jersey).— Au
premier plan : *surface d'abrasion*, avec des blocs à divers degrés d'arrondis-
sement.   (Phot. E. Chaix, 1895.)

3. L'érosion est plus énergique dans les régions
à fortes marées.

4. Sur certaines côtes la mer détruit les saillies
primitives (fig. 222). Ailleurs, elle creuse au contraire des golfes compliqués (fig. 220).

5. Telle côte présente des falaises presque verticales (fig. 223) ; telle autre, des pentes plus
douces (fig. 224).

6. Au pied et én avant des falaises, il existe
souvent des *surfaces d'abrasion* plus ou moins
étendues (fig. 219 et 224). Le sable et les galets y
sont remués par les vagues. Presque toutes les

FIG. 220. — Côte de Bretagne à marée haute. — Remarquer l'irrégularité extraordinaire de cette côte et la surface presque horizontale de la pénéplaine primitive que la mer a détruit.
(Phot. A. Pasche.)

es reculent graduellement ; quelques-unes, nme Helgoland, ont perdu des kilomètres dans temps historiques.

INTERPRÉTATION DES FAITS

. L'émiettement des roches est dû à leur structure fissurée et à la *pression* énorme que la vague rce dans ces fissures quand elle déferle (§ 4, 38).

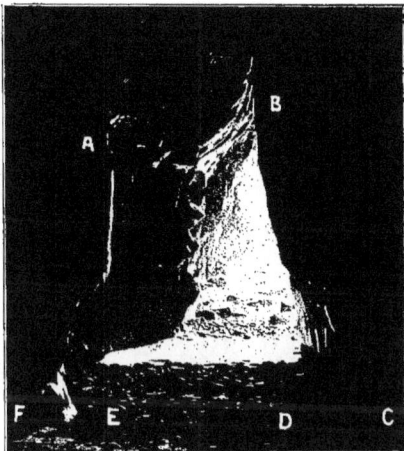

FIG. 221. — Grotte de Plémont, à marée basse (Jersey). — Cette grotte est creusée dans un filon éruptif de diabase, AB. On voit que, dans le bas, là où les vagues mettent les galets en mouvement, elle est beaucoup plus large que le filon primitif ED. Les matériaux sont très arrondis. (Phot. E. Chaix, 1895.)

FIG. 222. — Côte S. de Guernesey, à mer basse. — Falaises d'environ 80 mètres de hauteur. On voit que la mer a détruit de grands promontoires. (Phot. E. Chaix, 1895.)

où la côte a des parties tendres, elles sont enle
vées (fig. 220).

5. Comme la mer sape la falaise par la base, la
côte peut être presque verticale là où la roche es

Fig. 223. — Torricelle del Palmeto, côte N.-O. de Lipari, 30 mètres de hauteur. Erosion d'un terrain volcanique relativement meuble, dans une région où la pluie est rare. (Phot. E. Chaix, 1890.)

2. Les *corps solides* mis en mouvement aug-
mentent beaucoup l'action de l'eau, parce qu'ils
concentrent sa force vive sur le point où ils frap-
pent. Ils agissent par usure.

3. L'*effet de la marée* ne dépend guère du mouvement même de flux et de reflux, mais du chan-

Fig. 224. — Falaise au N. de Jersey, à mi-marée. Les roches sont extrêmement dures et le pays est très pluvieux. Remarquer les pentes plus douces que dans la fig. 223. Au premier plan : sur-face d'abrasion. (Phot. E. Chaix, 1895.)

gement continuel du point d'attaque, et de l'augmentation de profondeur qui, à marée haute,
donne plus libre accès à la vague.

4. La mer tend généralement à détruire les
caps, donc à régulariser la ligne côtière ; mais là

Fig. 225. — Plage près de Barcelone. — On voit qu'une grand partie de l'eau de chaque vague ne revient pas en arrière, mai s'enfonce dans le sable. Remarquer la forme bombée de la plage (Phot. Ch. Duperrex.)

peu résistante et le climat sec (fig. 223). La pent
dépend de la relation qui existe entre la vitess
de l'érosion marine et de l'érosion pluviale (fig
224).

6. La *surface d'abrasion* est évidemment ce qu

Fig. 226. — Levée de galets construite à marée haute par les tem pêtes (St-Brelade, Jersey). — Les matériaux grossiers sont accu mulés en digue parfaitement régulière au delà de la marée, tandi que le sable est emporté par la lame. (D'après une phot. de E. Chaix.)

reste d'une côte qui a reculé. |Si l'eau est peu profonde, la lame y est amortie avant d'atteindre la falaise. Mais, usée par le va-et-vient des galets, la surface d'abrasion s'abaisse indéfiniment, et la vague fait indéfiniment reculer la côte.

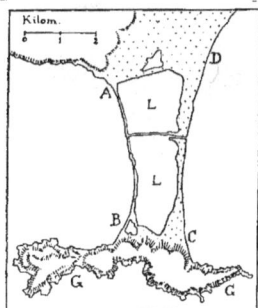

Fig. 227. — Presqu'île de Giens (Provence). — A l'abri d'une ancienne île, GG, le sable s'est accumulé en deux cordons littoraux, AB et CD, qui renferment une lagune L.

Fig. 229. — Isola Bella, près de Taormina (Sicile). — Remarquer la formation de l'isthme de sable, qui changera un jour l'île en presqu'île. (Phot. E. Chaix, 1890.)

B. **Construction.**

FAITS CONSTATÉS

1. *Accumulation du sable*. Quand la vague n'est pas très violente, elle est absorbée par la plage (fig. 225). Quand elle est violente, elle emporte le sable et accumule les galets à sa limite (fig. 226). Les golfes compris entre deux promontoires présentent généralement de petites plages très régulières (fig. 228). Enfin, les côtes exposées fréquemment à un vent du large sont en général bordées de dunes (fig. 230).

2. *Cordons littoraux.* Beaucoup de promontoires rocheux ne sont réunis à la côte que par un mince pédoncule de sable (fig. 227, 229, 231). C'est le cas à Giens (Provence), à Orbetello et Piombino (Toscane), à Gibraltar, etc. — Certaines côtes (S.-E. des États-Unis, ouest de l'Afrique, etc.) sont bordées de longs *cordons littoraux* couverts de dunes, et l'on trouve

Fig. 228. — Alluvionnement d'un golfe entre deux caps (Jersey). — Remarquer l'arc de cercle régulier que forme la plage. (Phot. Lenoir.)

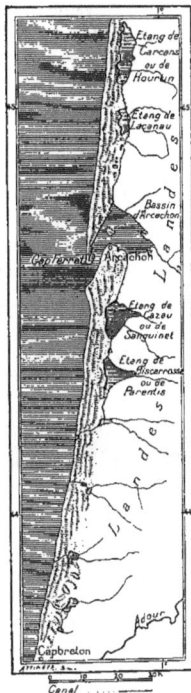

Fig. 230. — Chaînes de dunes de sable sur la côte des Landes. — Remarquer les lacs que les dunes créent en gênant l'écoulement des eaux vers la mer. — Le vent d'ouest souffle très fréquemment sur cette côte.

des cordons semblables (Nehrungen) qui ferment presque complètement des golfes peu profonds (fig. 232, 233) [1].

INTERPRÉTATION
DES FAITS

1. Le *dépôt de sable* par la vague peu violente provient de ce que celle-ci est absorbée par la plage, au lieu de revenir en arrière (fig. 225) ; aussi se fait-il des alluvions dans tous les endroits abrités (fig. 227 à 229), tandis que la vague de tempête creuse plus qu'elle n'alluvionne. — La régularité des courbes s'explique par le phénomène représenté par la figure 206, p. 88.

2. La formation des *cordons littoraux* est peu connue. Il semble qu'une faible profondeur et un courant littoral soient nécessaires.

Fig. 231. — Gibraltar vu du Nord. — L'espace **ABCD** est la surface de l'isthme de sable qui a réuni le rocher à la côte.

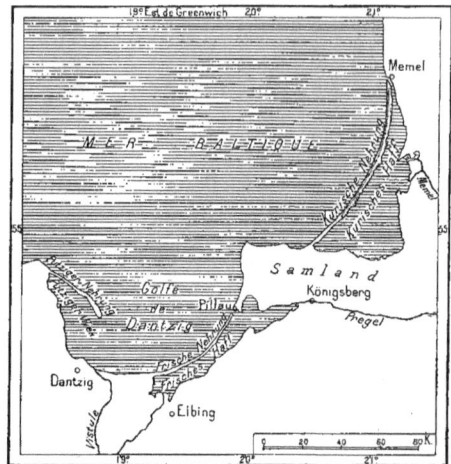

Fig. 232. — Le Jaï, cordon littoral au S.-E. du golfe ou étang de Berre, près de Marseille. Il est couvert de petites dunes.
(Phot. E. Chaix, 1901.)

C. **Divers types de côtes.**

1. Les *Fiords* (fig. 234) sont des golfes souvent très longs, jusqu'à 200 kilomètres, très profonds et prolongés par des vallées ramifiées. Leurs bords sont escarpés et présentent souvent des stries glaciaires. Ils rappellent nos hautes vallées alpines. Seules les régions circumpolaires N. et S. en possèdent (jusque vers 45° lat.).

[1] Voir l'intervention de la végétation dans ces formations (mangrove), chap. V, § 2. — Pour les dépôts abyssaux, voir chap. III, § 1, *B*, p. 79.

Fig. 233. — Cordons littoraux du Kurisches Haff et du Frisches Haff. — Remarquer la régularité des arcs qu'ils forment des deux côtés du cap de Samland, et la formation d'un troisième cordon à l'O., la Putziger Nehrung. — La Kurische Nehrung a 90 kilomètres de longueur.

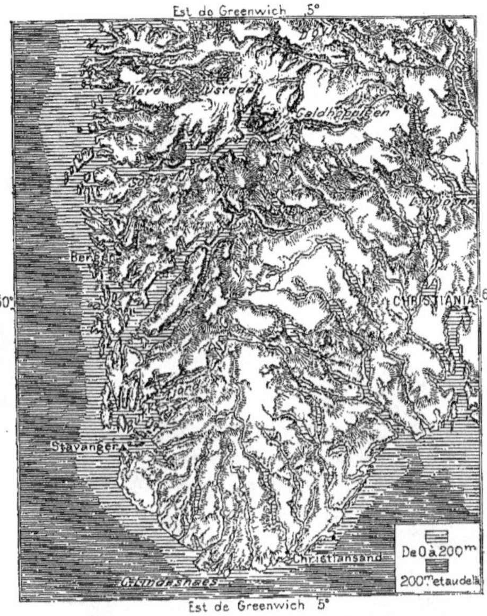

Fig. 234. — Norvège S. — Remarquer que les *fiords* occidentaux sont longs, tandis que ceux du S.-E. sont effacés.

2. *Baie de Chesapeake* (fig. 235):

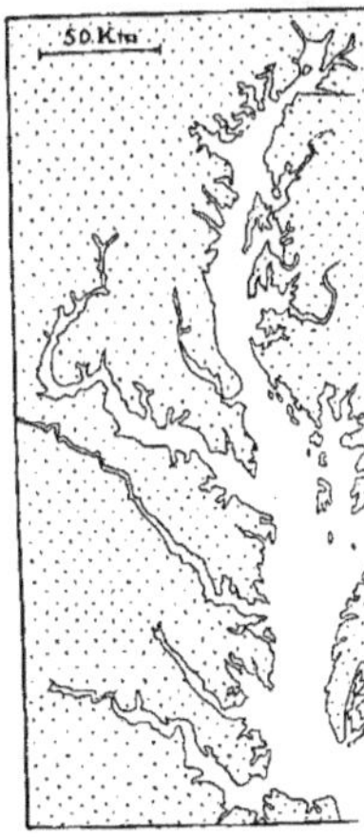

Fig. 235. — Baie de Chesapeake. États-Unis, d'après R. Tarr. — Le golfe est prolongé en mer par un lit fluvial sous-marin, et chacune de ses petites baies est la suite d'une vallée.

3. *Littoral dalmate* (fig. 236):

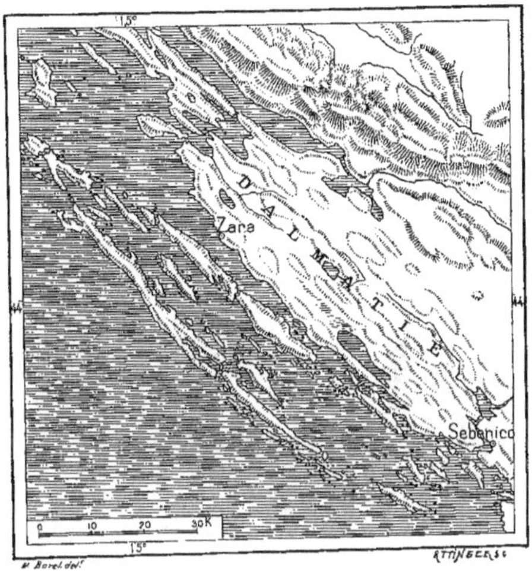

Fig. 236. — Partie centrale de la côte de Dalmatie. — Remarquer que les îles sont absolument semblables aux crêtes longitudinales de l'intérieur. (Cette région est coupée de plusieurs failles parallèles à la côte.)

4. *Côtes remaniées* (fig. 237):

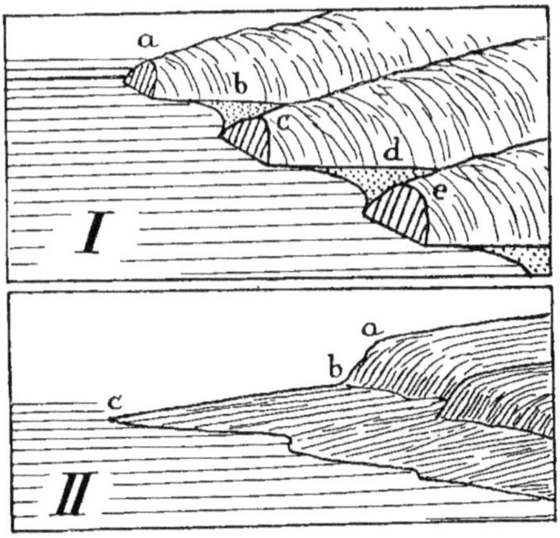

Fig. 237. — I. D'anciens promontoires sont coupés, et des golfes sont comblés. — II. La ligne de côte est assez régulière, l'espace *cb* est formé d'une couche d'alluvions sur une *surface d'abrasion*, et le coteau *ba* présente les caractères d'une falaise atténuée.

5. *Récifs et îles de corail* (fig. 238 à 241) :

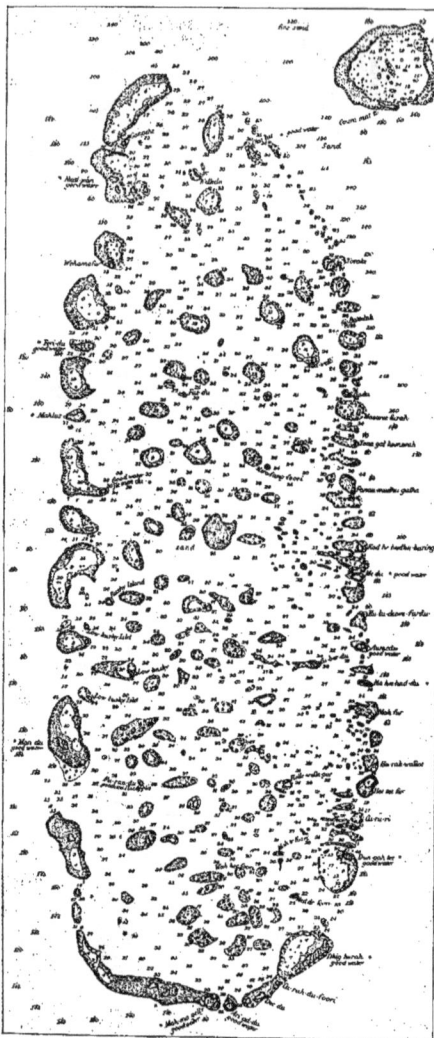

FIG. 239. — Récifs littoraux à mi-marée. — Remarquer qu'ils forment des arcs de cercles en avant de la côte.

FIG. 240. — Récif de corail à marée basse.

FIG. 238. — *Atoll* complexe (îles Maldives). — Remarquer la forme annulaire du groupe entier et de chacun de ses membres. Les trois quarts n'émergent qu'à marée basse. Les profondeurs, très faibles dans la lagune, deviennent brusquement grandes à l'extérieur.

INTERPRÉTATION DES FAITS

1. Les *fiords* semblent être des *vallées de haute montagne immergées* depuis peu ; leur distribution circumpolaire et les traces glaciaires qu'on y trouve, montrent qu'ils ont dû rester sous de grands glaciers jusqu'à une époque récente [1].

2. Des golfes comme celui de Chesapeake, qui présentent les caractères de *vallées fluviales* de

[1] Ajoutons qu'on a aussi émis d'autres hypothèses sur la formation des fiords.

pays de plaines, sont caractéristiques pour les *côtes récemment immergées.*

3. Des côtes comme celle de Dalmatie, avec *îles longitudinales* et quelques coupures transversales, sont évidemment aussi des *côtes d'immersion récente*, mais d'une région à dislocations longitudinales, où l'érosion fluviale n'est pas aussi ancienne que dans les régions à fiords [1].

4. Les longs *caps avec golfes intermédiaires* sont un des caractères d'une côte d'immersion; mais lorsque, comme dans la figure 237, I, les caps sont coupés et les golfes comblés, cela prouve que *l'immersion est déjà ancienne* et que le niveau de l'eau n'a plus changé (côte d'équilibre). — Au contraire, une côte présentant les caractères de la figure 237, II, est probablement *émergée récemment.*

5. Les coraux ne peuvent vivre que près de la surface (max. 60 m. de profondeur) et dans les eaux chaudes (min. 19°). La formation des *atolls* serait due au maintien de colonies coralliennes sur l'emplacement d'îles qui se seraient enfoncées graduellement; les assises de coraux se seraient superposées indéfiniment pour se maintenir à la surface, et les îlots qui émergent à marée haute seraient dus à l'amoncellement par les vagues des débris qu'elles arrachent. Des algues calcaires contribuent au moins autant que les coraux à la formation de ces îles.

[1] Si le Jura était immergé, il présenterait un aspect de ce genre; tandis que les Alpes auraient des fiords.

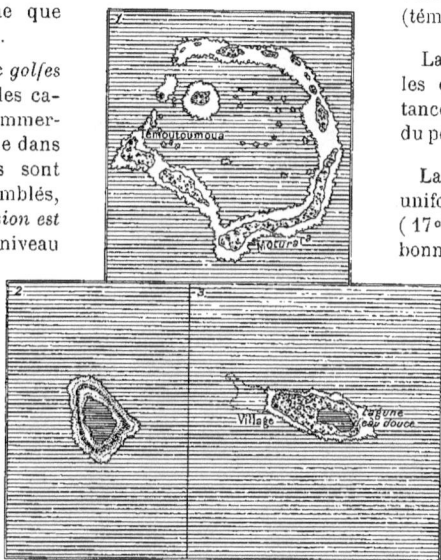

Fig. 241. — Iles coralliennes ou madréporiques (1 : 380 000e).
1. Atoll incomplet. Ile Noukoufetau dans l'archipel des Ellice. —
2. Atoll complet. Taiara dans l'archipel des Touamotou. —
3. Ile coralligène avec lagune d'eau douce. Ile Washington.
(4° 41′ lat. nord; 160° 18′ long. est Greenwich.)

§ 9. — Influence de la mer sur l'humanité.

Sans la prépondérance de *l'étendue des mers* sur celle des terres, la plus grande partie des continents seraient des déserts (témoin l'Asie centrale, etc.).

La *quantité d'air* absorbée par les eaux froides a une importance indirecte, par l'abondance du poisson qu'elle comporte.

La *température superficielle* uniforme et élevée des océans (17°7) a généralement une bonne influence sur les climats.

Les *marées* rendent utilisables un grand nombre de ports qui seraient trop peu profonds sans elles, notamment les estuaires de grands fleuves; en revanche, les *courants de marée*, combinés avec des brouillards, sont un des principaux dangers de la navigation côtière.

La *circulation superficielle* a une importance capitale par son influence sur la navigation et surtout par la vapeur d'eau et la chaleur qui sont apportées vers les pôles par les courants chauds (moyennant la coopération du vent).

Le *travail de la mer* étant plus destructif que constructif, a généralement une influence défavorable, en détruisant les terres ou en nécessitant des dépenses improductives; toutefois les *côtes d'immersion* offrent toujours de bons ports.

CHAPITRE IV

CLIMAT

Oxygène, 21 %; Azote, 78 %; autres gaz, 1 %. — Vapeur d'eau en quantité variable. — Pression (à 0°):

Au niv. de la mer — barom. 760^{mm} — 10330 kg. par m² de surf.

A 500 m.	—	»	716^{mm} — 9730 »	»	»	»
A 4000 m.	—	»	452^{mm} — 6140 »	»	»	»
Vers 5300 m.	—	»	380^{mm} — 5165 »	»	»	»

Quand l'air est échauffé il *se dilate*, parce que ses molécules se repoussent mutuellement; le froid le fait *contracter*.

§ 1. — Effets de l'irradiation et du rayonnement sur le terrain, l'eau et l'air.

FAITS CONSTATÉS

1. L'air s'échauffe peu *directement* par l'effet du soleil, mais beaucoup par la *réverbération du sol*.

2. *Le terrain sec*, le sable, par exemple, s'échauffe beaucoup au soleil, mais sur peu de centimètres de profondeur.

3. *L'eau* est chauffée sur une vingtaine de mètres de profondeur, mais sa *surface* change peu de température.

4. *De jour et en été* l'air s'échauffe peu au-dessus de l'eau, beaucoup au-dessus du terrain sec.

5. *De nuit et en hiver* la surface du *sol* se refroidit beaucoup, ainsi que la couche inférieure de l'air; mais la surface de l'*eau* change peu de température [1].

---

[1] En résumé, les températures sont *uniformes* sur mer, *excessives* dans les régions sèches, et intermédiaires dans les pays humides.

6. Enfin les températures sont plus élevées vers l'équateur que vers les pôles.

INTERPRÉTATION DES FAITS

1, 2, 3. Les différences entre l'échauffement de l'air, de l'eau et du sol proviennent de ce que le *terrain*, étant opaque, arrête à sa surface

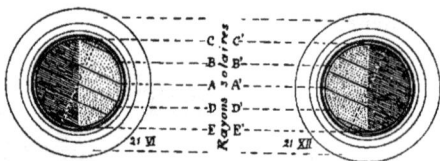

FIG. 242. — Remarquer que les rayons **A** et **A'** ont à faire dans l'atmosphère un *parcours* moins long que les rayons **B** et **C**. En outre, les couches *inférieures* de l'atmosphère, beaucoup plus *denses*, interceptent plus de chaleur; donc les rayons **C** et **E** sont plus affaiblis que les autres (30 fois). Enfin un même faisceau de lumière et de chaleur se répartit sur un plus grand *espace* vers les pôles; il réchauffe donc moins le sol (l'épaisseur de la couche d'air est exagérée dans ce dessin).

même toute la chaleur solaire, tandis que l'*air*, plus diathermane encore que le verre, arrête seulement la chaleur *obscure* mais nullement la chaleur *lumineuse* [1]. Dans l'eau, il y a perte d'une partie de la chaleur par réflexion et par évaporation, puis partage du reste entre la surface et l'intérieur.

4, 5. Les corps gazeux et les liquides *rayonnent* beaucoup moins que les solides; l'air est donc *passif*, et sa température dépend de ce qui se trouve au-dessous de lui, eau ou terrain. Quant à

---

[1] On appelle *chaleur lumineuse* celle qui est émise directement par un corps incandescent, soleil, flamme, etc., et accompagnée de lumière.

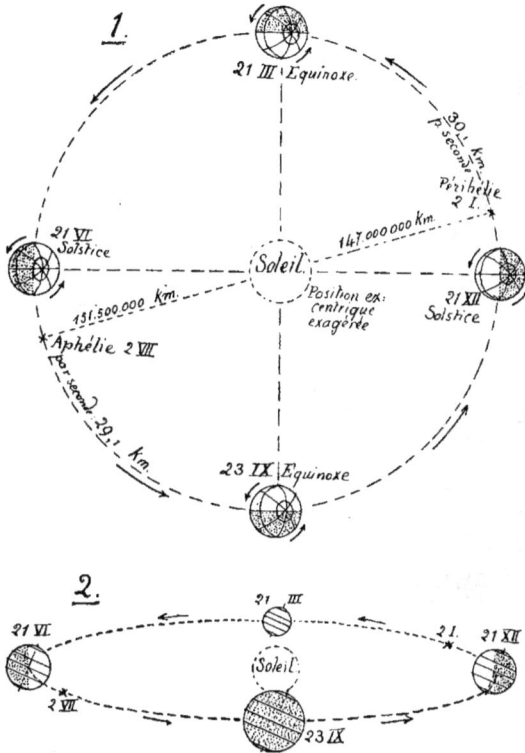

Fig. 243. — Conditions d'éclairage de la Terre dans les diverses saisons. — Remarquer que, le 21 juin, les régions septentrionales restent au soleil plus de 12 heures ; le 21 décembre, moins de 12 heures (il va sans dire que les dimensions relatives de la Terre, de l'orbite et du Soleil ne peuvent pas être exactes dans ce dessin).

la couche superficielle de l'eau, dès qu'elle se refroidit elle est remplacée par convection [1].

6. Les différences de température entre les régions tropicales et les régions polaires s'expliquent par des différences dans la durée de l'insolation (fig. 243), mais surtout par des différences dans l'*angle* d'incidence des rayons solaires et dans l'*épaisseur* de la couche d'atmosphère que ces rayons doivent traverser (fig. 242).

[1] C'est-à-dire que l'eau de surface, contractée, donc alourdie par le froid, descend, et que l'eau moins froide du fond la remplace.

§ 2. — Effets des températures sur la pression atmosphérique.

FAITS CONSTATÉS

Distribution des pressions en janvier et en juillet (fig. 244, 245, 252 et 254).

Remarquer dans ces cartes les faits suivants :

1. Toutes les zones *se déplacent* avec le Soleil (mais seulement d'environ 10° de latitude).

2. La pression est très forte sur les grands continents (surtout en Asie) pendant l'*hiver* local, très faible pendant l'*été* local.

3. Il existe une *zone de pressions faibles* vers l'équateur.

4. Une *zone continue de pressions fortes* oscille entre 20 et 40° de lat. S.

5. Une *zone discontinue de pressions fortes* se déplace entre 20 et 40° de latitude N.

En outre, on constate quelques phénomènes que les cartes ne peuvent pas montrer :

6. A une certaine hauteur, par exemple à 4000 m. (ligne $N'E'S'$ de fig. 247), la pression est *plus forte à l'équateur* que vers le N. et le S.

7. Même phénomène au-dessus des grands continents en été (et phénomène contraire en hiver).

INTERPRÉTATION DES FAITS

1, 2. Le *déplacement* des zones de pression prouve que la répartition générale de la pression atmosphérique dépend de la chaleur solaire. Ce déplacement peut être représenté schématiquement par la figure 246.

3 à 7. Les autres modifications de la pression

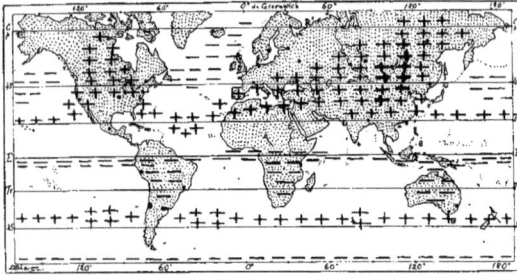

Fig. 244. — Distribution moyenne de la pression atmosphérique en *janvier*
(+ et — indiquent que la pression est relativement plus forte ou moins
forte).

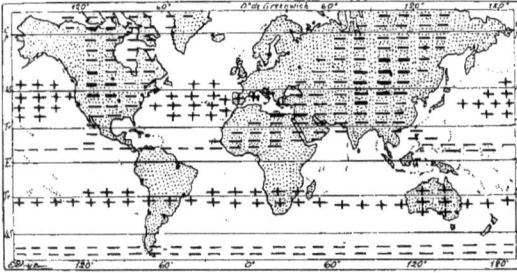

Fig. 245. — Distribution moyenne de la pression atmosphérique en *juillet*.

ne peuvent s'expliquer que par les effets de la dilatation de l'air à l'équateur ou sur les continents en été (voir fig. 247, 248).

Dans fig. 247, *NES* est la surface du sol de pôle à pôle, et *AFB* la surface supérieure de l'atmosphère. Comme il fait plus chaud à l'équateur (*E*), la colonne d'air *EF* se dilate jusqu'à *F'* (hypothèse), mais cela ne modifie pas la *pression* en *E* (car les molécules sont simplement plus

écartées). En *E'* la pression devient plus forte qu'en *N'* et *S'*, parce qu'une partie des molécules qui étaient au-dessous de *E'* sont maintenant au-dessus (fig. 247, I).

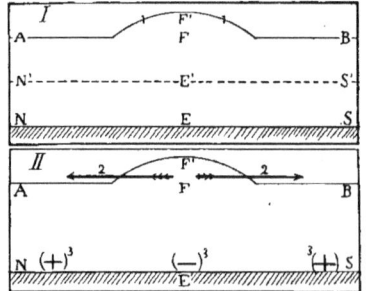

Fig. 247. — Effet de la chaleur sur la répartition des pressions (les numéros indiquent l'ordre chronologique des phénomènes).

— Les pressions faibles de l'équateur en sont la conséquence : en effet, la protubérance *F'* ne peut pas subsister ; elle s'écoule vers *A* et *B* (fig. 247, II), en sorte que la pression devient plus forte vers *N* et *S* qu'à l'équateur (*E*).

4. Les *zones de pressions fortes* devraient logiquement se trouver aux pôles ; en réalité, leur position moyenne est *vers 30° de lat.* (fig. 249). Ce fait n'est pas encore bien expliqué.

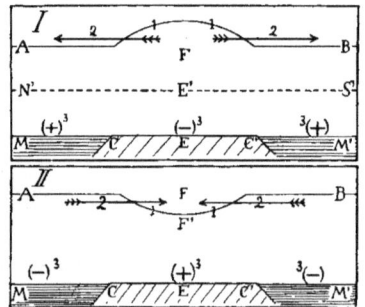

Fig. 248. — Influence des continents, **CC'**, sur les pressions (les numéros indiquent l'ordre chronologique des phénomènes).

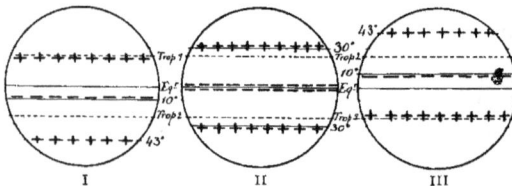

Fig. 246. — Distribution des pressions. en faisant abstraction de l'influence des continents : I, en janvier ; II, en avril et octobre ; III, en juillet. — Remarquer le déplacement des zones.

5. *L'influence des continents* sur la pression s'explique par leurs grands changements de température (fig. 248).

En été (fig. 248, I) : dilatation sur le continent, et écoulement latéral dans les hauteurs ; donc, sur terre diminution, sur mer augmentation de la pression (à 4000 m., pression plus forte à *E'* qu'à *A'* et *B'*, comme dans fig. 247, I).

En hiver, c'est le contraire (fig. 248, II).

En résumé, tous ces phénomènes de distribution de la pression atmosphérique peuvent être représentés schématiquement par la

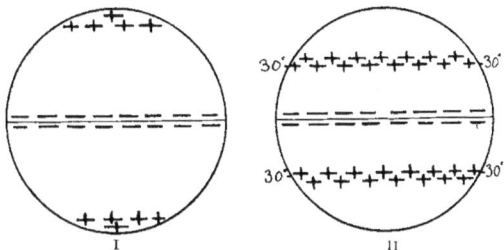

Fig. 249. — I, situation *logique* des zones de pressions forte et faible ; II, leur situation *moyenne réelle.*

| l'équateur ; — *pressions fortes,* au S. vers 40°, au N. sur les continents et vers 20 à 30° sur mer. — *Vents alizés* entre les pressions fortes et les calmes équatoriaux ; — *mousson continentale* en Asie et en Amérique N. ; — *prédominance des vents d'ouest* au delà des pressions fortes vers le N. et le S.

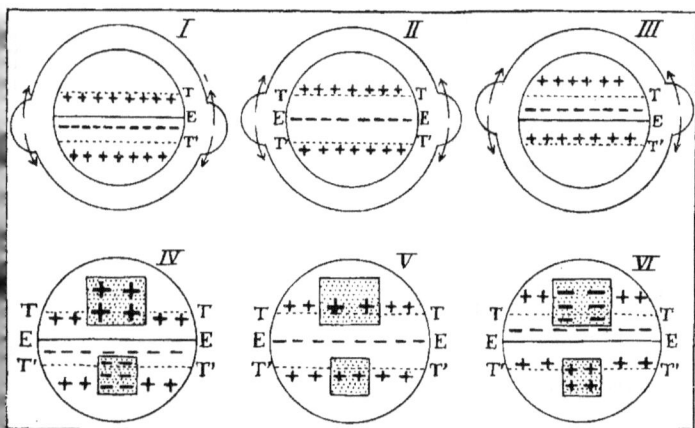

Fig. 250. — Distribution de la pression atmosphérique et ses déplacements : I à III, sans tenir compte des continents ; IV à VI, en en tenant compte (ils sont représentés par les carrés ombrés). — E et T sont l'équateur et les tropiques.

figure 250. Les continents méridionaux, trop petits, n'ont presque pas d'influence.

§ 3. — Distribution du vent.

A. Distribution générale.

FAITS CONSTATÉS

1. Cartes du vent en *janvier* (fig. 251, 252) :

Remarquer les faits suivants (dans fig. 251) : *zone des calmes* le long de

2. Cartes du vent en *juillet* (fig. 253, 254) :

Remarquer les faits suivants : *zone des calmes* vers 10° lat. N. ; — *pressions fortes,* au S. vers 23 à 35°, au N. vers 40°, mais seule-

Fig. 251. — Représentation simplifiée de la distribution des vents en janvier. — A, zone des *calmes* équatoriaux ; B, B', zones des *alizés* ; C, C', zones des *pressions fortes.* D, D', zones des vents variables, avec prédominance des *vents d'ouest* ; dd, *dépressions* européennes ; M, M, *moussons.*

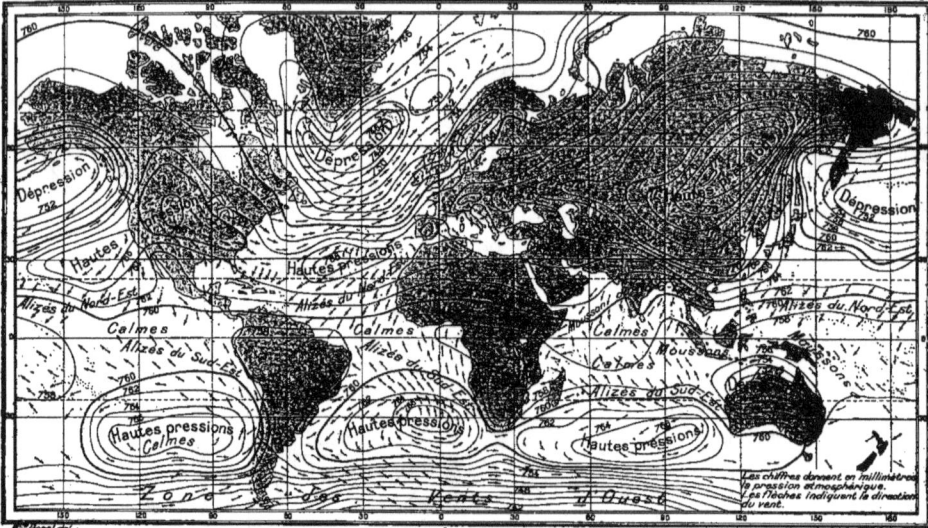

Fig. 252. — Distribution des pressions et du vent en janvier. (On appelle *lignes isobares* les traits par lesquels on réunit les endroits qui ont une même pression.)

ment sur la mer ; — *pressions faibles* sur les continents septentrionaux. — *Vents alizés,* plus au N. que dans fig. 251 ; — *mousson maritime* en Asie et Amérique N. ; — *mousson continentale* en Australie ; — prédominance des *vents d'ouest* au delà des pressions fortes.

3. *Les vents alizés* soufflent, en moyenne, de 30° N. et S. vers l'équateur, et leurs zones se déplacent avec le Soleil.

4. La zone des *calmes équatoriaux* se déplace

également, allant à peu près jusqu'à 10° N. et S. de l'équateur.

5. Les grands continents ont des *moussons,* vents périodiques, qui viennent *de la terre* pendant l'hiver local, *de la mer* en été.

6. Au delà de 30 à 40° de lat. N. et S., les faits se compliquent : dans les deux hémisphères, les vents de cette zone sont *changeants ;* dans le S., il y a grande prédominance des vents d'O. ; dans le N., ce n'est guère que sur les mers que les vents d'O. dominent (Voir § 3, *B*).

INTERPRÉTATION DES FAITS

1, 2. Le vent dépend évidemment des pressions : *l'air va de la pression forte vers la faible.* Mais il n'y va pas directement : dans l'hémisphère N., il est dévié à droite de la direction de son mouvement ; dans l'hémisphère S., à gauche[1].

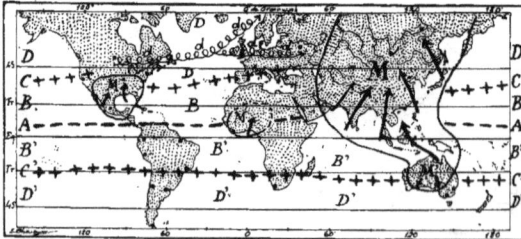

Fig. 253. — Résumé schématique de la distribution du vent en juillet. — **A,** calmes équatoriaux ; **B, B',** alizés ; **C, C',** pressions fortes ; **D, D',** vents variables prédominant de l'ouest ; **dd,** dépressions européennes ; **M, M,** moussons,

[1] Cette déviation est en partie apparente. Elle provient de ce que l'air, comme tout corps lancé

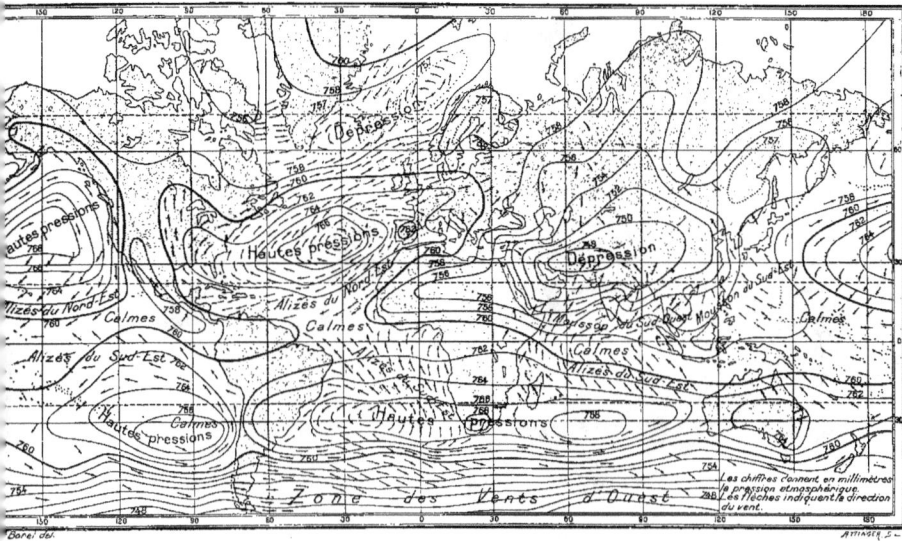

Fig. 254. — Distribution des pressions et du vent en juillet.

Les *alizés* s'expliquent donc par la fig. 255. L'air devrait aller de *A* et *B* vers *C* ; mais il est dévié à sa droite dans le N., à sa gauche dans le [S], donc vers l'ouest. Il peut arriver indifférem-

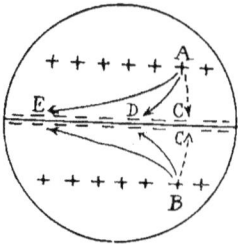

Fig. 255. — Déviation des alizés due à la rotation terrestre.

[m]ent vers *D* ou *E*, puisque la pression est faible [pa]rtout à l'équateur.

3. Le *déplacement* estival et hivernal des vents [dé]pend évidemment de celui du Soleil.

[da]ns l'espace, doit conserver sa direction initiale. C'est nous [qu]i décrivons un cercle, en participant au mouvement de [ro]tation de la Terre.

4. L'existence des *calmes équatoriaux* peut s'expliquer par la figure 256, qui fait suite à la figure 247.

Remarquer les faits suivants (dans la fig. 256) :

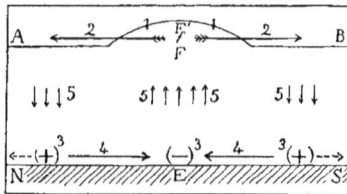

Fig. 256. — Mouvement général de convection dans l'atmosphère.

l'air frais (*4,4*), arrivant à l'équateur *(E)*, soulève la couche *E F* jusqu'à *f* ; puis il se dilate en s'échauffant, ce qui reforme le renflement *F'*. La colonne d'air *E F* a donc un *mouvement d'ascension* qui supprime le vent inférieur (tout en étant insensible lui-même).

5. Les *moussons* proviennent des changements de pression sur les grands continents (fig. 244, 245), avec influence de la déviation rotative.

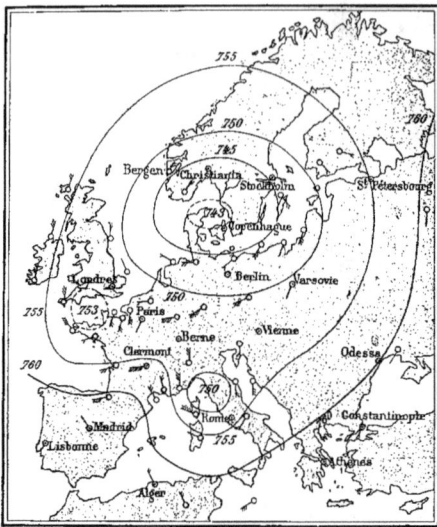

Fig. 257. — Dépression barométrique (du 26 avril 1890, d'après Plu-
mandon). La dépression principale, 743 mm., est accompagnée de
deux dépressions secondaires, 753 et 750 mm. Remarquer que le
vent tourne, autour des centres de pression faible, en sens contraire des aiguilles de la montre.

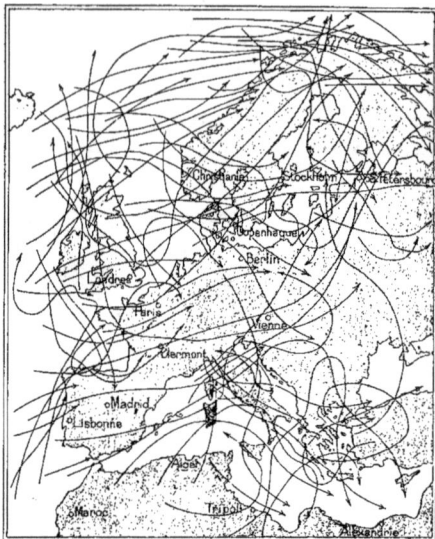

Fig. 258. — Trajectoires des centres de dépressions de décembre
1891 à mai 1892. — Remarquer qu'il en passe peu sur l'Europe
centrale, beaucoup sur la Méditerranée et les côtes occidentales
et septentrionales. Presque aucune ne va du N. au S., ni de l'E.
à l'O.

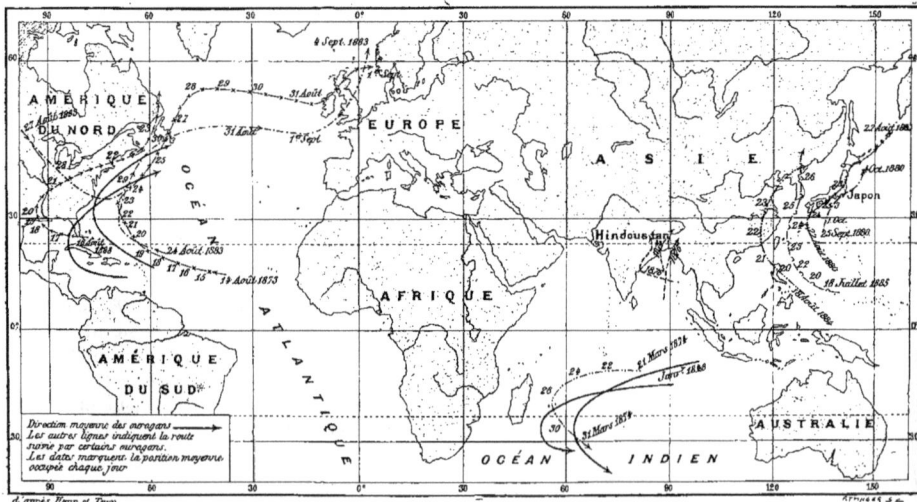

Fig. 259. — Trajectoires de quelques tornades ou cyclones intertropicaux. — Remarquer qu'ils se déplacent d'abord vers l'O.,
puis vers l'E. Ils n'atteignent guère que les côtes E. des continents.

6. Pour ce qui concerne les *vents d'ouest*, voir
e paragraphe, lettre *B*.

B. Dépressions individuelles.

FAITS CONSTATÉS

1. Au delà de 30 à 40° de lat., l'air circule en
urbillons. C'est ce qu'on nomme des *dépressions
arométriques* ou *cyclones*.

2. Dans l'hémisphère S. l'air tourne autour du
entre de la dépression barométrique dans le
même sens que *les aiguilles de la montre*; dans
hémisphère N., en sens inverse (fig. 257).

3. La *direction générale* que suivent les *cyclo-
es*, au delà de 40° lat., est de l'O. à l'E., avec

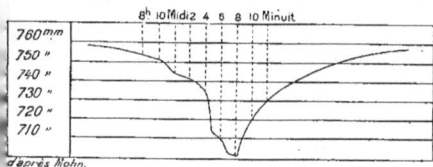

FIG. 260. — Baisse rapide et considérable du baromètre lors du
passage d'une *tornade* (à Cuba).

ndance à se rapprocher des pôles; mais leurs
rajectoires sont souvent capricieuses (fig. 258).

4. Cette circulation des tourbillons crée deux
ones à *vents variables, avec prédominance des
ents d'ouest* (S.-O. au N.-O.).

5. Il se forme parfois, entre équateur et tro-
iques, des dépressions barométriques impor-
ntes, qui donnent lieu à des tempêtes tour-
oyantes, *ouragans* ou *tornades*[1]. Leurs tra-
ectoires changent de direction au tropique
ig. 259, 261).

6. Lors du passage d'une *dépression*, les nua-
es permettent parfois d'observer les mouvements
ue représente la figure 262 : le vent inférieur
B' décrit une spirale centripète, la couche

[1] Le mouvement de translation varie de 3 km. à 30 km.
ar heure ; mais le mouvement giratoire de l'air dépasse
arfois 60 m. à la seconde (ce qui ferait plus de 200 km. à
heure).

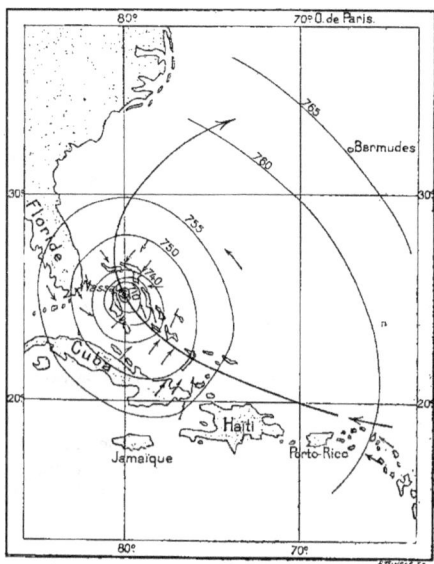

FIG. 261. — Passage d'une *tornade* sur les Antilles (1er octobre 1866).
Remarquer que le baromètre est très bas au centre, 708 mm.

moyenne *MM'* monte en hélice, les nuages supérieurs *HH'* se dispersent en spirale centrifuge.

INTERPRÉTATION DES FAITS

1, 2, 3. On ignore pourquoi les *dépressions
barométriques* prennent naissance et pourquoi
elles se déplacent ; mais, du moment que la pression est faible en un endroit, l'air doit s'y rendre
en spirale, par suite de la déviation que la rotation terrestre fait subir aux mouvements (voir

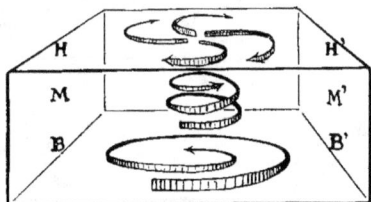

FIG. 262. — Mouvements de l'air et des nuages dans une
dépression.

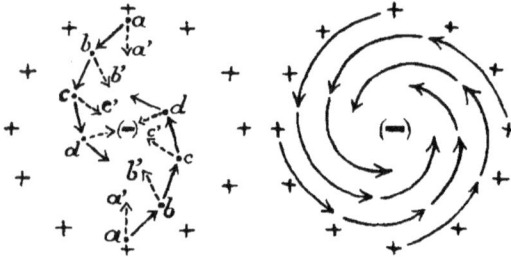

FIG. 263. — Formation d'un cyclone dans l'hémisphère septentrional. — L'air appelé de **a** vers **a'** est dévié à sa droite, vers **b**, etc., il ne peut donc parvenir au centre que par un détour à gauche.

Dilatation de l'air jusqu'à E'; écoulement I, I, dévié à sa droite; augmentation de pression sur le pourtour et diminution au centre; formation de la spirale inférieure (fig. 263); soulèvement de la colonne R (mais on ne sait pas bien pourquoi elle monte en hélice).

Conséquences : On pourrait résumer la distribution générale des mouvements de l'air par les figures 266 et 267. Remarquer que la figure 267 ne tient pas compte des moussons.

lettre A, p. 107). C'est ce que montre la figure 263.

4. La *prédominance des vents d'ouest* provient du déplacement du cyclone lui-même (fig. 264). Chaque particule d'air décrit un feston allongé et les parcours de l'ouest à l'est AB, $A'B'$, $A''B''$ sont plus longs que les autres.

FIG. 264. — Déplacement horizontal d'une particule d'air dans un tourbillon.

5. On ignore également tout ce qui concerne l'origine des *tornades*, mais le vent y tourne selon la même loi que dans les dépressions extra-tropicales.

6. La *superposition des trois spirales* différentes dans un cyclone, peut s'expliquer par la figure 265.

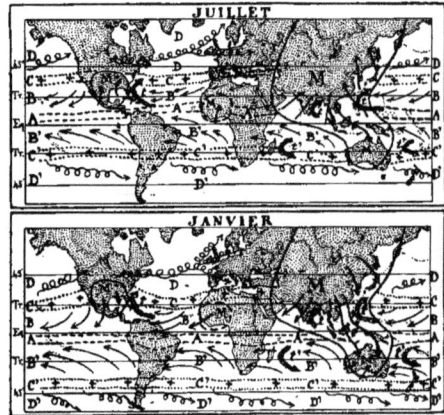

FIG. 266. — **AA**, zone des calmes équatoriaux, avec air descendant; **B, B'**, alizés, avec contre-alizés vers 6000 m.; **C, C'**, pressions fortes, avec air descendant; **D, D'**, zones des tourbillons, avec vent dominant de l'O.; **t, t**, tornades; **M, M**, moussons.

§ 4. — Humidité.

FAITS CONSTATÉS

1. La quantité absolue de vapeur d'eau qu'un mètre cube d'air contient est ce qu'on nomme *humidité absolue*. Elle ne peut jamais dépasser 5 gr. à 0° C., mais peut atteindre 30 gr. à 30° [1].

[1] Les chiffres exacts sont : à —10°, 2,36 gr. ou 2,15 mm. de tension; à 0°, 4,84 gr. ou 4,57 mm.; à +10°, 9,33 gr. ou 9,14 mm.; à +20°, 17,12 gr.

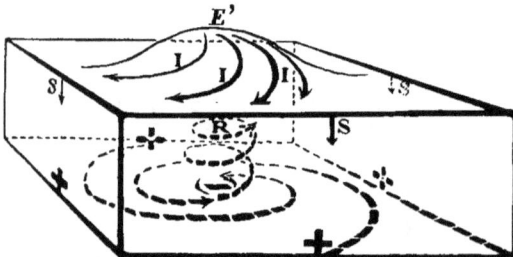

FIG. 265. — Cube d'air isolé dans une région de l'hémisphère N. où il y a échauffement local excessif (comparer à fig. 255).

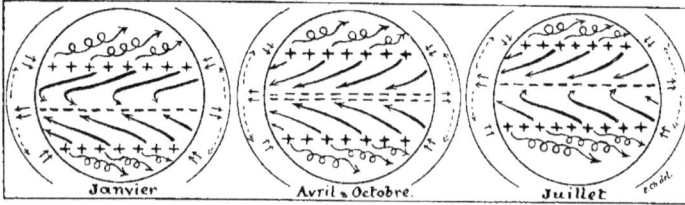

FIG. 267. — Distribution des vents généraux, sans tenir compte des *moussons* et des *tornades*.

2. De ces quantités maximales *possibles* de vapeur d'eau, la fraction *réellement* contenue-dans l'air est ce qu'on nomme *fraction de saturation*.

3. L'*humidité absolue* est particulièrement forte dans les régions équatoriales et près des mers chaudes.

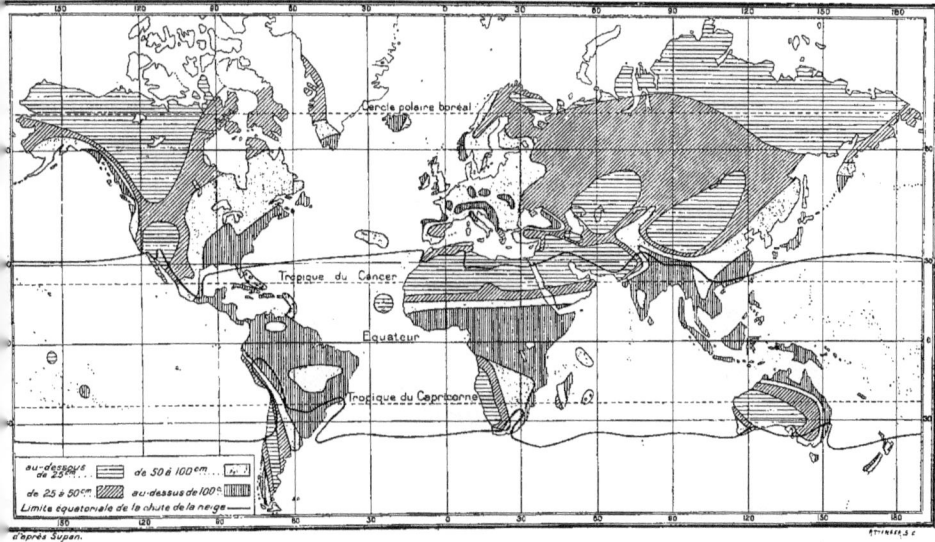

FIG. 268. — Moyenne annuelle des précipitations.

ou *humidité relative* ; elle s'exprime en %. Ainsi, si l'air contient :

5 gr. à 0°, il est saturé	100 %
2,5 gr. à 0°, au lieu de 5 gr.	50 %
5 gr. à 30°, au lieu de 30 gr.	16 %
5 gr. à 15°, au lieu de 15 gr.	33 %
5 gr. à 0°, il est saturé	100 %

ou 17,36 mm. ; à +30°, 30,04 gr. ou 31,51 mm. ; à +40°, 50,63 gr. ou 54,87 mm.

4. La *fraction de saturation* augmente et la *condensation* a lieu là où l'air *se refroidit* [1].

[1] La *rosée* et la *gelée blanche* proviennent du rayonnement intense des solides ; le *brouillard* et les *nuages*, du refroidissement direct de l'air ou du mélange d'air froid et d'air chaud et humide. Le mélange crée souvent le type de nuages nommé le *stratus* ; l'ascension crée le *cumulus*. Le *cirrus* est composé de cristaux de glace. — Le rayonnement des objets solides est plus actif dans les nuits très claires ; dans ce cas, il arrive souvent que l'herbe, etc., sont sensiblement plus froids que l'air à un ou deux mètres.

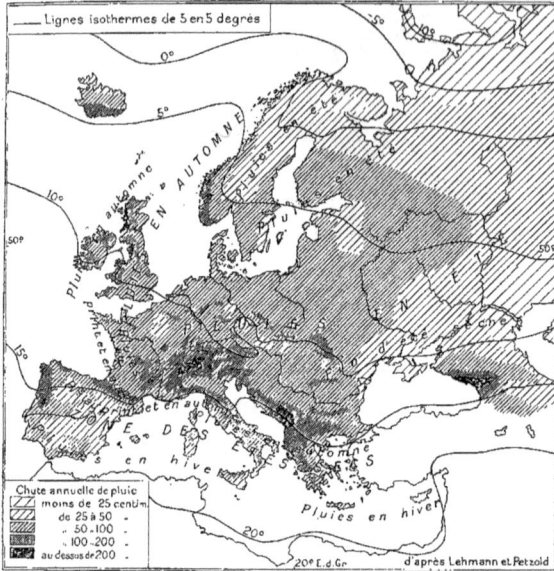

FIG. 269. — Quantité moyenne de pluies et leur répartition dans l'année.

INTERPRÉTATION DES FAITS

1, 2, 3. L'humidité *absolue* dépend certainement de l'activité de l'*évaporation,* surtout sur les mers, tandis que la fraction de saturation dépend de la *température;* elle diminue si la température augmente.

4. Les deux principales causes de refroidissement et par conséquent de *condensation* sont : 1° un mouvement *ascendant* de l'air, 2° un déplacement horizontal *dans la direction des pôles.*

§ 5. — Précipitations.

A. Distribution des pluies.

FAITS CONSTATÉS

1. *Quantité* des précipitations (fig. 268, 269) :

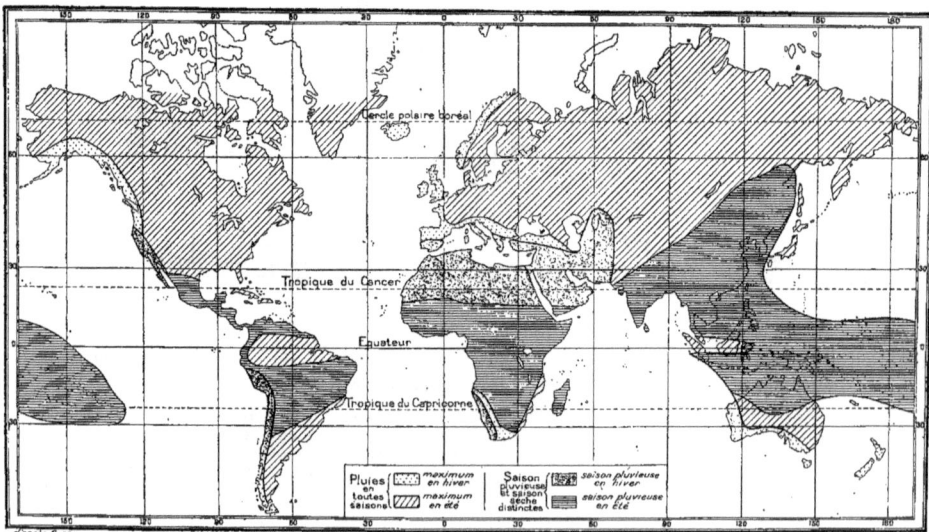

FIG. 270. — Distribution saisonnière des pluies.

Faits à remarquer dans la fig. 268 Beaucoup
.e pluie entre 15° N. et 15° S. ; grandes régions
èches sous les tropiques et vers 30° de lat. ;
.ans la zone des alizés, beaucoup de pluie à l'E.
.es continents et des chaînes, peu à l'O. ; au delà
.e 35° de lat. c'est le contraire ; sauf à l'équateur,
.eu de pluie dans l'intérieur des continents. Re-
narquer la limite de la chute des neiges.

Faits à remarquer dans la fig. 269 : « Pluies en
utomne » signifie *surtout* en automne, etc. Abon-

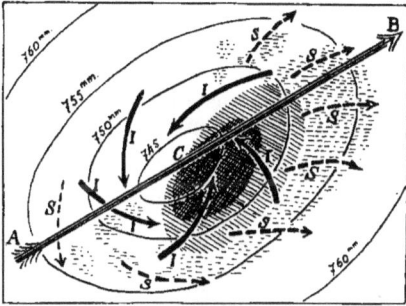

IG. 271. — Répartition du vent, des nuages et de la pluie dans
une dépression, en Europe. — Lignes isobares, 755 mm., etc. ;
ACB, direction générale du cyclone ; I, I, vent inférieur ; S, S,
vent supérieur. Pluies abondantes au S. et à l'E. du centre **C** ;
nuages plus ou moins légers tout autour, sauf au N.-O.

dance des précipitations dans les montagnes, no-
amment au Caucase, au Montenegro, dans les
.lpes, dans l'Ecosse occidentale ; sécheresses estivales dans la région méditerranéenne.

2. Distribution des précipitations dans l'année
fig. 269 et 270) :

Faits à remarquer dans la fig. 270 :
jusqu'à 20° au N. et au S. de l'équateur, pluies pendant l'*été local ;* même
chose dans les régions à *moussons ;* à
l'équateur même, pluies généralement *aux deux passages* du Soleil ;
vers 30° N. et S., pluies *hivernales ;*
au delà de 40° de lat., pluie généralement *en toute saison,* mais surtout
en été.

3. En Europe, dans une *dépression barométrique* (voir fig. 257), la

répartition des phénomènes météorologiques
peut être représentée par fig. 271. Ailleurs qu'en
Europe la répartition est différente.

INTERPRÉTATION DES FAITS

1. Les grandes pluies entre 15° N. et 15° S.
sont évidemment dues aux déplacements de la
zone des calmes équatoriaux (§ 3 A, fig. 250 à
254 et 256) ; et comme l'air y monte *partout,* il y
pleut des deux côtés des montagnes. — La *sécheresse sous les tropiques* est due à ce que les alizés, se rapprochant de l'équateur, s'échauffent et
ne se saturent pas, sauf sur le versant oriental
des montagnes et des continents, où ils sont for-
cés de s'élever. — La *sécheresse vers 30°* de lat. est
due au mouvement de descente, donc à l'échauffement de l'air dans la *zone des pressions fortes*
(§ 3 A, fig. 256). — L'abondance des pluies à
l'O. des montagnes au delà de 35° N. et S. provient de la *prédominance du vent d'ouest* dans la
zone des vents variables (§ 3 B, fig. 264 à 267).
— Enfin l'air laisse la plus grande partie de son
humidité sur les versants extérieurs des continents, parce qu'il y rencontre généralement quelque obstacle qui l'oblige à monter.

On peut représenter schématiquement la distribution moyenne des pluies par la figure 272.

Faits à remarquer sur la fig. 272 : Beaucoup
de pluie vers *A* et *a,* par ascension de l'air dans
la zone des calmes ; pas de pluie vers *B* et *b,* par
échauffement graduel des alizés ; pluie vers *e* et *e'*
par l'effet de l'ascension ; point à *f* et *f',* par l'effet de la descente. Pas de pluie dans l'air des-

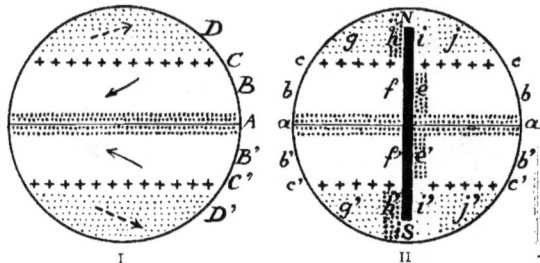

FIG. 272. — Distribution des pluies : I, sur un globe sans montagnes ; II, sur un
globe avec chaîne N.-S.

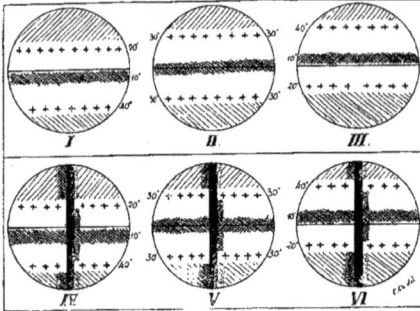

cendant des zones de pression forte, C, C', c, c'.

Dans la zone D, pluie par vent du S., quand une dépression passe ; plus de pluie en h qu'en i, grâce à la prédominance des vents d'O.

2. L'abondance des pluies *estivales* dans les *pays à moussons* dépend de ce que le vent vient de la mer en été. — Entre 15° N. et 15° S. les pluies sont *estivales*, parce que c'est dans l'été local que la *zone des calmes* passe sur ces régions ; elle passe *deux fois par an* à l'équateur, au printemps et en automne. — Les pays situés à 30° N. et S. sont, en été, dans la zone des *pressions fortes* et n'ont pas de pluie ; pendant leur hiver, les dépressions de la zone des vents variables y arrivent et apportent de la pluie. — Au delà de 40°, des *dépressions barométriques* passent toute l'année ; il y pleut donc en toute saison.

On peut représenter schématiquement la *distri-*

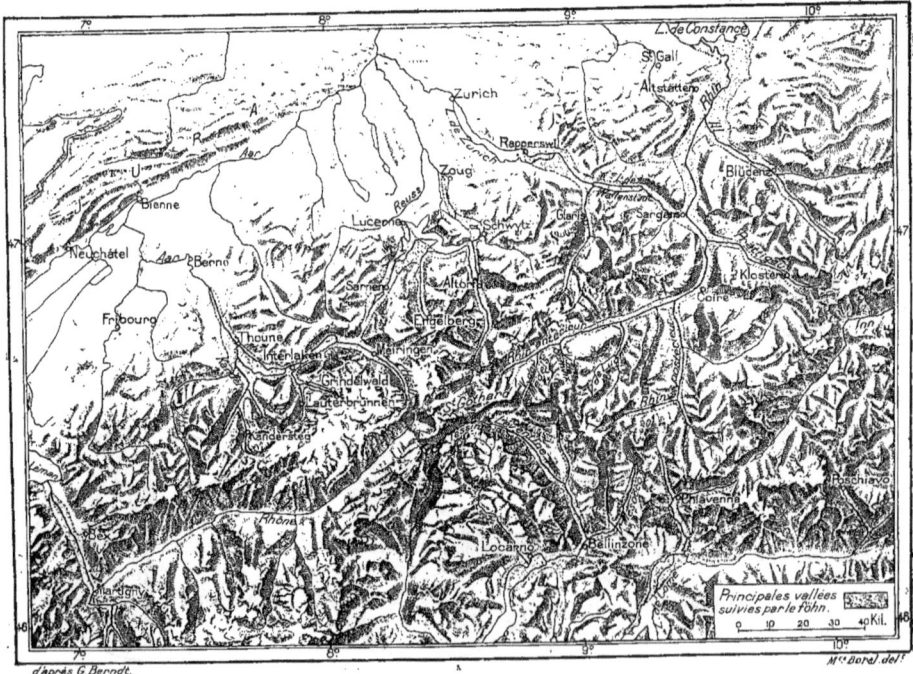

Fig. 274. — Distribution du *fœhn* en Suisse. — Le vent présente les caractères du fœhn au N. des Alpes quand il vient du S., au S. des Alpes quand il vient du N.

bution saisonnière des pluies par la figure 273 (sans tenir compte des moussons).

3. La distribution des pluies *dans une dépression barométrique* dépend des mouvements de l'air dans le cyclone (§ 3, B, n° 6, et fig. 262 et 265) et de la situation des mers qui fournissent la vapeur. La pluie tombe au centre du cyclone parce que l'air y monte (fig. 271 et 265). Elle tombe au S. et à l'E. du cyclone, parce que l'air y vient de l'O. et du S. et qu'en Europe les mers chaudes se trouvent dans ces directions.

B. Fœhn.

FAITS CONSTATÉS

1. Le *fœhn* souffle tantôt au N., tantôt au S. des Alpes (fig. 274), quand de grandes différences de pression entre le N. et le S. obligent l'air à franchir la chaîne. Des vents semblables existent au Grœnland, dans les Andes, etc.

2. Ses caractères physiques principaux sont : une *grande humidité* du côté où l'air monte, une *grande sécheresse* et

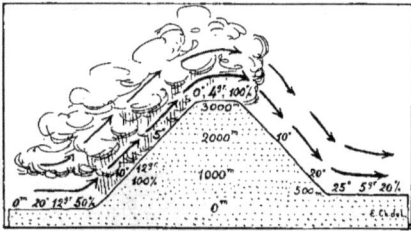

FIG. 275. — Conditions de formation du *fœhn* (les chiffres sont arrondis). — Refroidissement rapide, de 0 m. à 1000 m., tant que l'air n'est *pas saturé ;* depuis 1000 m., *condensation et refroidissement lent.* Au sommet, avec 0°, il ne peut rester que 5 gr. de vapeur par m³; l'air a donc une fraction de saturation très faible quand il arrive *en bas,* puisque la descente l'échauffe de 1° pour 100 mètres.

une *chaleur* relative très élevée du côté où il descend. Pour les détails, voir fig. 275.

INTERPRÉTATION DES FAITS

1. La répartition du *fœhn* prouve qu'une grande chaîne de montagnes est indispensable à sa formation.

2. Ses caractères physiques proviennent de ce que la *condensation de la vapeur d'eau ralentit le refroidissement de l'air*[1]. Un mouvement ascensionnel refroidit l'air

[1] Cela provient du dégagement de la chaleur latente, c'est-à-dire de la transformation du mouvement moléculaire en chaleur.

d'environ 1° pour 100 m. tant qu'il n'y a pas de condensation, mais seulement de 0°5 dès que la condensation commence ; la descente de l'autre côté réchauffe l'air d'environ 1° pour 100 m.

§ 6. — Températures.

A. Moyens de représentation (isothermes).

1. On a observé que *la température diminue de 0°5 à 1° C. pour 100 m. d'altitude,* — en moyenne 0°5[1].

2. Dans une région accidentée, les différences d'altitude engendrent une telle variété de tempé-

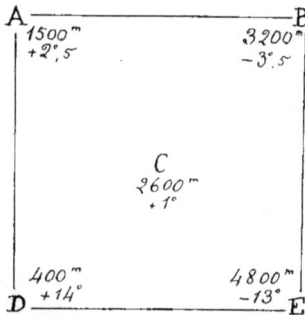

FIG. 276. — Températures observées dans cinq stations d'altitude différente.

ratures, que cela rend presque impossible la représentation cartographique des *températures réellement observées.*

3. Pour rendre cette représentation possible, on élimine les différences de hauteur *en réduisant au niveau de la mer* les températures observées à diverses altitudes (fig. 276, 277); puis on intercale les chiffres intermédiaires probables (fig. 277, I) et l'on réunit les chiffres égaux par des traits — les *lignes isothermes* (fig. 277, II).

4. Pour *utiliser* une carte à lignes isothermes, on fait la réduction en sens inverse, par exemple : Si *A, B* et *C* (fig. 278) étaient au niveau de la mer, leurs températures seraient, d'après la carte,

[1] Dans les Alpes, exactement : en hiver 0°45, en été 0°70; en moyenne 0°59 pour 100 m.

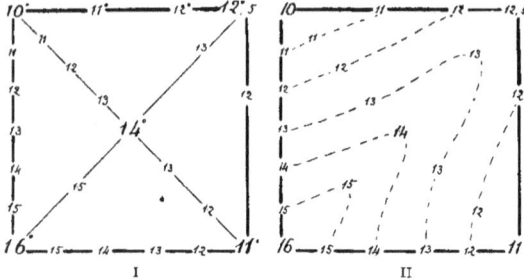

Fig. 277. — I. Températures des cinq stations réduites au niveau de la mer (0°5 pour 100 m.) avec adjonction des chiffres intermédiaires probables. — II. Etablissement des *lignes isothermes*.

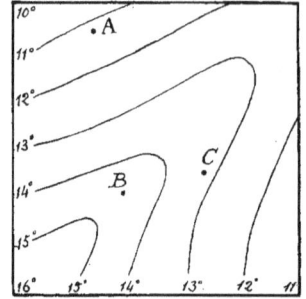

Fig. 278. — Lignes isothermes.

11°25, 14°50 et 13°25 ; mais si *A, B* et *C* sont respectivement à 400, 1200 et 3200 m., il faut *retrancher* 2°, 6° et 16° (à 0°5 pour 100 m.). Les températures probables de ces stations seraient donc : 9°25, 8°5 et —2°75.

5. *Moyenne annuelle* des températures (fig. 279).

La représentation des températures par les *iso-* *thermes annuelles* est commode, mais elle ne correspond pas aux faits ; ainsi, Vancouver, Chicago et New-York, ou bien Limerick (Irlande), Budapest, le désert de Gobi et Hakodaté (Japon) se trouvent sur la même isotherme annuelle de + 10° C., pourtant il est difficile de trouver des climats plus différents les uns des autres. — Les *isothermes mensuelles* pour janvier et juillet sont grandement préférables.

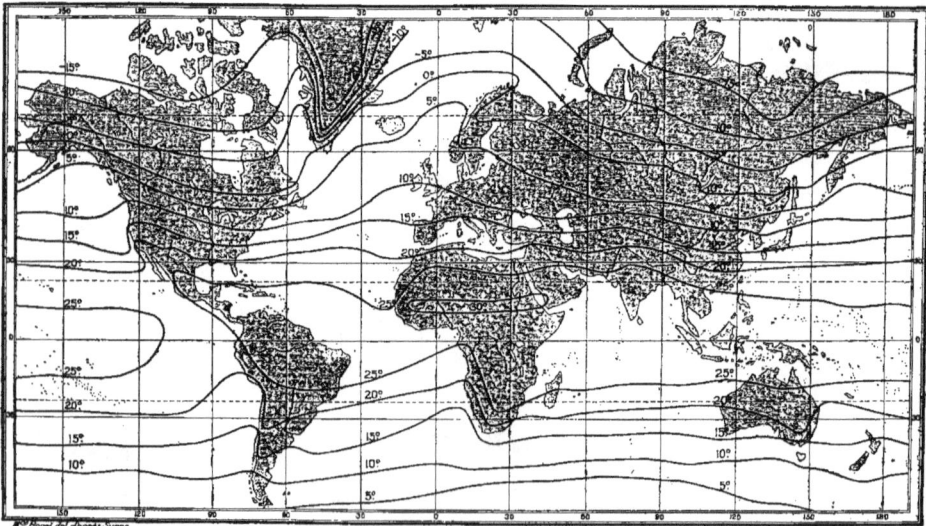

Fig. 279. — Température moyenne annuelle ou isothermes annuelles.

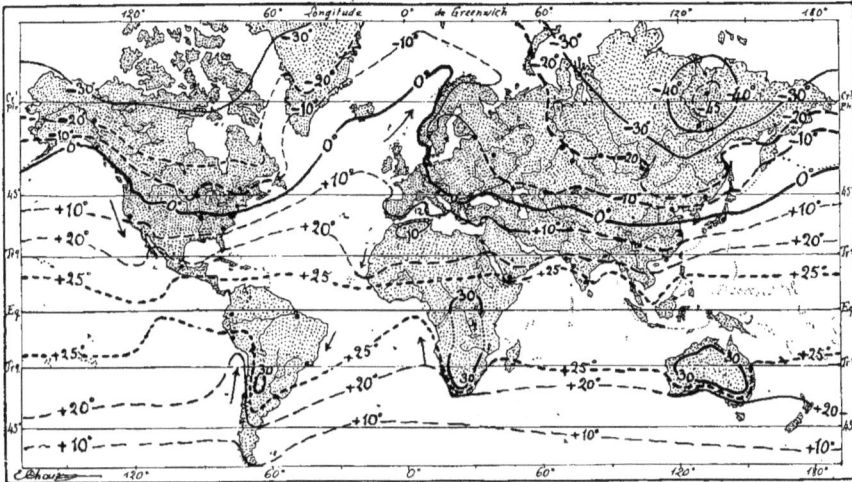

FIG. 280. — Isothermes de janvier (d'après Hann et Woeïkof).

B. Isothermes de janvier et juillet.

FAITS CONSTATÉS

1. Distribution des températures en *janvier* (fig. 280).

Faits à remarquer dans la fig. 280 : 1° L'isotherme de 0° se rapproche de l'équateur sur les continents et s'en éloigne sur les mers, surtout sur le Courant du Golfe. — 2° Le *minimum* principal est en Sibérie (Vierkhoïansk). — 3° Les *maxima* sont dans les régions sèches des continents méri-

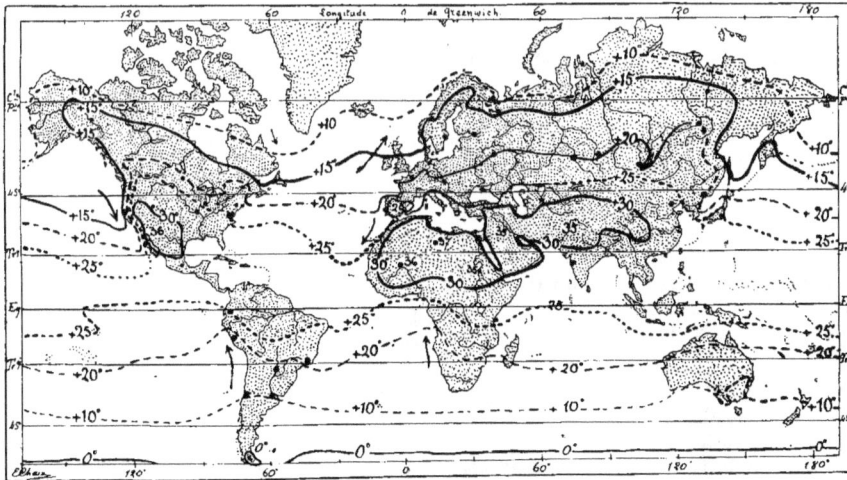

FIG. 281. — Isothermes de juillet (d'après Hann et Woeïkof).

dionaux. — 4° L'*isotherme de + 20°* zigzague sous l'influence des courants, mais se trouve en général au tropique même dans l'hémisphère N. et au S. du tropique dans l'hémisphère S. — 5° L'*équateur thermique*, ou zone la plus chaude, est au S. de l'équateur et s'étend beaucoup sur les continents méridionaux.

2. Distribution des températures en *juillet* (fig. 281).

Faits à remarquer dans la fig. 281 : 1° L'iso-

fiée par deux autres influences : celle des *parties sèches des continents*, qui accentuent les différences entre l'été et l'hiver (§ 1, p. 102), et celle de la *mer,* qui les atténue.

Les lignes isothermes sont déviées, en hiver par les courants chauds, en été par les courants froids.

C. Périodes annuelle et journalière [1].

Ce qui donne le plus nettement l'idée des tem-

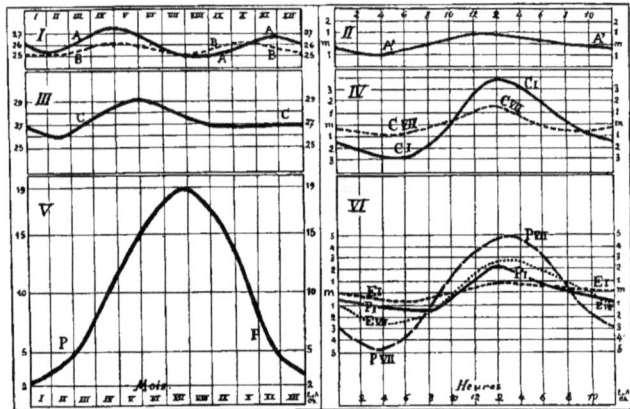

FIG. 282. — I, **A,** période annuelle sur les océans équatoriaux ; I, **B,** période annuelle à Batavia. — II, **A'** période journalière sur les océans équatoriaux. — III, **C,** période annuelle de Colombo. — IV, **C** I et **C** VII, période journalière de Colombo en janvier et juillet. — V, **P,** période annuelle de Paris. — VI, **P** I et **P** VII, période journalière de Paris en janvier et juillet ; VI. **E** I et **E** VII, période journalière sur la Tour Eiffel (300 m.).

therme de 0° est à la latitude de la Terre de Feu (env. 55°) et zigzague. — 2° Pas de *minimum* connu. — 3° Les *maxima* sont dans les régions sèches des continents septentrionaux. — 4° L'*isotherme de + 20°* suit le tropique S. avec quelques zigzags ; dans l'hémisphère N., elle est à 40° de lat. sur mer, mais remonte jusqu'à 60° sur les continents (Iakoutsk). — 5° L'*équateur thermique* s'étend très loin au N. de l'équateur sur les continents.

INTERPRÉTATION DES FAITS

1, 2. La *distribution des températures,* qui devrait dépendre surtout du Soleil, donc presque uniquement de la *latitude,* est fortement modi-

pératures d'un endroit, c'est la représentation schématique de ses *périodes* thermiques *annuelle* et *journalière.* Les figures 282 à 284 sont faites à une même échelle pour être comparables.

1. *Périodes uniformes* (fig. 282, 1 à IV). Faits à remarquer : Toutes ces périodes ont une *amplitude* très faible (1 à 2° à l'équateur, 4 à 6 à Ceylan). La période annuelle *équatoriale* (I) présente deux maxima ; celle de Colombo, à Ceylan (III), n'en présente qu'un. L'amplitude journalière à Ceylan (IV) est plus faible en juillet qu'en janvier.

[1] On dit souvent *diurne ;* mais nous préférons garder le mot *diurne* pour l'opposer à *nocturne.*

2. *Périodes excessives* (282, V et VI ; 283, 284).
— Faits à remarquer dans la figure 282, V et VI :
L'amplitude annuelle de Paris est beaucoup plus

née. Exemple : Paris, 1er janvier, la courbe V donne +2° ;
mais d'après la courbe VI, *P. I*, la température, à 8 h. mat.,
est de 1°5 inférieure à la moyenne, à 2 h. soir, de 2°5 supérieure ; la température oscillera donc, en moyenne, entre
+0°5 et +4°5. — A Nertchinsk, on trouve ainsi, pour le
15 janvier, —32° ±3°, soit —35° à —29° ; pour le 7 juillet,
+25 ±5°5, soit 19°5 à 30°5. Pour le 1er mai nous trouve-
rions, à Nertchinsk, 7° ±4°, soit +3 à +11° ; à Paris
12° ±3°, soit 9 à 15°.

INTERPRÉTATION DES FAITS

1. L'amplitude très faible des *régions maritimes équatoriales* se comprend facilement. Les

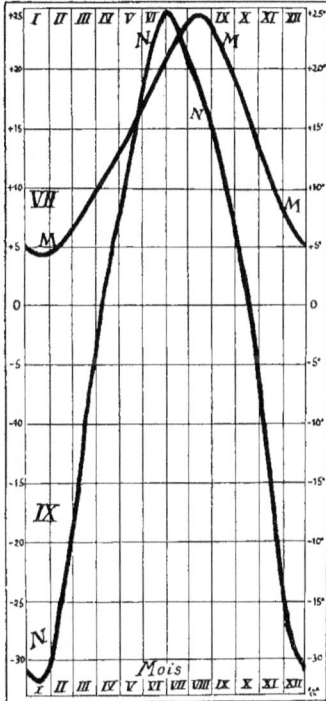

FIG. 283. — Périodes annuelles : VII, M, de Madrid ;
IX, N, de Nertchinsk (Sibérie centrale).

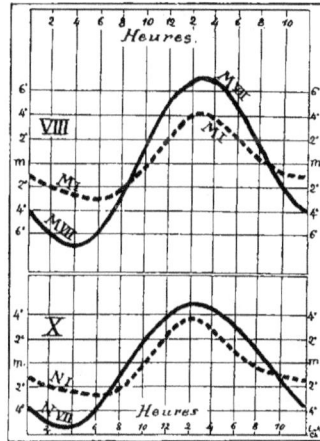

FIG. 284. — Périodes journalières : VIII, M I et M VII, de Madrid ;
X, N I et N VII, de Nertchinsk, en janvier et juillet.

grande que les précédentes, tandis que l'amplitude journalière est très faible [1].

La période journalière de Madrid (fig. 284, VIII)
est plus excessive que celle de Paris et de
Nertchinsk (fig. 284, X) ; mais la période *annuelle*
de Nertchinsk est extraordinairement excessive,
57° (fig. 283, IX).

En combinant les températures données par la courbe
annuelle avec celles que fournit la courbe journalière, on
obtient les températures *probables* de chaque jour de l'an-

[1] Genève présente des périodes semblables à celles de Paris, mais la période annuelle va de 0° à +19°, et la période
journalière est de 1° moins excessive en janvier.

deux maxima des courbes I (fig. 282) proviennent
de ce que les deux passages du Soleil au zénith
sont bien distincts. Enfin, c'est la saison des
pluies qui atténue l'amplitude de juillet à Colombo (fig. 282, IV, *C VII*).

2. Les climats deviennent évidemment plus
excessifs à mesure qu'on s'éloigne de l'équateur
et des côtes. Madrid et Nertchinsk sont toutes
deux dans des régions sèches, mais Nertchinsk
est encore plus éloignée de la mer.

La faiblesse de l'amplitude journalière de la
Tour Eiffel est due à ce que l'*insolation sur le
terrain* y fait défaut (on retrouve le même phénomène sur les *sommets de montagnes*, comparer
au § 1, n° 5).

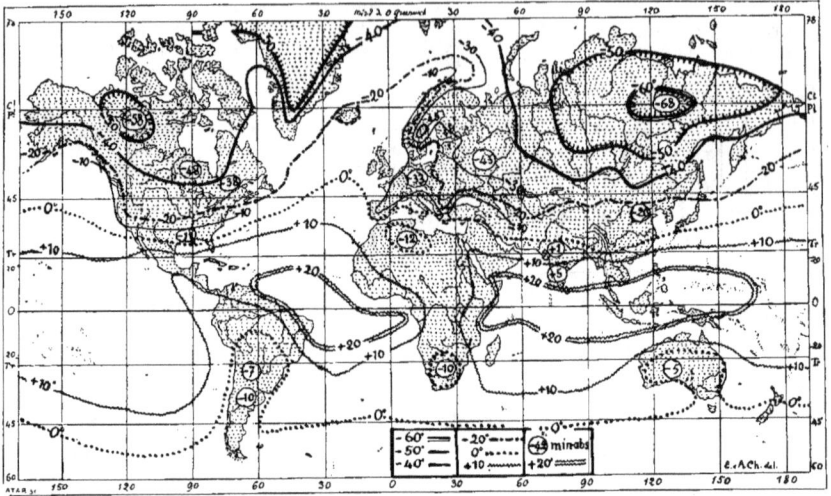

FIG. 285. — Températures *minimales* moyennes et extrêmes (d'après van Bebber). — Dans ces cartes, les températures ne sont pas réduites au niveau de la mer, mais les stations très élevées sont laissées de côté. — Remarquer les minima absolus de —5° à —12° dans les déserts, jusque sous les tropiques ; et les minima absolus de —58° au Lac du Grand-Ours et —68° à Vierkhoïansk (Sibérie).

D. **Amplitudes thermiques.**

1. Températures *minimales* (fig. 285, 286).

Les mers équatoriales ont un minimum élevé, de + 20°, tandis que les parties sèches des continents ont des froids intenses. C'est la Sibérie N.-E. qui possède le *pôle du froid*, à Vierkhoïansk.

2 Températures *maximales* (fig. 287, 288).

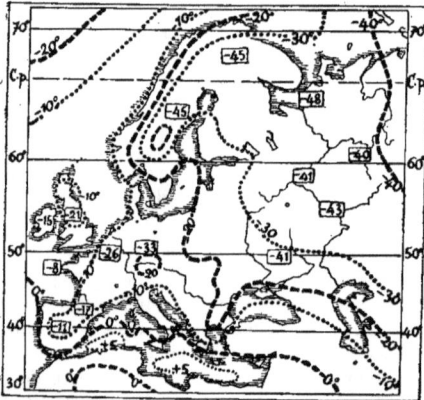

FIG. 286. — Températures *minimales* moyennes et extrêmes. — A remarquer : la différence entre la Norvège occidentale et la Suède, entre l'Angleterre et l'Allemagne, entre Lisbonne et Madrid ; les minima absolus de Suède, de Russie, de Madrid.

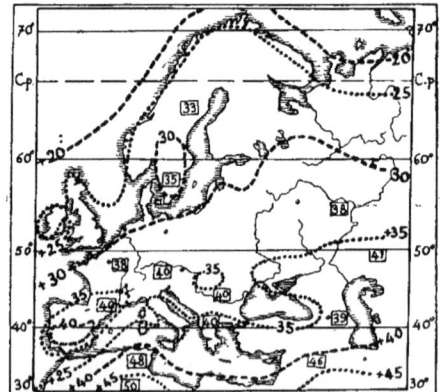

FIG. 287. — Températures *maximales* moyennes et extrêmes. — Remarquer la faiblesse des maxima sur les côtes N.-O., et leur intensité dans l'Europe centrale.

CLIMAT

121

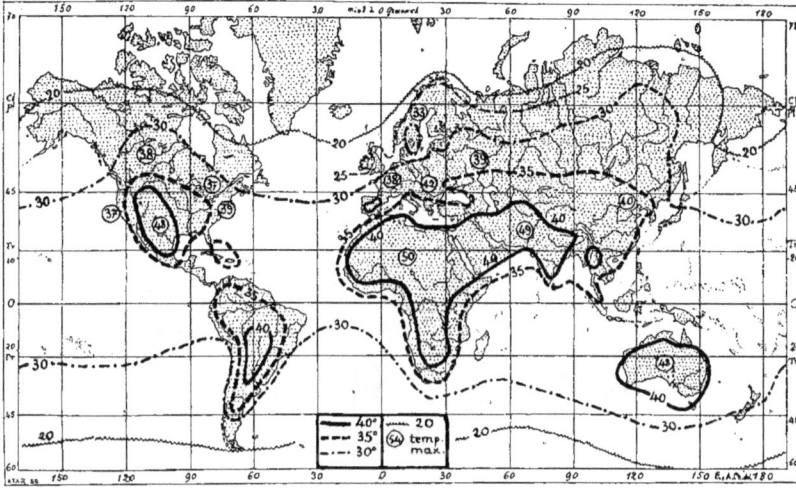

Fig. 288. — Températures *maximales* moyennes et extrêmes, à l'ombre et sans réduction au niveau de la mer (d'après van Bebber). — Remarquer la localisation des maxima dans l'intérieur des continents, et les chiffres absolus de plus de 48° dans les déserts.

3. *Amplitudes* thermiques (fig. 289, 290).

INTERPRÉTATION DES FAITS

1, 2, 3. Tous les faits représentés par les figures 285 à 290, montrent que l'amplitude thermique dépend entièrement de la différence entre le *terrain sec*, le *terrain humide* et la *mer* vis-à-vis de l'irradiation et du rayonnement (voir § 1, p. 102).

Conséquences : Les amplitudes maximales, surtout *absolues*, sont un élément capital dans l'appréciation d'un climat. En se basant sur cet élément on peut distinguer, en gros, trois types climatiques (qui ont des productions différentes) : les climats *uniformes*, *excessifs* et *intermédiaires* [1].

Dans les climats *uniformes*, les extrêmes de température s'éloignent de 5 à 18° des moyennes de janvier et de juillet ; dans les climats *intermédiaires*, comme à Genève, etc., cet écart est de 12 à 20° ; dans les climats *excessifs*, de 20 à 25°. Et quand la répartition des pluies dans l'année est inégale,

[1] Il faut renoncer aux expressions « continental » et « maritime », car elles sont trop souvent fausses. Ainsi les *continents* équatoriaux humides auraient des climats *maritimes*, et les *côtes* d'Australie S., de Californie S., du Chili, etc., auraient des climats *continentaux*.

telle saison peut être excessive, telle autre uniforme. Ainsi, dans les pays méditerranéens, l'été est sec et excessif partout, l'hiver est doux là où il est humide ; mais, dans la plaine du Pô, particulièrement sèche, l'hiver est rude. — A Pékin, l'été est tropical ; mais l'hiver, très sec, est très rude.

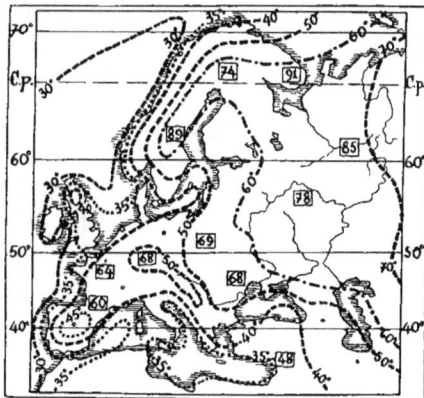

Fig. 289. — Amplitudes *maximales* moyennes et absolues. — Remarquer la différence entre les côtes et l'intérieur, et les amplitudes absolues de 85 à 91° en Russie et Suède.

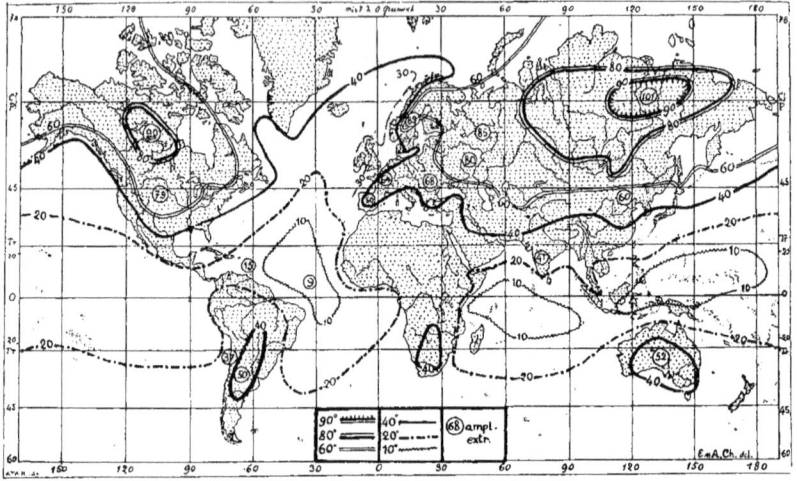

FIG. 290. — Amplitudes *maximales* moyennes et absolues, sans réduction au niveau de la mer (d'après van Bebber). — Remarquer l'amplitude très faible sur les mers, très forte sur les continents, dans leurs parties extra-tropicales sèches. Amplitudes absolues de 101° à Vierkhoïansk, 90° au Canada. 89° en Suède

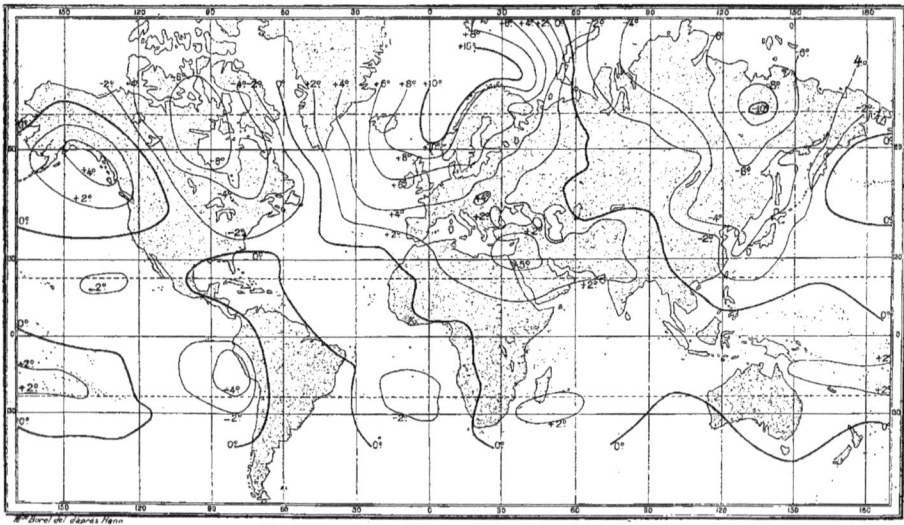

FIG. 291. — Anomalie annuelle moyenne (lignes isanomales).

E. Anomalies.

La figure 291 indique la différence, en plus ou en moins, que l'on constate entre la moyenne thermique réelle d'un endroit et la température à laquelle sa latitude lui 'donne droit théoriquement. — On voit que l'Asie orientale et l'Amérique septentrionale ont un fort *déficit* de chaleur, tandis que l'Europe a un *excès* de température.

Le déficit des grands continents provient peut-être de ce que leur terrain sec rayonne trop activement. Quant à l'excès de chaleur de l'Europe, il doit provenir de la prédominance des vents d'ouest combinée avec l'influence du Courant du Golfe.

§ 7. — Principe de la prévision du temps.

1. D'après la *direction* du vent, ou mieux des nuages, on tâche de deviner la place du *centre* de la dépression (il se trouve vers la gauche, quand on tourne le dos au lieu de provenance du vent, voir fig. 265 et 271).

2. D'après les *changements de direction* du vent et les variations du *baromètre*, on cherche à deviner les déplacements du centre.

3. D'après la carte des *voies habituelles* des dépressions (fig. 258 et 266), on devine la direction que va suivre celle qu'on étudie.

4. De la *répartition des précipitations* dans une dépression (fig. 271), on conclut le temps qu'il va faire.

Exemple :
1. Les nuages viennent du S.-O. ; donc la dépression est à gauche quand on leur tourne le dos, c'est-à-dire au N.-O.
2. Plus tard, les nuages viennent toujours du S.-O., mais le baromètre a baissé : la dépression est encore au N.-O., mais s'est rapprochée ou accentuée (en France par exemple).
3. Il y a donc probabilité qu'elle se rende ou vers l'Allemagne ou vers l'Italie (fig. 266).
4. Si, quelques heures plus tard, les nuages viennent *du* S., la dépression passe donc à l'O. : elle traverse la France pour se rendre sur la Méditerranée.
Conclusion (d'après la fig. 271) : Pendant qu'elle sera à l'O., il pleuvra ; quand elle sera arrivée au S., il y aura bise et beau temps.

La prévision du temps, ou prognose, est peu sûre à cause de l'inconstance des trajectoires des dépressions (fig. 258) et de leurs grandes différences de vitesse. En tout cas, dans nos pays, toute prédiction à plus de vingt-quatre heures d'échéance n'est qu'une devinette sans valeur.

§ 8. — Influence du climat sur l'humanité.

Le climat exerce surtout *indirectement* son influence, par l'abondance ou la pénurie de *nourriture organique* qu'il comporte. Car, avec un peu de sagacité (vêtement, habitation, hygiène) l'homme peut se soustraire jusqu'à un certain point aux influences fâcheuses directes. Toutefois, même des races résistantes, comme la race blanche et la race jaune, ne peuvent faire souche à toutes les latitudes.

La *pression* a un seul effet direct : elle limite les déplacements en altitude.

Le *vent* est utile comme *moteur,* pour les navires et aussi pour les moulins à vents (pompes en Hollande, Australie, etc.) ; mais il est souvent nuisible par son action desséchante ou par sa violence (tornades).

Humidité et *pluie* ont une influence capitale, parce que la richesse végétale en dépend (voir chap. V). Sauf dans quelques cas rares (mines en Australie occidentale, au N. du Chili), la sécheresse exclut presque complètement l'homme. Mais des précipitations trop abondantes ou irrégulières ont des effets défavorables, par les torrents, les inondations, l'insalubrité.

Les *températures* exercent aussi une action toute-puissante, directe et indirecte, surtout par leurs extrêmes et leur durée. La végétation en dépend autant que l'humidité (Chap. V). Enfin, pour l'activité humaine, l'excès et le manque de chaleur semblent nuisibles, tandis que les climats à saisons modérément tranchées paraissent favorables.

CHAPITRE V

INFLUENCES des CONDITIONS PHYSIQUES
SUR LES ORGANISMES

Les animaux et l'homme dépendant surtout de la nourriture végétale et pouvant plus ou moins se soustraire aux influences physiques, c'est l'effet des conditions géographiques sur les *végétaux* qu'il est le plus intéressant d'étudier. Mais ce chapitre n'a pas la prétention d'être une *Géographie botanique* ; son seul but est d'ouvrir les yeux des élèves sur une catégorie de phénomènes qui sont intéressants et se trouvent à la portée de chacun. Il faut seulement se rappeler que les causes de chaque fait sont complexes et que nous ne mentionnons généralement que la plus apparente.

§ 1. — Physionomie des flores.

La physionomie générale d'une flore, *au point de vue du géographe*[1], peut dépendre de diverses choses, notamment : du *nombre* plus ou moins grand des espèces différentes, c'est-à-dire de la *richesse* en espèces ; — de la *prédominance* de telles ou telles espèces ; — de l'*aspect frappant* de quelques espèces locales ; — des *caractères* des plantes dominantes. Tous ces faits ont des causes plus ou moins géographiques, qu'il est intéressant de rechercher.

[1] Pour le *botaniste*, la physionomie d'une flore est quelque chose de beaucoup plus complexe que pour le *géographe*.

A. Influence de la distribution ancienne.

FAITS

1. Chaque région a des végétaux *qui lui sont propres* ; ainsi l'Afrique centrale est caractérisée par les *euphorbes*, les *aloès*, les *dragoniers [Dra-*

Fig. 292. — Dragonier (Dracæna) extrêmement vieux. — C'est une des plantes caractéristiques de l'Afrique.
(Phot. A. Leudner.)

ena) (fig. 292) ; l'Australie par les *eucalyptus*
(g. 299, p. 128), les *xanthorrhées* (grass-trees,
g. 293), les *casuarinées* (fig. 294) et, dans le
-E., les *fougères* (fig. 303); le Mexique par ses
ctus, agavés, yuccas, etc. (fig. 366); l'Ama-
nie par une multitude de *palmiers,* etc. (fig.
2, 308, etc).

FIG. 294. — Casuarinées, dans une île de l'Océanie. — Dans
ces arbres, le feuillage est réduit à de minces filaments
verts.

4. Les *îles* possèdent souvent des *espèces délicates endémiques,* qui n'existent plus ou pas sur
les continents voisins.

FIG. 293. — *Grass-tree* ou *Xanthorrhée,* arbre à feuillage rudimentaire, caractéristique de l'Australie désertique; la partie
nue du tronc est un peu plus haute qu'un homme.

2. Mais beaucoup d'espèces spéciales à un con-
inent ont prospéré d'une façon remarquable
quand on les a introduites dans un autre (fig. 295,
296).

3. Dans les pays chauds, les espèces sont très
nombreuses et très prospères. A leurs *limites polaires* elles sont *frileuses,* et les fossiles des terrains supérieurs montrent, ou qu'elles s'étendaient
anciennement plus près des pôles, ou qu'elles
étaient représentées par des espèces parentes plus
délicates.

FIG. 295. — Groupe de *cactus figuier d'Inde* (c. opuntia) et
d'*agave americana* poussant comme simples mauvaises herbes sur un rocher *en Provence;* or ces deux plantes sont
mexicaines. (Phot. E. Chaix.)

5. Certaines espèces ont des représentants séparés par d'immenses espaces *(espèces disjointes)* : Laponie et Alpes ; Europe, Algérie et Abyssinie ; Indes et Insulinde ; Nouvelle-Zélande et Chili, etc.

CONCLUSIONS

1, 2. Les espèces sont évidemment *apparues* là où les conditions leur étaient favorables, — mais *pas partout* où c'était le cas.

3. La *retraite* des espèces ou leurs *modifications séculaires*, et aussi la *richesse des pays chauds*, prouvent que nous ne possédons plus que les espèces qui ont été *épargnées*, là où les conditions n'ont pas trop changé ou parce que ces espèces se sont modifiées graduellement pour s'*adapter* à des conditions de plus en plus défavorables.

4. La présence d'espèces rares *(endémiques)* dans les îles s'explique parce qu'elles y ont été *préservées de la concurrence* d'espèces vigoureuses qui ont envahi les continents voisins.

5. La *disjonction des espèces* ne peut s'expliquer que par le fait que des régions aujourd'hui séparées étaient jadis en communication.

B. Influence des conditions de dispersion.

FAITS

1. On constate que telle espèce se propage *de proche en proche*, tandis que d'autres procèdent *par bonds*, franchissant les obstacles généralement insurmontables (mers, déserts, grandes chaînes de montagnes, grandes plaines de forêts, etc).

2. Dans les Alpes, *le long des torrents*, les rhododendrons descendent dans la zone des sapins, et ceux-ci dans la zone des hêtres, etc.

3. Tous les petits *lacs alpins* ont une même végétation.

4. On a remarqué depuis longtemps que *la région de Montpellier* possède des végétaux américains et asiatiques ; d'autre part, partout où

l'Européen s'établit, il est accompagné par l'*ortie*, le *plantain*, le *chardon d'Europe*, etc.

5. Enfin l'aspect de plusieurs régions a *changé* par l'introduction de plantes étrangères, par exemple : de l'*eucalyptus*, du *cactus figuier d'Inde*, de l'*agavé*, du *cocotier*, du *bananier*, etc. (fig. 296).

Fig. 296. — Plantation indigène de bananiers dans les îles Samoa (île d'Upolu) avec forêt vierge en arrière.
(Phot. B. P. G. Hochreutiner.)

CONCLUSIONS

1. L'extension des espèces de proche en proche est due à la *dispersion naturelle de leurs graines*, parfois avec l'aide du vent (les spores de cryptogames surtout). — La propagation par bonds ne peut être que le fait d'un *transport*.

2. Le transport par les eaux courantes est évident.

3. Le *gui* est transporté par les oiseaux, et c'est aussi aux *oiseaux migrateurs* qu'on attribue l'uniformité végétale des lacs alpins et d'autres.

4, 5. On sait que la flore de Montpellier est due à l'ancienne *importation de laines* de tous pays, qu'on y travaillait ; et c'est probablement dans la fourrure des animaux domestiques des émigrants que les graines d'orties, etc., ont été transportées *involontairement*. — Quant aux *transports volontaires* de plantes utiles, ils continuent (fleurs du

G. 297. — *Dunes végétales*, sur la côte de Provence. Buissons de myrte, etc., dont les tiges poussent en biais sous l'influence fréquente du vent du large.
(Phot. E. Chaix, 1903.)

ap; peu de plantes d'Australie, sauf l'eucalyptus;) espèces d'Amérique en Europe; 172 espèces 'Europe en Amérique, etc.).

. Influence des conditions actuelles.

1. Certains *lichens* et *mousses* sont absolument lcicoles ou *silicicoles* [1]; des plantes supérieures sont aussi, mais d'une manière moins absolue; fin telle plante peut être *calcicole* dans un pays : calcifuge dans un autre. Diverses plantes sont clusives, c'est-à-dire qu'elles éliminent les tres en envahissant le sol (fig. 300).

2. Les fleurs *de haute montagne* et *sub-polaires* t des couleurs très vives; les céréales mûris- nt en moins de temps en Norvège que chez nous rge: 72 jours au lieu de 120); dans la forêt quatoriale très dense il y a grande abondance de lantes grimpantes et d'épiphytes (végétaux qui ivent sur l'écorce même des arbres, fig. 301).

3. Certaines côtes sont dépourvues d'arbres; 'autres présentent des *dunes végétales* (fig. 297). eaucoup de vallées ont tous leurs arbres *courbés* ers l'amont (fig. 298).

4. Chacun connaît la richesse végétale des *pays umides* (voir fig. 302, 308 à 311).

[1] Ne vivent que sur le calcaire ou sur la silice.

5. Mais même *le désert* verdit à la première pluie, et les nei- ges éternelles ont l'algue de la *neige rouge* (Chlamydomonas).

6. Dans la haute montagne et dans les déserts, plusieurs plan- tes sont également *velues* et courtes ou *rampantes*.

7. Dans certaines régions, beaucoup d'espèces font des *provisions* de sève ou de nourri- ture, dans des oignons, dans leurs feuilles et leurs tiges /crassulacées, cactus, euphorbes/ ou dans leur tronc (*welwitchia, baobab*, etc.).

8. Dans les *régions sèches*, presque toutes les espèces présentent l'un ou plusieurs des caractères suivants : feuilles petites

FIG. 298. — Arbre déformé par le vent alizé dans l'île de Marajô, à l'embouchure de l'Amazone. — Remarquer que les palmiers (tucumá) restent verticaux.
(Phot. J. Huber.)

ou remplacées par des *phyllodes* [1] ou des épines vertes (genêts), feuilles épaisses, luisantes, pous- sant une à une, orientées parallèlement aux rayons

[1] Dans ces plantes (certains mimosas, etc.) la feuille même est tombée et il ne reste que sa tige ou pétiole, un peu élar- gie, le *phyllode*, qui a beaucoup moins de pores.

Fig. 299. — Aspect de la forêt d'eucalyptus, en Australie. Le feuillage, réduit à d'étroits phyllodes, pend verticalement et n'arrête presque pas la lumière ; aussi les troncs sont-ils toujours plus éclairés que dans nos forêts.

du soleil (*eucalyptus*), couvertes de poils, d'écailles, de résine, ou même de sel (*Reaumuria*), etc.

Fig. 300. — Exemple de plantes transportées et *exclusives*. Vue prise dans l'île de Kauaï (Sandwich) montrant un ancien pâturage entièrement envahi par le *lantana camara* (buisson épineux) et le *cactus opuntia* (à droite), importés involontairement l'un et l'autre du Mexique.   (Phot. Hochreutiner.)

CONCLUSIONS

1. Dans le cas des *lichens* c'est la nature *chimique* du terrain qui favorise ou exclut telle espèce ; dans d'autres cas c'est souvent aussi sa nature *physique* (porosité, etc.), et telle plante sera mieux sur le calcaire en pays humide, sur l'argile en pays

Fig. 301. — Fougères *épiphytes*, qui se développent sur toutes les branches d'arbres pendant la saison des pluies (Java).
(Phot. Rust.)

sec, selon qu'elle est *xérophile* ou *hygrophile*. Enfin les espèces peu exigeantes sont souvent *exclusives* sur les terrains pauvres, parce qu'elles peuvent seules s'y bien porter (le cactus, le lantana, fig. 300, l'argousier ou hippophaë, etc.).

2. On attribue à l'*intensité de la lumière* la belle coloration des fleurs de haute montagne, à la *durée* du jour polaire la maturation rapide, et à la *lutte pour la lumière* le développement de la végétation épiphyte et grimpante dans la forêt.

3. C'est bien certainement le *vent* qui cause la

FIG. 302. — Sous-bois dans la forêt de terre ferme de l'Amazone.
—Remarquer la densité de la végétation et sa variété sur un petit
espace.   (Phot. J. Huber.)

FIG. 304. — Groupe de fougères herbacées et arborescentes
dans une forêt de Nouvelle-Zélande.

déformation des jeunes pousses de certains végétaux (Valais, etc.[1]).

4, 5. L'*humidité* est sans doute une condition
capitale ; mais il se trouve presque toujours et
partout des semences végétales, surtout des spores de végétaux infé-
rieurs, qui attendent l'instant propice
pour se développer.

6. La *villosité* ou l'*exiguité* des
feuilles, qui est commune à des plantes des hautes montagnes et des déserts, semble être une adaptation ré-
sultant de la sécheresse, au moins
temporaire, et de la brusquerie des
changements de température[2].

7. Les végétaux à *provisions*, d'eau
ou de nourriture, appartiennent aux
régions désertiques et à celles qui ont
une longue saison sèche.

[1] Article intéressant de J. Früh sur cette
influence du vent, dans *Jahresbericht d.
geogr. Gesellsch.* Zurich, 1902.

[2] Sur les terrains rocheux de nos hautes
montagnes, la sécheresse et la chaleur sont
souvent aussi intenses que dans le désert.

FIG. 303. — Fougères arborescentes occupant un ravin humide (gully) dans
une forêt d'eucalyptus, Australie S.-E.   (Phot. B. P. G. Hochreutiner.)

9

Fig. 305. — Dunes près de Setubal, Portugal. Maquis de ciste,
lentisque, daphné, genévrier, qui ont fixé la dune. Pins maritimes.   (Phot. R. Chodat, 1908.)

8. Tous les phénomènes de *réduction des feuil-*
les, etc., ont pour effet de *diminuer l'évaporation*

Fig. 306. — Côte de Provence. — A droite au premier plan, la
brousse épineuse, très caractéristique de la région méditerranéenne ; genêt épineux *(genista spinosa)*, avec feuillage réduit
à des épines vertes.   (Phot. E. Chaix.)

Fig. 307. — Aspect de la végétation méditerranéenne (cap Lar-
dier, côte de Provence). *Maquis* de buissons à feuillage réduit
ou presque nul.   (Phot. E. et A. Chaix.)

et toute l'*activité vitale* en diminuant l'échauffement des feuilles et le nombre de leurs pores
(c'est probablement le résultat d'une longue adaptation et sélection). La sécrétion de résine, etc., a
le même effet[1]. Le renouvellement graduel de
feuilles persistantes fait que la plante n'a jamais
besoin de beaucoup d'eau à la fois.

[1] Le sel que sécrète la *Reaumuria* semble aussi lui per-
mettre d'absorber la rosée.

D. **Types de végétation** [1].

On peut attribuer à l'influence des conditions physiques actuelles la création et la distribution des trois types généraux de végétation ci-dessous:

I. La *forêt* { *haute futaie* ou *silve*, régions humides;
  broussailles ou *brousse*, régions moins humides ou moins chaudes.

II. Le *parc* { alternance de forêt et de prairie, régions peu humides, mais chaudes.

III. La *steppe* [2] { *prairie*, sols poreux et climats secs;
  steppe nue, climats par trop secs (déserts).

Fig. 308. — Forêt des alluvions basses de l'Amazone. Fouillis inextricable, où les arbres sont complètement revêtus et cachés par les lianes. (Phot. J. Huber.)

Les passages sont graduels: là où l'humidité diminue, la *haute futaie* passe au *parc* (centre de

[1] Les botanistes n'ont pas encore adopté de nomenclature définitive pour ces sortes de formations végétales.

[2] Le mot *steppe* étant féminin dans sa langue d'origine, nous lui conservons ce genre, d'ailleurs avec beaucoup de géographes.

l'Afrique et de l'Amérique méridionales) ou à la *brousse* (République Argentine, Soudan); elle passe également à la brousse là où la chaleur est moindre, vers les pôles (bouleaux nains du bord de la toundra) et vers les hauteurs (rhododendrons, aulnes, etc.).

La brousse passe à la *prairie* là où l'humidité

Fig. 309. — Type de forêt inondée de la région amazonienne *(igapó)*. Elle est surtout formée de palmiers *(javary* et autres). (Phot. J. Huber.)

diminue (Hongrie, Russie du S.-E., etc.[1]) et la prairie passe à la *steppe* et au *désert*.

§ 2. — Formations caractéristiques.

A. Végétaux terrestres.

Quelques associations végétales, rentrant dans les trois types mentionnés sous D, § 1, p. 131, ont

Fɪɢ. 310. — Le *mangal* ou la *mangrove*, sur la côte boueuse de l'île de Marajó, Amazone. Ces arbres *(rhizophora mangle)* poussent dans la zone que la marée couvre et découvre ; leur piédestal de racines a 2 mètres et plus de hauteur.

(Phot. J. Huber, 1896.)

Fɪɢ. 311. — Étroite zone de petits palmiers *nipa* sur le bord d'un cours d'eau à Java, et cocotiers.

un intérêt plus particulièrement *géographique*, et méritent d'être signalées à l'attention.

La haute futaie varie d'aspect selon l'humidité et la chaleur :

La *forêt équatoriale* (fig. 308 à 311) est d'une richesse extrême en espèces, qui poussent les unes au-dessus des autres, même les unes *sur* les autres (épiphytes, fig. 301, p. 128), en nombre considérable d'espèces sur quelques mètres carrés.

[1] La nature du sol semble avoir de l'importance : les broussailles se contentent d'un terrain plus pierreux et moins homogène que la prairie.

La *forêt de palmiers* est particulièrement développée le long de l'Amazone (fig. 309).

Sur les côtes chaudes et humides, la *mangrove* ou le *mangal* (de palétuviers ou d'autres arbres) occupe les *plages boueuses* que la marée couvre et découvre (fig. 310).

Une zone de *cocotiers* borde toutes les côtes intertropicales, hors de portée de la marée (fig. 384, p. 171)[1].

[1] Dans la région indo-malaise une zone de palmiers *nipa* s'intercale entre la *mangrove* et les cocotiers (fig. 311).

La *forêt à feuillage persistant*[1] est de deux genres : celle des pays *humides* à températures très *uniformes* (Chili méridional, etc.), et celle des pays *secs sans gelées hivernales* (Méditerranée, etc.) — fig. 305 à 307, p. 130 ; fig. 347 à 349, p. 149.

Fig. 313. — Groupe caractéristique de *pins maritimes* avec sous-végétation de *maquis*, sur la côte de Provence.
(Phot. E. Chaix.)

(fig. 373), les divers *pins* (fig. 313) et les *cèdres* (fig. 346) prospèrent, dans les pays relativement chauds, là où l'humidité devient insuffisante pour les arbres à grandes feuilles ; le *sapin*, le *mélèze*,

Fig. 312. — Aspect de la forêt clairsemée de sapins, avec sous-végétation abondante, grâce à la lumière (Voirons).
(Phot. E. Chaix.)

Là où l'humidité est suffisante, mais l'hiver sensible, s'établit la *forêt à feuillage caduc* ; très compliquée dans les régions chaudes, grâce au nombre des espèces, elle devient toujours plus simple à mesure qu'on s'éloigne de l'équateur ou qu'on s'élève (forêts mélangées de nos plaines, puis forêt de hêtre seul, de tremble seul), de bouleau, fig. 318, p. 135).

La *forêt de conifères* est de deux genres : l'*araucaria*, dans l'Amérique méridionale et ailleurs

[1] Souvent désigné sous le nom anglais de *forêt d'evergreens*.

Fig. 314. — Aspect de la forêt dense de sapins, sans aucun arbre étranger ni sous-végétation (Voirons).

l'*arolle* (fig. 315, 320), là, où la chaleur diminue, notamment dans nos montagnes et dans les régions sub-polaires (ou dans les climats à froids excessifs).

La **brousse** forme aussi une série, qui se modifie avec l'humidité et la chaleur.

FIG. 315. — Dans la vallée de Tourtemagne (Valais). — Exemple typique de belle forêt alpine, formée de mélèzes sur le versant ensoleillé (adret), d'arolles et de sapins sur le versant ombré (ubac). (Phot. E. Chaix, 1901).

Les *fougeraies* du S.-E. de l'Australie, de la Nouvelle-Zélande, des Andes, demandent passablement d'humidité (fig. 303, 317, 382).

La *brousse épineuse* et le *maquis* de la Méditerranée (fig. 305 à 307), le fourré de *tamaris* des régions désertiques d'Asie et d'Afrique, exigent très peu d'humidité; de même, les landes de *bruyères*, sur les terres pauvres de l'Europe nord-occidentale.

FIG. 316. — Aspect caractéristique des broussailles de *pin rampant* (Legföehre) dans les Alpes orientales, versant méridional du Steinernes-Meer, Tirol. (Phot. E. et A. Chaix, 1906.)

FIG. 317.—Sous-bois de fougères arborescentes et herbacées dans une forêt d'eucalyptus (Blackspur, près de Melbourne, Australie). (Phot. B. P. G. Hochreutiner.)

FIG. 318. — Forêt de bouleaux avec sous-végétation de fougères, vallée de Chamounix.

Le *pin rampant* (Legfœhre) s'étale à mi-hauteur dans les Alpes orientales (fig. 316).

Enfin le *rhododendron* et ses compagnons, l'*aulne*, les *saules nains*, le *genévrier*, bordent les hauts pâturages des Alpes (fig. 320).

FIG. 320. — Dans la vallée de Tourtèmagne.— Arolles rabougris, à la limite supérieure de la forêt et commencement des broussailles de rhododendron, genévrier, etc.   (Phot. E. Chaix.)

FIG. 319. — Type de *parc* dans le centre de l'Afrique australe : alternance de bouquets d'arbres et d'espaces couverts de graminées ou de broussailles.

FIG. 321. — *Savane* sèche *(càmpo)* dans l'île de Marajô, Amazone ; graminées, encore peu développées depuis l'incendie annuel, et groupes d'arbres.   Phot. J. Huber.

Le parc (fig. 319) se trouve généralement dans les parties relativement sèches des pays sub-tropicaux, Australie et Afrique centrales, Gran-Chaco, etc.

Fig. 322. — Le désert au nord de Biskra, col de Sfa. Végétation de salsolacées. (Phot. E. et A. Chaix, 1902.)

La prairie est de plusieurs genres : celle des pays chauds mais secs, et celle des pays à hivers froids.

Fig. 323. — Steppe gypseuse de Castillejo, Nouvelle-Castille. Buissons de *retama*, plante désertique, à feuillage extrêmement réduit. (Phot. R. Chodat, 1908.)

Dans le premier type rentrent : la *savane*, à grandes herbes, avec arbres isolés (fig. 321, 369, p. 162), les fourrés de *cactus*, dans l'Amérique tropicale (fig. 366, p. 159), et, sur le bord même du désert absolu, les *salsolacées* (fig. 322)[1].

Les *prairies fraîches*, et les *prairies sèches* ou *steppes*, occupent une grande partie de l'Europe centrale et orientale et de l'Asie (fig. 324, 325).

[1] Plantes qui peuvent vivre dans un terrain plus ou moins salé.

Fig. 324. — Type de *prairie sèche* (puszta d'Ortobagy) dans la Hongrie centrale. (Phot. B. P. G. Hochreutiner.)

Enfin, vers les pôles, s'étend la *toundra*, c'est-à-dire les espaces où la végétation arborescente n'existe pas, faute de chaleur (fig. 340, p. 145).

Fig. 325. — Dans les steppes de la Dobroudja, Roumanie, au moment de la floraison (espèce de scabieuse, Dipsacacée). (Phot. E. Pittard.)

B. Végétaux aquatiques.

Quelques formations caractéristiques sont, dans les pays chauds, la *victoria regia* au Brésil (fig. 372, p. 163), les *cyperus* (papyrus, ambadj, etc.), en Afrique et ailleurs, le *bambou* (qui n'est qu'hydrophile, fig. 326).

Dans les régions plus froides : le *nénuphar* (nymphæa), les *roseaux*, les *joncs* — que chacun connaît (les linaigrettes dans les Alpes) ; puis les *sphaignes* et autres plantes qui forment la *tourbe*.

Dans les mers, l'uniformité est remarquable, grâce à l'unité des conditions physiques et à la facilité de la dispersion. On distingue cependant les *algues fixes* ou *littorales*, et les *algues flottantes* ou *pélagiques*. La végétation s'arrête d'ailleurs à 300 ou 400 m. de profondeur, faute de lumière (seuls quelques végétaux microscopiques vont au delà).

§ 3. — Animaux.

A. Physionomie des faunes.

Dans les pays chauds et humides la végétation cache la vie animale, pourtant intense ; tandis que dans les pays secs, la faune est plus apparente.

FAITS

1. Comme pour les plantes, chaque région possède sa *faune spéciale,* et l'on connaît beaucoup de cas d'*extinctions* récentes (*moa, dodo,* quelques *antilopes* sud-africaines), ou prochaines (le *bison,* le *castor* dans le Vieux Monde, le *manchot,* le *rat noir* d'Europe, le *kiwi* ou *apteryx*). — Plusieurs îles ont une faune spéciale *(endémique),* notamment Madagascar[1].

2. Certains animaux *émigrent périodiquement* vers les pôles en été, vers les tropiques en hiver. D'autres (lemmings ou myo-

[1] A Madagascar appartiennent presque tous les caméléons et vingt-cinq espèces de lémuriens sur quarante connues, notamment tous les makis, etc.

des, chenilles, criquets, etc.), font des *migrations accidentelles,* accompagnées d'une incroyable déperdition de vies.

3. Certaines espèces deviennent de plus en plus *cosmopolites* (les *geckos,* les rats, les moustiques de la fièvre jaune, etc., le phylloxera, les microbes morbides, etc.). D'autre part l'Européen a transporté partout les *animaux utiles,* comme son bétail (fig. 328), le ver à soie, les abeilles, etc., et quelques animaux nuisibles (lapin en Australie, moineau, etc.).

4. Beaucoup d'animaux existent sous des cli-

FIG. 326. — Groupe de bambous dans les régions très humides de l'Hindoustan.

mats très divers et dans des conditions très variées. Mais on constate des cas évidents d'*adaptation* : fréquence, dans les îles, des insectes *aptères* (sans ailes); *pelage* estival et hivernal

FIG. 327. — Colonie de pélicans dans les îles Chinchas, Pérou.
(Phot. von Ohlendorf.)

dans les pays à hivers rigoureux ; absence d'yeux chez les animaux des cavernes (*protées*) et des puits artésiens, etc.

5. La plupart des œufs des animaux sont couvés *par le soleil*, mais même les *neiges éternelles* ont leurs habitants : le *podura* ou desoria glacialis.

FIG. 328. — En Australie : troupeau de moutons d'origine européenne.

CONCLUSIONS

1. La distribution actuelle des animaux dépend évidemment de leur *distribution ancienne*, plus ou moins modifiée, notamment par l'homme.

2. On explique le retour des oiseaux *migrateurs* vers les pôles par l'hypothèse qu'ils seraient originaires de là. Quant aux migrations accidentelles, elles sont dues à des cas de disette locale.

3. Le développement des transports modernes contribue à répandre les êtres animés *partout* où les conditions s'y prêtent (extension de la fièvre jaune, de la maladie du sommeil, etc.).

4. L'animal étant toujours le parasite des plantes, directement ou indirectement[1], il dépend davantage de la végétation que des conditions physiques, car il les esquive plus ou moins (animaux migrateurs, fouisseurs, hiberneurs, etc.).

En somme, la *physionomie des faunes,* comme celle des flores, dépend de la *distribution primitive*, des *conditions de dispersion*, enfin des *conditions physiques actuelles* par leur effet sur la nourriture végétale.

B. **Faunes caractéristiques.**

Dans la *silve* ou *haute futaie intertropicale* la vie ne peut se développer qu'en haut ; aussi les principaux animaux sont-ils *grimpeurs* ou *ailés* : singes, lémuriens, paresseux, oiseaux, perroquets, reptiles, etc.

La *haute futaie subpolaire* est caractérisée par les animaux à *fourrure*. — Le *parc*, par un mélange des faunes forestière et steppienne ; — la *prairie* ou steppe verte par des ruminants et des fouisseurs ; — le *désert* par des coureurs (gazelles, autruches), des sauteurs (gerboises, etc.) et des fouisseurs.

Les *régions polaires* ont une faune locale très pauvre (ours blanc, renard, otaries, phoques), mais beaucoup de migrateurs.

C. **Animaux aquatiques**.

1. On constate que les différents affluents de la mer du Nord ont des poissons *de mêmes espèces*, tandis que les divers tronçons du cours de l'Amazone lui-même ont des poissons *différents*.

[1] Seules les plantes peuvent assimiler *directement* le carbone pour renouveler leurs tissus (acide carbonique de l'air). L'animal ne peut renouveler son carbone qu'en mangeant des plantes, ou bien des animaux, qui ont tiré leur carbone des plantes.

2. Dans les Alpes, tous les petits lacs ont une *faune identique* (ubiquiste).

3. Dans la mer, *l'uniformité* est très grande, mais il y a trois faunes différentes :

la faune *littorale*, jusqu'à 100 m. de profondeur ;

la faune *pélagique*, composée d'animaux flottants, à toutes les profondeurs (entre autres ceux qui forment le *plankton* microscopique) ;

la faune *abyssale*, qui vit sur les grands fonds.

CONCLUSIONS

1. On ne peut expliquer la faune des bassins de la mer du Nord et de l'Amazone qu'en admettant : 1° que la mer du Nord occupe la place *d'un ancien fleuve*, 2° que l'Amazone a remplacé un *golfe* qui séparait des rivières indépendantes.

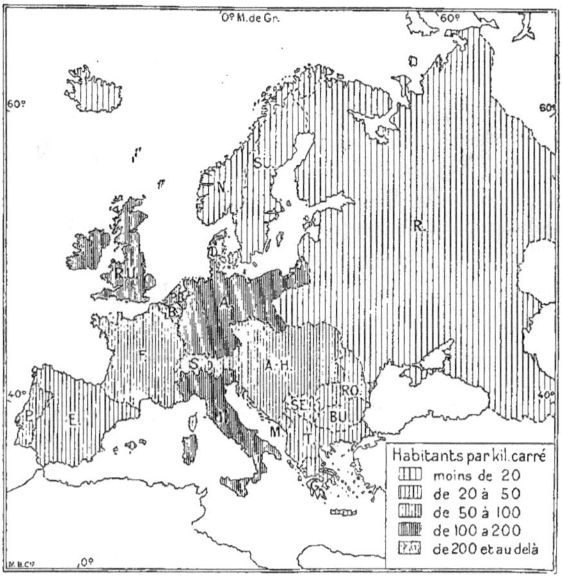

Fig. 329. — Densité moyenne de la population dans les divers pays d'Europe.

2. Les *oiseaux migrateurs* ont dû transporter involontairement de lac en lac des œufs de poissons, etc.

3. Dans les océans, l'uniformité *horizontale* s'explique par l'absence de limites aux déplacements des animaux de surface. En revanche les très fortes différences de pression que comportent les différences de profondeur doivent restreindre les déplacements *verticaux ;* elles doivent parquer chaque espèce à une certaine profondeur.

§ 4. — L'Homme.

La *distribution ancienne* de l'Homme est encore inconnue. Dès l'origine de l'histoire *toute la terre est peuplée,* mais inégalement : l'Asie, l'Afrique et l'Europe plus que l'Amérique et surtout que l'Australie et l'Océanie.

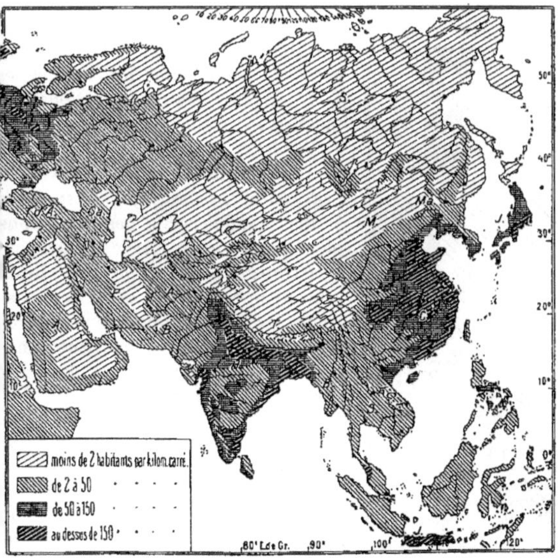

Fig. 330. — Densité de la population.

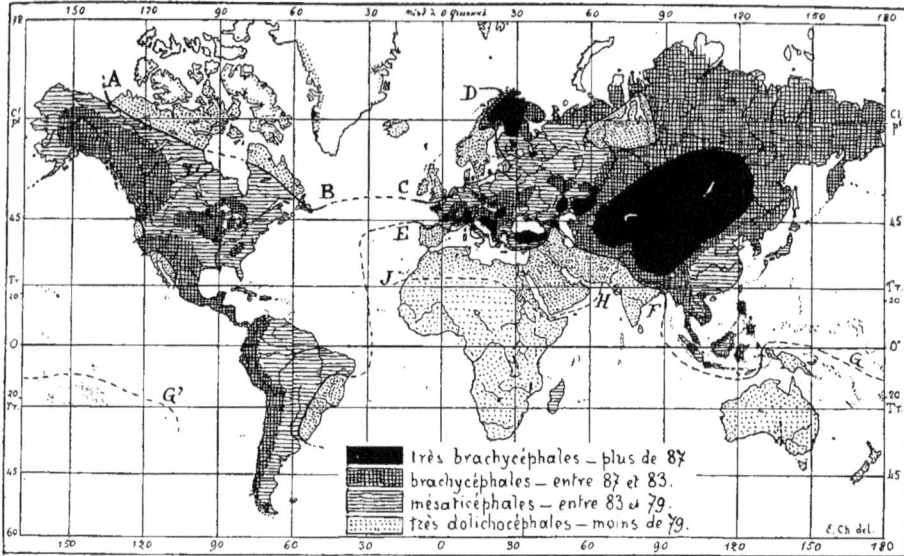

FIG. 331. — Distribution approximative de l'*indice céphalique* (d'après Deniker et Ripley). — La connaissance de ce caractère capital des races humaines est encore très rudimentaire. Cette carte n'a donc qu'une valeur momentanée.

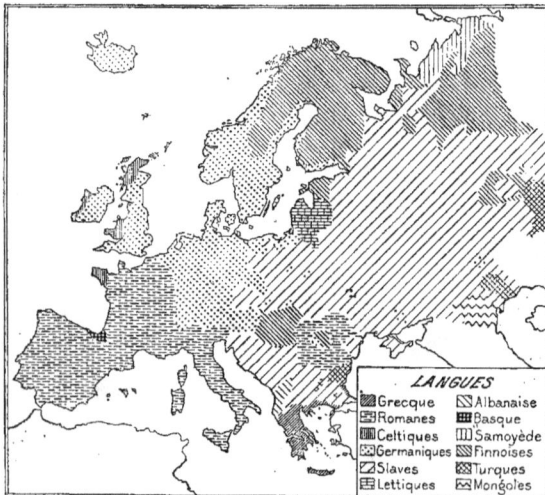

FIG. 332. — Distribution des langues en Europe.

L'Homme s'est toujours *beaucoup déplacé*. En général les montagnes l'ont gêné dans ses pérégrinations ; les mers aussi, avant l'époque moderne. — Par les habits, par l'habitation, par les remèdes, les provisions de vivres, l'agriculture, l'élevage, il *se soustrait* à une grande partie des conditions physiques ; mais les déplacements avec trop grand *changement de climat* causent une sélection souvent désastreuse ; c'est ainsi que, même l'Européen, qui va partout, ne peut généralement pas faire souche dans les régions équatoriales.

De toutes les espèces animales, c'est l'espèce humaine qui a *la plus grande extension*, car telle de ses races supporte jusqu'à + 60° (à l'ombre), telle autre jusqu'à — 65°. Mais il y a naturellement des différences

notables entre un Iakoute, un Nè-
gre du littoral africain, un Toua-
reg, un Tibétain, etc. Ce sont les
races blanche et jaune qui sont les
plus dispersées.

Il se fait un grand *mélange des
races*, et comme il en a été de
même en tous temps, l'étude des
races d'hommes est fort difficile
(fig. 331, 333).

Il va sans dire que les bases sé-
rieuses de classification des hommes sont, avant tout, les caractères
somatologiques, surtout l'*indice*

FIG. 333. — Distribution géographique des races humaines de diverses couleurs.

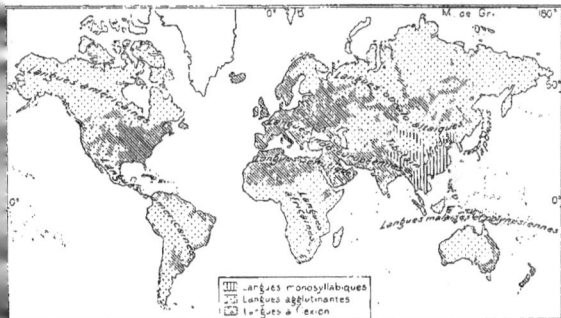

FIG. 334. — Distribution géographique des langues. Bien peu de relations avec fig. 331.

céphalique (fig. 331)[1], puis la *couleur* (fig. 333).
Quant à la *langue* (fig. 332 et 334), elle a une
grande importance dans la formation des *nationa-
lités*, qui sont un groupement moral, mais elle
n'a pas de valeur pour la distinction des *races*,
qui sont un fait zoologique.

Un caractère géographique intéressant à signaler à l'attention, c'est l'influence des conditions
physiques sur l'*habitation*. Chacun connaît nos
chalets de grosses poutres dans la zone des forêts,
ceux de maçonnerie ou de pierres sèches dans
les pâturages déboisés ; on sait que l'habitation
est en briques ou en boue (fig. 335) là où la pierre

manque ; en pierre sèche (fig. 337) là
où bois et terre font défaut ; en étoffe
ou en peaux dans les steppes, etc.
(fig. 340, 341, p. 145 ; fig. 374, p. 165).

La *densité* de la population dépend
surtout de l'abondance de la nourriture organique ; mais, de nos jours,
elle dépend aussi grandement de la
présence de richesses minérales (fig
329, p. 139).

Au point de vue *intellectuel,* toute
relation est meilleure que l'isole-
ment. Chaque peuple se croyant supérieur aux autres, tend à rester sta-
tionnaire ; il faut l'*imitation* pour amener le pro-

FIG. 335. — Dans les steppes de la Dobroudja, Roumanie. — Cons
tructions faites de blocs de boue battue, en l'absence d'autres
matériaux, et toits de broussailles.   (Phot. E. Pittard.)

[1] On appelle *indice céphalique* la relation, exprimée en %,
de la largeur du crâne comparée à sa longueur : 80, veut
dire que la largeur égale les 80/100 de la longueur.

FIG. 336. — Dans les steppes de la Dobroudja, Roumanie ; provision de plaques de fumier desséché, combustible des régions dépourvues de toute végétation arborescente. (Phot. E. Pittard.)

FIG. 337. — Dans la vallée Del Bove, à l'Etna. — Habitation primitive en pierres sèches avec toit de broussailles. A droite : le garde-manger.

grès. Les populations sont retardées là où elles sont trop éloignées, là où des obstacles les séparent (Tibet, Afrique, etc.).

La *nécessité du travail* est aussi excellente, témoin le retard des régions où la vie est trop facile (Océanie, Amérique méridionale, Haïti, etc.). Aussi est-ce souvent dans les pays où il lui faut un plus grand effort pour trouver des ressources (Scandinavie, Ecosse, Suisse, etc.) que l'Homme est le plus développé et tire le meilleur parti de la Terre.

FIG. 338. — Séchage des plaques de fumier contre un mur. (Phot. E. Pittard.)

CHAPITRE VI

RÉGIONS PHYSIQUES

(NOTES)

Si l'on passe en revue le monde entier au point de vue [g]éographique le plus large, on s'aperçoit vite que certaines [ré]gions, plus ou moins vastes, ont des *caractères communs* [qu]i les distinguent. C'est tantôt un caractère *géologique*, [ta]ntôt un caractère *climatique* ou *botanique* qui fait leur [un]ité ; rarement l'unité existe sur tous les points.

L'examen de ces unités est précieux pour récapituler la [gé]ographie physique et étudier ses relations avec les êtres [vi]vants.

Pour être complet, cet examen devrait porter sur la *situa-[ti]on*, les *côtes*, la *nature du sol*, le *relief*, le *climat*, l'*hy-[d]rographie*, la *végétation*, la *faune* et l'influence de tous [se]s éléments sur les *habitants* et leurs conditions économi-[qu]es, intellectuelles, etc.

Les *régions physiques* à étudier sont les suivantes :

I. DANS LE MONDE SEPTENTRIONAL :

1. *Région polaire arctique*, — unité climatique, bota-[ni]que, zoologique.

A. VIEUX MONDE SEPTENTRIONAL :

2. *Région scandinave*, — unité géologique ;
3. *Région britannique*, — unité géologique, climatique, [or]ganique ;
4. *Région des plaines boisées*, — unité climatique et [or]ganique ;
5. *Région des steppes*, — idem. ;
6. *Région méditerranéenne*, — unité physique et orga-[ni]que ;
7. *Région désertique africaine*, — unité climatique et [or]ganique ;
8. *Région désertique d'Asie*, — unité topographique, [cl]imatique, organique ;
9. *Région montagneuse d'Europe*, — unité topographique;
10. *Région montagneuse d'Asie*, — idem. ;
11. *Région sino-japonaise*, — unité physique et organique.

B. NOUVEAU MONDE SEPTENTRIONAL :

12. *Région des plaines nord-américaines*, — unité topo-[gr]aphique, climatique, organique;

13. *Région montagneuse nord-américaine*, — unité topographique;
14. *Région de la Baie de Hudson*, — unité géologique, climatique et organique;
15. *Région alléghanienne*, — unité géologique.

II. DANS LE MONDE SUD-AMÉRICAIN :

16. *Région mexicaine*, — unité géologique, topographique, et organique;
17. *Région des Antilles*, — unité organique ;
18. *Région andine*, — unité géologique, topographique et organique ;
19. *Région des plaines sud-américaines*, — unité topographique ;
19 bis. *Région araucanienne*, — unité botanique ;
20. *Région des hauteurs brésiliennes*, — unité géologique et organique.

III. DANS LE MONDE INDO-AFRICAIN :

21. *Région d'Afrique équatoriale*, — unité physique et organique;
22. *Région d'Afrique australe*, — unité géologique et organique;
23. *Région malgache*, — unité botanique et zoologique;
24. *Région indo-malaise*, — idem.

IV. DANS LE MONDE PACIFIQUE :

25. *Région papoue*, — unité botanique et zoologique;
26. *Région australienne*, — unité géologique, botanique et zoologique;
27. *Région néo-zélandaise*, — idem;
28. *Région polynésienne*, — unité botanique et zoologique.

V. DANS LE MONDE POLAIRE ANTARCTIQUE :

29. *Région antarctique*, — unité climatique et zoologique.

VI. MONDE OCÉANIQUE.

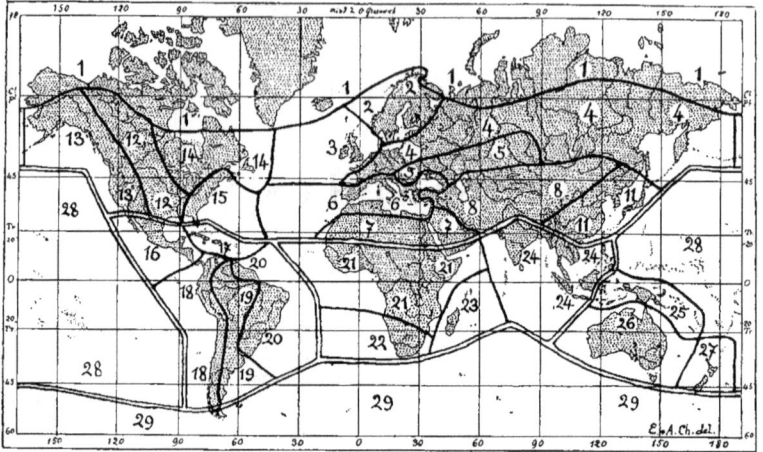

Fig. 339. — Division du globe en *Régions physiques*. (Notre carte ne pouvait plus être modifiée quand M. le professeur Chodat nous a signalé le fait que l'extrémité méridionale des régions 18 et 19 devait former une région à part, région Araucanienne; nous en faisons une région 19 *bis*.)

NOTES SUR LES DIVERSES RÉGIONS PHYSIQUES

I. Monde septentrional.

1. Région polaire arctique.

SITUATION. — Autour du pôle jusqu'à la limite des forêts.
CÔTES. — Large socle continental, autour d'une mer profonde; alluvions indécises en Sibérie, fiords ailleurs. — La mer est généralement gelée. Courants froids au Grœnland, chaud entre Spitzberg et Nouvelle-Zemble.

CLIMAT. — Long jour et longue nuit polaires. Il y a plus de brumes que de neige, et la limite des neiges persistantes est vers 200 m. (fig. 40, p. 20). — Température de — 50° à + 15°. Chaleur insuffisante et trop courte (VII et VIII). Sous-sol gelé partout.

HYDROGRAPHIE. — Beaucoup de névés et de glaciers; icebergs. Toutes les eaux sont gelées neuf mois.

VÉGÉTATION. — *Pauvreté* en espèces, mais *unité remarquable* sur les deux continents. *Toundra* (fig. 340, p. 145); avec arbustes nains (10 à 20 cm.) à sa limite méridionale (*bouleau, aulne, saule*, fig. 342, p. 146); feuilles petites et serrées, tiges trainantes, longues racines; fleurs généralement grandes; beaucoup de baies (éricacées); un grand nombre d'espèces alpines (*saxifrages, silènes, renoncules,*

myosotis). Mousses vertes (*sphagnum*), lichens gris. Trois formations : *Toundra* de mousses et lichens, *prairies vertes* humides, *parterres de fleurs* dans les cailloux (plantes subtropicales dans les gisements de charbon).

FAUNE. — Pauvreté mais unité. — L'ours blanc jusque vers 82°; un renard, un lièvre, une perdrix, un pinson. A la limite méridionale : le renne, le bœuf musqué, le glouton, l'hermine. — En été, vie marine intense (cétacés, phoques, morses), et multitude d'*oiseaux migrateurs* (114 espèces). Restes de mammouths.

HABITANTS (fig. 331, p. 140). — Région inhospitalière, pourtant habitée. Esquimaux et Indiens en Amérique; Lapons, Samoyèdes, etc. (fig. 341, p. 145).— Vivent du renne, de la pêche et de la chasse. Quelques-uns en sont restés à l'âge de la pierre. Aucun avenir.

A. VIEUX MONDE SEPTENTRIONAL

2. Région scandinave.

Ehstonie, Finlande, Scandinavie.

SITUATION médiocre pour les relations, mauvaise pour le climat; pourtant meilleure qu'à latitude égale en Amérique et Asie.

CÔTES (fig. 190, p. 79; 216, p. 93). — Baltique peu profonde; socle continental atlantique; fosse profonde du Skagerrak au S.-O. — Courant du golfe. — *Côte d'immer-*

Fig. 340. — Vue prise en été dans les terres sub-polaires dénudées d'arbres,
toundra de Sibérie septentrionale.

tion, partout découpée; émerge peu à peu actuellement. Sur l'Atlantique, *fiords* typiques et îles élevées (fig. 234, p. 99); sur la Baltique, dentelures fines, peu élevées. La Baltique gèle en hiver; la côte Atlantique jamais.

Sol. — Massif ancien, plissé de l'E. à l'O., abrasé puis relevé dans l'O. (plissements huroniens et calédoniens). — La glaciation générale (fig. 65, p. 30) a laissé des roches moutonnées et striées, des dépôts glaciaires (argiles, morai-

Fig. 341. — Hutte de Lapons construite en plaques de gazon.

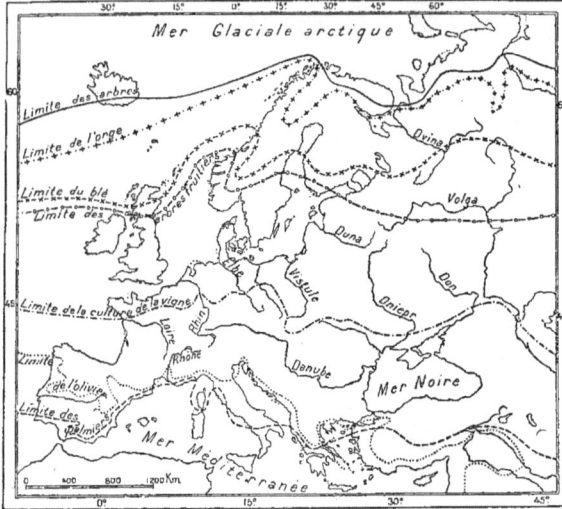

FIG. 342. — Limite septentrionale de quelques végétaux en Europe.

toundra sur les montagnes : buissons nains, baies, mousses, lichens, fleurs polaires et alpines. Curiosités végétales sur la côte O. (noyer, cerisier, légumes et fleurs ; maturation rapide ; l'orge, jusqu'à 70° lat., mûrit en soixante-douze jours au lieu de cent-vingt). Cultures rustiques dans le S.

FAUNE. — Dans le N., rennes et oiseaux migrateurs ; dans les forêts : martre, écureuil, élan, ours brun, loup, lynx. La mer et les eaux douces sont très poissonneuses. — Bétail.

LES HABITANTS (fig. 331 à 334, p. 140) ont su développer d'une manière remarquable les ressources très médiocres de leur région. Groupements sur l'argile ou dans les golfes. — *Lapons* au N. (fig. 341, p. 145) ; *Finnois* au N., N.-E. et E. (Finnmarken, Finlande, Ehstonie) ; *Scandinaves* dans l'O. et le centre. Gens énergiques et très cultivés. — Deux langues. Grande durée de la vie ; augmentation de la population, émigration. — L'avenir du pays est dans l'industrie (mines et forces hydrauliques) et la navigation.

nes, *aasars*, millions de blocs erratiques). Terrain pauvre, mais richesses minérales.

RELIEF. — Forme concave, avec rebord de 2000 m. à l'O. de 200 m. à l'E. et au N.-E. — Pente abrupte à l'O.; douce à l'intérieur; petits plateaux de Svealand et de Finlande. Remarquer l'orientation des vallées de Suède et Finlande (du N.-O. au S.-E.; fig. 94, p. 42), effet des anciens glaciers.

CLIMAT (fig. 269, p. 112; 280, 281, p. 117; 286, 287, p. 120; 289, p. 121). — Partout les vents variables, dominant de l'O.; pluie en toute saison: 1 à 3 m. de pluie à l'O., 50 cm. à l'E.; fonte des neiges seulement au printemps. — Températures trop uniformes et chaleur insuffisante dans l'O. (de —10° à +20° ou 25°); climat excessif à l'E. (de —40° à +40°).

HYDROGRAPHIE. — Névés depuis 700 à 1000 m. dans le N., et 1500 dans le S. (fig. 40, p. 20); grands glaciers dans l'O., n'allant pas jusqu'à la mer (l'ancien glacier scandinave s'étendait jusqu'à Londres, Kief et l'Oural; fig. 40, p. 20). — Hydrographie *rajeunie* (post-glaciaire). Quantité de lacs et de cascades. Forces hydrauliques, surtout dans l'O.

VÉGÉTATION (fig. 342, 343). — Zone des *forêts aciculaires*; mais peu abondantes dans l'O.; végétation de la

3. Région britannique.

SITUATION avantageuse pour les communications modernes (centre de l'hémisphère continental, fig. 183, p. 76); défavorable pour le climat, parce que la latitude dépasse 50°; pourtant la chaleur de la mer atténue ce défaut (fig. 195, 196, p. 82).

CÔTES (fig. 190, p. 79; 212, 214, p. 91; 218 à 227, p. 94). —

FIG. 343. — Paysage de Laponie. Forêt homogène de sapins. Troupeau de rennes.

Très étendues; plates autour de la mer du Nord, hautes et découpées ailleurs, avec type d'immersion (fiords adoucis dans le N.); actuellement, légère émersion dans le N. et immersion dans le S. —Fortes marées; érosion active.

Sol. — Alluvions, avec dunes sur les côtes de la Mer du Nord; à l'O., massif ancien disloqué et démantelé, avec plissements de l'O. à l'E. (calédoniens et hercyniens); affleurements de granit et schistes anciens, et richesses minérales considérables. — Sol superficiel très médiocre. Quelques traces de l'ancien glacier de Scandinavie (fig. 65, p. 30).

stipas, salicornes et *genêts* sur le littoral sableux. Dans le S.-O., plantes méridionales importées (chêne-vert, figuier, fuchsia, etc.).

Faune modifiée; beaucoup de bétail. — Faune marine très riche (hareng, saumon).

Habitants (fig. 331 à 334, p. 140). — Mélange extrême *(alluvions humaines)*. Fonds celtique (subsiste en Bretagne, Pays de Galles, Irlande, Ecosse); Dano-Norvégiens; Germains. — Conditions d'existence difficiles; mais relations

Fig. 344. — Paysage du Liban (vallée du Kadicha et village de Bcherré). — Les torrents modernes se sont encaissés dans le plateau, qui représente une ancienne surface de dénudation. Végétation maigre; cultures en terrasses.   (Phot. F. Thévoz.)

Relief accentué dans le N.-O.; régions plus basses que la mer, à l'E., endiguées.

Climat. — Zone des vents variables, dominant d'O.; beaucoup de tempêtes (fig. 251, 253, 258, p. 105 à 108); pluies fréquentes, en toute saison; 1ᵐ50 à 3ᵐ75 sur le versant occidental et les montagnes : 50 à 80 cm. à l'E. Les neiges fondent à mesure (différence avec l'Europe centrale; fig. 269, p. 112). Brouillards fréquents à cause de la chaleur de la mer. Températures trop uniformes et chaleur estivale insuffisante dans l'O.; climat plus excessif à l'E. (fig. 289, p.121).

Hydrographie. — Restes d'hydrographie post-glaciaire dans le N. Rivières à régime très régulier, généralement navigables.

Végétation. — Devrait rentrer dans la *zone des forêts mélangées;* mais la forêt y est remplacée par une végétation artificielle, surtout la prairie. Beaucoup de fougères dans les parties humides; bruyères dans les lieux secs ou stériles;

possibles de tous côtés; en général grande énergie et grand développement (sauf Bretagne et Irlande). Excédent de population, forte émigration. — Grande valeur industrielle et commerciale, grâce aux richesses minérales.

4. Région des plaines boisées.

Situation. — De 45° lat. en France, jusqu'à 65° au Kamtchatka.

Sol très varié : en France, roches anciennes et récentes : en Allemagne, glaciaire au N., diluvien au S.; en Russie et en Sibérie E., pénéplaine ancienne, ravinée. Il y a de bonnes et de mauvaises terres, avec ou sans richesses minérales.

Climat (fig. 251, 253, p. 105, 106). — En Europe, vents dominants de l'O., mais partiellement desséchés au passage de montagnes ou de collines; en Sibérie, mousson asiatique, desséchée par les montagnes côtières.

Fig. 345. — Aspect de la plaine hongroise couverte de graminées (stipa).

Fig. 346. —Un des derniers groupes de cèdres dans le Liban. — Remarquer la végétation misérable du reste du pays.
(Phot. F. Thévoz.)

Fig. 347. — Forêt de chêne-liège sur les montagnes côtières de Provence. Végétation caractéristique de la région méditerranéenne. (Phot. E. Chaix.)

En somme peu de pluie (fig. 268, 269, p. 111, 112), mais assez pour la forêt : environ 80 cm. dans l'O., 50 cm. au centre et 35 cm. vers l'E. Là, le climat moins chaud en exige moins, et surtout le fait que la neige ne fond qu'au printemps est avantageux.

Températures (fig. 285 à 290, p. 120 à 122, et fig. 283, p. 119) excessives partout : dans l'O., de — 15⁰ ou 20 à + 35⁰; dans le centre, de — 25⁰ à + 40⁰; dans l'E., de — 40⁰ ou 50⁰ (Vierkhoïansk — 67⁰) à + 35⁰ ou 40⁰. L'intensité de l'été compense sa brièveté dans le N.-E. — Sous-sol gelé en Sibérie.

Hydrographie. — Longues rivières de plaine, bonnes pour la navigation ou l'irrigation ; mais gelées en hiver (sauf en France) ; débordent au printemps.

Végétation presque identique partout[1] : Forêt aciculaire à l'E.; feuillage caduc dans l'O. A l'E. et au N. le pin ou la bruyère occupent les sables; le bouleau, le mélèze et l'arolle, le reste de la plaine. — Dans l'O., la forêt est remplacée par les prairies et les cultures : céréales, puis betterave, lin, etc. (vigne jusqu'à Posen; fig. 342, p. 146).

Faune modifiée dans l'O., très riche à l'E.: loup, ours,

[1] Quoique le hêtre, le lierre, etc., s'arrêtent à l'O. de la Pologne.

élan, derniers bisons (Lithuanie), castor (de 33 à 60⁰ lat. en Asie), bêtes à fourrures, tétras, beaucoup de migrateurs, beaucoup de bétail.

Habitants (fig. 329 à 334, p. 139). — Peuples très divers : race blanche jusqu'à la Volga, Finnois plus loin, Aïnos sur la Mer d'Okhotsk. Développement très différent : à l'E., la chasse et fort peu d'agriculture; à l'O., toute la civilisation humaine, industrie, voies ferrées.

5. Région des steppes.

Situation tout à fait continentale. — Sol superficiel poreux (lœss, alluvions, terre noire).

Climat (fig. 269, p. 112; fig. 289, 290, p. 121, 122). — Vents divers, mais sécheresse partout, à cause des écrans. De 20 à 35 cm. de précipitations; peu sous forme de neige. Températures excessives : —25 ou —40⁰ jusqu'à +45⁰.

Hydrographie. — Tronçons moyens de grands fleuves; gelés en hiver, maigres en été, mais navigables. Irrigation possible.

Végétation (fig. 324, 325, p. 136 ; fig. 345, p. 148). — Peu d'espèces, mais beaucoup d'individus. Quelques arbres sur les rivières (saule, peuplier); ailleurs des graminées xérophiles (plantes à oignons, composées, beaucoup de stipa). Végétation rapide au printemps, puis tout se dessè-

Fig. 348. — Maquis en sous-bois sur la lisière d'une forêt de chêne lusitanien, près d'Algésiras, Espagne. A droite : bruyère arborescente et liane salsepareille, smilax ; à gauche : lentisque. (Phot. R. Chodat.)

che. — La culture des céréales est possible, et les régions irriguées sont riches.

FAUNE, riche en individus. Surtout rongeurs et fouisseurs; puis oiseaux de passage et oiseaux marcheurs (outarde, etc.). Les anciens ruminants sauvages sont remplacés par des moutons et des chevaux.

HABITANTS (fig. 329 à 334, p. 139). — Ayant été un lieu de passage, les steppes ont des peuples variés : des Slaves, des Kalmouks, beaucoup de Finnois (magyars, tatars, kirghizes, etc.); densité très faible. Nomades dans les régions d'élevage, sédentaires dans celles des cultures (fig. 335 à 338, p. 141). — Avenir dans l'irrigation.

6. Région méditerranéenne.

Unité remarquable à beaucoup de points de vue.

SITUATION. — Bordure plus ou moins étroite de la Méditerranée et de ses dépendances, entre 30 et 45° N. Situation fort bonne pour le climat et pour les relations (canal de Suez).

CÔTES, presque partout pittoresques, découpées et assez élevées (type d'effondrement). — La mer chaude, bleue, peu dangereuse, pénètre partout, et des îles à proximité ont encouragé les premiers navigateurs.

SOL. — On trouve partout: a) des restes de *massifs anciens*, plus ou moins effondrés, offrant quelques richesses minérales (Espagne E., Corse, Sardaigne, ¼ d'Italie, Grèce, côte tellienne); b) les *plissements alpins*, encore revêtus de calcaires, et pauvres en minéraux. — Beaucoup de *dislocations*, tremblements de terre, phénomènes volcaniques anciens et modernes (fig. de p. 2 à 9; p. 11; p. 17). — Ter-

FIG. 350. — Dans la Serra de Arrabida, Portugal. Maquis caractéristique : buissons de cistes *(cistus ladaniferus)* au premier plan, et de lentisques à droite.   (Phot. R. Chodat, 1908.)

rains superficiels très divers; beaucoup sont des calcaires et terres volcaniques trop poreux, ou des rochers dénudés.

RELIEF partout varié et accentué (2000 m.), plutôt gênant.

CLIMAT. — Se trouvant, surtout en été, dans la *zone des pressions fortes*, la région méditerranéenne n'a que des pluies hivernales (fig. 270 et 269, p. 112), souvent trop violentes ou insuffisantes, et son défaut général est la sécheresse. — Hiver uniforme, de + 5 à — 5°; été excessif, jusqu'à 45 ou 55° (fig. 286, 287, p. 120).

HYDROGRAPHIE. — Sauf des rivières venant de loin (Danube, Rhône, etc.), il n'y a guère que des torrents, tantôt à sec, tantôt trop violents, difficiles à utiliser, même pour l'irrigation, qui est pourtant indispensable.

VÉGÉTATION. — Son caractère général est dû à la *lutte contre la sécheresse* (fig. 305 à 307, p. 130): feuillage persistant et réduit, plantes épineuses, résineuses, aromatiques, à oignons (fig. 347, 348, p. 149). Espèces caractéristiques : olivier, oléandre, myrte, laurier, pistachier (térébinthe), bruyère arborescente, cistes (fig. 350), genêts divers, réséda, fenouil, alfa, etc. (fig. 351, 352, p. 151), palmier-nain *(chamærops humilis)*. Espèces importées : *cactus opuntia* et *agave americana* (fig. 295, p. 125). Pas de prairie (fig. 349, et 323, p. 136); peu de

FIG. 349. — Aspect dénudé du Plateau de Nouvelle-Castille, au nord-est de Madrid.

FIG. 351. — Dans le Sud-Oranais. — Steppe d'alfa, avec rochers et montagnes semés de genévriers (Juniperus oxycedrus et phœnicea). Pour les dimensions, remarquer le cheval devant le rocher blanc.
(Phot. B. P. G. Hochreutiner.)

forêts, par suite du déboisement séculaire (fig. 346, p. 148); bouquets de cyprès, de pin-parasol (fig. 312, p. 133), de chêne-vert, chêne-liège (fig. 347, p. 149). Dans les montagnes : hêtre, châtaignier, chêne, if, cèdre[1]. — On cultive tout ce qu'on veut là où il y a de l'eau, surtout oranger et citronnier. Ailleurs : céréales, maïs, vigne, olivier, figuier, amandier, grenadier, caroubier.

FAUNE. — Restes intéressants de la faune primitive : singe magot (Gibraltar, Maroc), mouflon à manchettes (Atlas), sanglier, porc-épic, gerbille, flamand; cigale musicale, gecko, scorpion, tarentule, sauterelle (criquet voyageur); hivernage des migrateurs. — Élevage du petit bétail et du ver à soie.

HABITANTS (fig. 329 à 334, p. 139). — Les conditions d'existence ont toujours été commodes, les communications maritimes faciles, les relations entre Asie, Afrique et Europe favorables aux emprunts mutuels; aussi la région méditerranéenne a-t-elle toujours été importante comme foyer de civilisation. — Variété incroyable de peuples : anciens Égyptiens, Sémites, Pélasges, Albanais, Hellènes; Étrusques, Ligures; Ibères (Basques); Finnois (Bulgares, Huns); Germains (Goths, etc.); Slaves (Suèves, Vandales); Turcs; Arabes; Berbères; Nègres. Actuellement des milliers de touristes et d'immigrés.

[1] Le Caucase présente une flore endémique intéressante.

— Lieu de passage important pour l'Orient. — Mais ces pays ont été trop longtemps pillés; plusieurs sont ruinés, mal administrés, pas assez actifs, et sans ressources pour se développer (irrigations indispensables).

7. Région désertique d'Afrique.

SITUATION, environ 10° au N. et au S. du tropique. — SOL varié : 1/8 de sable (desquamation ou grès); 1/4 de plateaux rocheux (hamâda) (fig. 354, p. 152); puis argile et loess, bon là où il y a de l'eau (fig. 117, p. 52; 124, p. 54). — RELIEF pas très accentué : plateau en Arabie (fig. 344, p. 147); plaines, plateaux, montagnes et quelques dépressions dans le Sahara.

CLIMAT. — Il y a peut-être une mousson, mais surtout les alizés, sans aucune influence de la mer, tous les vents se desséchant au passage des reliefs côtiers. Quelques pluies dans l'O. et le N.; quelques averses, rares mais fortes. Températures excessives, de —5° ou —10° à +55° ou 60° (fig. 285, p. 120; 288, p. 121).

HYDROGRAPHIE. — Absence d'eau superficielle, mais, par places, circulation souterraine, avec puits artésiens ou ordinaires et travaux ingénieux d'irrigation. Chotts (fig. 71, p. 33; 105, p. 46).

VÉGÉTATION (fig. 351 à 354). — Partout un peu, sauf sur quelques hamâdas. Peu d'espèces, toutes adaptées à la sécheresse. Telle région a des plantes salines (halophytes), reaumuria, artemisia, etc.; telle autre est presque une steppe, avec stipa, drinn, etc.; une autre a de petites touffes épineuses, jujubier, coloquinte, divers acacias et

FIG. 352. — Steppe d'alfa (stipa tenacissima) dans le désert du Sud-Oranais, Algérie occidentale, près d'Aïn-Séfra.   (Phot. Hochreutiner.)

genêts épineux; le vent disperse des croûtes de spores de *lichens*, et tout verdit dès qu'il pleut. — Végétation splendide là où l'eau est abondante (fig. 353, p. 159): *datte, pistache, melon*, etc. (Egypte!)

FAUNE pauvre, souvent de couleur fauve. Les animaux caractéristiques sont: la gazelle, le fennec, la gerboise;

FIG. 353. — Sahara algérien. — Végétation près des chotts: petites touffes de jujubier, de drinn, etc.
(Phot. E. et A. Chaix, 1902.)

l'outarde, la vipère cornue, le scorpion, la sauterelle; et les *poissons* et *crabes aveugles* des puits artésiens. — Dromadaire, cheval et mouton.

HABITANTS (fig. 331 à 333, p. 140). — Berbères (Touaregs, Kabyles); Arabes (Bédouins): Egyptiens; peuples négroïdes dans le S. Ils sont fixés près de l'eau et dans les montagnes, et nomadisent aux alentours. — Sauf l'Egypte, cette région n'a pas d'avenir.

8. Région désertique d'Asie.

SOL. — Série de bassins, comblés de *lœss*, d'alluvions, de sable ou de gravier (fig. 362, p. 155). — Relief très varié: chapelet de dépressions séparées par des crêtes. La Mésopotamie et le Turkestan russe sont très bas; le Turkestan oriental et le Gobi ont 1000 m.; le plateau Persan, l'Anatolie et la Mongolie, 1500 à 2000 m.; le Tibet 4 à 5000 m.

CLIMAT. — *Mousson* asiatique; mais toute influence de la mer est exclue par les écrans montagneux. Unité dans la sécheresse et dans les températures excessives, qui vont partout (sauf en Mésopotamie) de — 30° à + 45 ou 55° (figs. p. 120 à 122). Peut-être y a-t-il dessèchement séculaire.

VÉGÉTATION. — Nées à la fonte des quelques neiges, les plantes sont desséchées en juillet. Le long des cours d'eau: *saules, aulnes, peupliers, ormes, tamaris*. Ailleurs la végétation est adaptée à la sécheresse: *plantes à provisions*

(lis, iris, ail. glaïeul), à *feuilles minuscules (dyrisan*, bouquet de « fils de fer» avec fleurs), à *épines* (chardons, deux cents espèces d'*astragales* épineuses, *hippophaë* ou argousier, etc.), graminées dures *(stipa*, etc.), *plantes salines (armoises*, plusieurs *reaumuria, haloxylon* ou saxaoul, *nitraria*, etc.). — Mais très belle végétation dans les oasis: céréales, riz, fruits, coton, etc.

FAUNE steppienne caractéristique. Patrie du chameau, de l'âne et du cheval sauvages, d'un mouflon et d'un bouquetin (argali et saïga); mais le tigre, l'once et le chacal y pénètrent. — Chameau domestique à deux bosses, cheval.

HABITANTS (fig. 331 à 333, p. 140). — Point de départ de beaucoup de migrations historiques: Mongols, Tatars, Turcs, Kalmouks, et probablement de plus anciennes. La race jaune et la race blanche y sont mêlées. *Blancs:* Arméniens, Kurdes, Persans, Tadjiks (Turkestan), Arabes (Mésopotamie). — *Finnois:* Turcs, Turkmènes, Sartes, Kirghizes. — *Jaunes:* Kalmouks, Tibétains, Mongols, Chinois. — Les endroits irrigués ont quelque civilisation; ailleurs, population nomade et barbare.

9. Région montagneuse d'Europe.

Espagne N. et S., Alpes et Jura, Karpathes, Balkans, chaînes Adriatiques.

SOL. — *Plissements alpins*, plutôt *juxtaposés* dans l'E. et l'O., mais *amoncelés* et *fracturés* dans le centre (figs.

FIG. 354. — Rochers sculptés par l'action du vent et du sable, près de Tiout, dans les déserts du Sud-Oranais.
(Phot. B. P. G. Hochreutiner.)

p. 15 et 16). — L'érosion a créé des affleurements de toutes les roches: granits, gneiss et schistes dans le milieu, calcaires secondaires et sédiments tertiaires sur les bords (fig. 29, p. 14). Quelques parties *volcaniques* (Italie, Hongrie); l'E. et l'O. ont des richesses minérales.

RELIEF très accentué et très varié; crêtes et vallées, mais peu de plateaux. Dans le centre, l'érosion, plus avancée, a

Fig. 355. — Végétation intense, dans le désert, pour peu qu'il y ait de l'eau. — Oasis d'Ourir, dans le Sahara algérien. — L'Arabe escalade un palmier mâle, pour y cueillir la fleur à pollen, que l'on voit dans sa gaine.
. (Phot. E. et A. Chaix. 1902.)

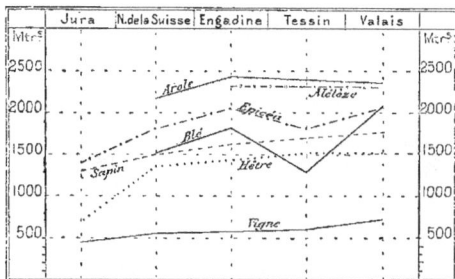

Fig. 356. — Limite supérieure qu'atteignent quelques végétaux dans les diverses parties des Alpes. Remarquer leur hauteur dans le Valais.

créé des vallées transversales ou anticlinales (figs. p. 71, 72); dans l'E., beaucoup de vallées sont longitudinales. Tous les niveaux, jusqu'à 4800 m.; moyenne 3000 m. dans les Alpes, 1500 à 2000 m. ailleurs.

CLIMAT. — Son caractère général est la *diversité*, résultat de l'altitude et de l'orientation. Le S.-E. a peu de *pluies* en été (pressions fortes); ailleurs les dépressions barométriques amènent plus de pluie sur les versants occidentaux et méridionaux (fig. 272, 273, p. 113). En moyenne, 1m50 à 2m50 de pluie; mais seulement 50 cm. à 1 m. dans toutes les dépressions centrales (Valais, Grisons, Transylvanie, Bosnie, etc.). — Les *températures* varient à l'infini; grandes différences entre versants ombrés et versants ensoleillés (fig. 315, p. 134 et 358, p. 154); accumulation du froid dans les dépressions en hiver.

HYDROGRAPHIE. — *Neiges éternelles* à partir de 2600-3000 m. dans les Alpes et les Pyrénées (fig. 40, p. 20). Quelques *glaciers* dans les Karpathes septentrionales, un petit dans la Sierra Nevada, beaucoup dans les Pyrénées et les Alpes. Le glacier d'Aletsch, le plus grand, a 24 km. de long

(fig. 41, p. 21). — Beaucoup de *lacs glaciaires* dans les Pyrénées et les Alpes (p. 42, 43), et grands *lacs subalpins* au N. et au S. du massif (p. 38 à 44). — Dans les régions calcaires (chaînes adriatiques), la circulation de l'eau est en partie *souterraine* (p. 47 à 49); ailleurs, beaucoup de rivières, à profils encore irréguliers (p. 62, 63). *Crues* en juillet-août, si elles sortent de glaciers (fig. 75, p. 36). Somme énorme de *forces hydrauliques*.

VÉGÉTATION distribuée en *zones d'altitude* (fig. 356, 357). En Suisse on distingue les zones suivantes :

Zone des cultures, jusqu'à 500 ou 700 m.; — *zone des forêts à feuillage caduc*, châtaignier jusqu'à 900 m., hêtre jusqu'à 1350 m.; — *zone des forêts de conifères*, jusqu'à 1800 ou 2100 m., se terminant par des arolles, mélèzes et bouleaux; — *zone des broussailles*, rhododendrons, aulnes, saules, pins rampants (fig. 312 à 316, p. 133; 318 et 320); *zone des pâturages;* — puis une *zone supérieure*, sorte de toundra.

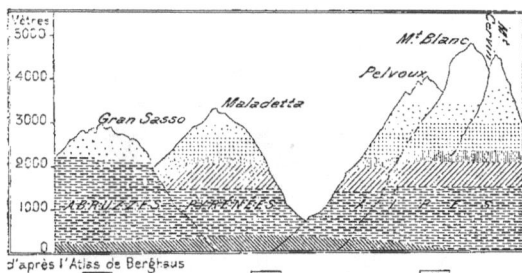

Fig. 357. — Superposition des zones de végétation dans les Apennins, les Pyrénées et les Alpes. La région *subalpine* présente des broussailles et des pâturages; la région *alpine*, seulement des graminées.

FIG. 358. — Végétation intense dans une clairière de forêt humide, sur le versant ombré (adret) de la vallée de Chamonix, vers 1500 mètres. Association d'*adénostyles velues* et d'*épilobes en épis* hauts d'un mètre et plus.
(Phot. E. Chaix).

La zone *forestière* est importante pour la régularisation des eaux; elle a disparu de la Sierra Nevada, des Alpes méridionales et des Balkans. — La zone des *broussailles* a les mêmes saules, aulnes et bouleaux que la Laponie. — Celle des *pâturages* est naturellement très utile. — La zone *supérieure* a des caractères polaires : plantes basses, denses, à longues racines et à feuilles réduites et velues; fleurs splendides (fig. 358, 359). La moitié de ces plantes existent dans la *Région Polaire* (renoncules, saxifrages, mousses, lichens.)

FIG. 360. — Un arolle *(Pinus cembra)*.

FIG. 359. — Fleurs des Alpes, entre autres : *Gentiana acaulis, Parnassia, Centaurea, Campanula, Silene acaulis,* etc.

FAUNE (fig. 361). — Sur les glaciers et les névés, le *podura glacialis*; à leur limite inférieure, le *mulot des neiges*. Plusieurs animaux sont ¡des restes de la période glaciaire : le lièvre et la perdrix des neiges, la marmotte (Alpes et Carpathes centrales). Chaque groupe a une espèce de chamois et de bouquetin. Beaucoup d'oiseaux, entre autres le gypaète, l'aigle, le tétras, la corneille, etc.

HABITANTS (fig. 331, p. 140). — Vie difficile; le danger est perpétuel; tout demande effort et ténacité. Population énergique et saine (là où elle a quelque hygiène). Elle nomadise en été vers les hauts pâturages. — Au point de vue de la civilisation, les montagnes ont constitué une *barrière* et un *refuge*. En Europe les barrières n'étaient pas infranchissables; mais les anciennes invasions ont refoulé les vieux peuples dans les vallées latérales, où on retrouve leurs traces.

— De nos jours ces régions montagneuses s'animent par l'*alpinisme* et la *villégiature*, même en hiver, et se développent par l'utilisation des *forces hydrauliques*.

10. Région montagneuse d'Asie.

Elle se compose de trois faisceaux de crêtes, mêlés à la région désertique:
1. Pamir, Perse, Arménie, Anatolie;
2. Pamir, Tian-chan, Altaï, Baïkalie;
3. Pamir, Himalaya et ramifications.
Grandes ressemblances avec la *Région montagneuse d'Europe* (N° 9).

SOL. — Généralement des plissements d'âge alpin et préalpin, entourant des cuvettes plus anciennes. Relief plus accentué que celui des Alpes, avec plus de plateaux et de vallées longitudinales.

CLIMAT du même genre, mais avec plus de sécheresse (sauf l'Himalaya S.) et de plus grands contrastes.

HYDROGRAPHIE plus grandiose: glaciers de 100 km. de longueur (fig. 40, p. 20), rivières puissantes. Dans l'O. beaucoup se perdent à la base des montagnes.

VÉGÉTATION. — Le Caucase a une flore alpine spéciale,

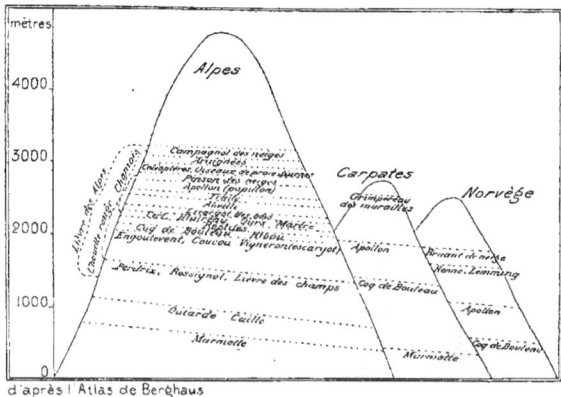

FIG. 361. — Étagement des espèces animales dans les montagnes d'Europe.

plus puissante que la nôtre *(rhododendron* et *azalée pontiques, edelweiss, gentianes* plus grandes, forêts splendides, vigne sauvage).* L'Anatolie est méditerranéenne; le Tibet, désertique. L'Himalaya possède depuis les plantes tropicales jusqu'aux plantes arctiques (fig. 362).

FAUNE. — A remarquer, dans le Caucase-Tian-chan: le chamois, un bouquetin, le bison, le gypaète, etc.; dans l'Himalaya-Tibet: le yak, le mouflon, le chevrotin porte-musc, etc.

HABITANTS (fig. 331, 332, p. 140). — Alluvions successives de races diverses dans les vallées latérales du Caucase, et multiplicité des peuples; caractère montagnard des Caucasiens, Gourkas, Afghans, etc. En général les séparations sont trop complètes pour le développement de la civilisation.

11. Région sino-japonaise.

SITUATION, correspondant à celle de l'Europe occidentale.—CÔTES, très découpées et élevées. La mer Jaune manque de profondeur, et le Pacifique a plus de 8000 m. devant le Japon (fig. 186, p. 77). Courants chauds et courant froid (p. 93); marées fortes. Brouillards dans le N. et *tornades* dans le S. Les côtes gèlent, de l'embouchure du Hoang-ho vers le N. En somme, côtes dangereuses.

SOL. —Plissements anciens, du S.-O. au N.-E. et du S. au N., croisés par des fractures nombreuses. Aussi y a-t-il beaucoup

FIG. 362. — Limites septentrionales de quelques végétaux en Asie.

FIG. 363. — Limite de quelques végétaux en Amérique.

HYDROGRAPHIE. — Les rivières continentales ont des inondations en été, et celles du N. gèlent en hiver ; navigation ; celles du Japon fournissent de la force.

VÉGÉTATION. — Mélange de types tropicaux, européens et méditerranéens. La forêt est détruite en Chine. Au Japon, on trouve des *bambous*, le *camphrier*, des *épiphytes*, le *magnolier*, le *camélia*, l'*azalée*, à côté de nos plantes : *conifères, châtaignier, bouleau, fougères, lierre, buis,* etc. — Dans le S. de la région, on cultive toutes les *plantes tropicales vivaces* ; dans le N., les *plantes tropicales annuelles* (riz, coton, etc.). La culture y étant très ancienne, la Chine a fourni une quantité de fleurs et de fruits remarquables, entre autres les oranges, les pêches, etc.

La FAUNE est un mélange d'Asie N. et S. (ours et tigres !). Lieu d'origine de plusieurs de nos animaux domestiques et du ver à soie.

HABITANTS (fig. 330 à 333, p. 139). — Population de plus de 500 millions, presque entièrement agricole, et pourtant

FIG. 364. — Distribution de quelques animaux.

de tremblements de terre, et des volcans dans toutes les îles (fig. p. 11). Roches anciennes, riches en minéraux ; excellentes plaines d'alluvions, de *lœss* ou de cendres volcaniques.

RELIEF. — Sauf les plaines du Yangtsé moyen, du Hoang-ho et de Mandchourie, tout est montagneux : 1500 à 2000 m. dans le S. de la Chine, 4000 à 5000 dans l'O., ce qui fait une barrière absolue. Le Japon a des chaînes N.-S., avec passages intermédiaires.

CLIMAT. — Partout règne la *mousson*, du S. et du S.-E. en été, du N.-O. en hiver. Partout les *pluies* sont estivales et abondantes (le Japon septentrional a de la neige en hiver) ; peu de régions sèches (Yangtsé moyen et Pékin, 60 cm., fig. 268, p. 111, et 270). — Les *températures* estivales sont *tropicales* partout (p. 120 à 122) ; mais l'hiver est frais dans le S. de la Chine (0°), froid dans le Japon septentrional (—12°), très froid dans la Chine septentrionale et la Mandchourie (jusqu'à — 25 et —35°). Grâce aux étés chauds et humides, tous ces climats sont relativement très favorables.

avec extraordinaire *densité* par places. Toute la population
est de race *jaune*, sauf quelques Aïnos dans le N. et des
Malais dans le S. Civilisation très ancienne, qui tend à se
rajeunir de nos jours. Quand l'industrie sera développée,
cela permettra encore une grande augmentation de population et cette région pourra prendre autant d'importance que
l'Europe.

B. Nouveau Monde septentrional.

En général très peu différent du Vieux Monde.

12. Région des plaines nord-américaines.

Situation continentale, avec écran montagneux à l'E. et
à l'O. — S'étend presque du tropique au cercle polaire.

Sol bon : *loess*, alluvions, dépôts glaciaires et *terre
noire*, avec quelques affleurements primaires riches en minéraux. — Relief. — Les plaines atteignent à peine 300 m.
entre N. et S., mais se relèvent jusqu'à 1000 m. à l'O., où
elles sont fortement ravinées.

Climat. — *Mousson* dans le S., *vents variables* ailleurs
avec *trombes* fréquentes (fig. p. 105 à 107). Dans le S., *pluies*
estivales, 1 m. à 2 m. ; ailleurs 60 à 80 cm. (fig. p. 111, 112)
La neige séjourne depuis 40° lat. et fait un bon arrosage au
printemps. — Dans le S., il gèle quelquefois (jusqu'à —11°),
et la chaleur va jusqu'à 50° ; partout ailleurs les températures sont excessives, de —20 ou —40° à +45 ou +40°
(fig. p. 120 à 122).

Hydrographie. — Les grandes rivières du N., le Mississipi et l'Ohio, sont assez régulières pour la navigation
(fig. 118 à 121, p. 52, 53) ; celles de l'O. sont steppiennes,
débordant au printemps et à sec en été. A partir de Saint-
Louis, toutes gèlent en hiver.

La Végétation semble avoir rayonné du pôle dans la période pliocène et s'être graduellement différenciée de celle de
l'Europe. Presque toutes les plantes sont *parentes* de celles
de l'Europe (de genres communs). *Zone forestière* (fig.
363) au N. de 45° de lat. ; avec prédominance des conifères, mais avec arbres à frondaison le long des rivières (*bouleau, tulipier, hickory* ou noyer). — *Zones de steppes* au
centre (*prairies*), avec *artemisias, yuccas* et *cactus* dans
le S.-O. — *Zone tropicale* au S., avec forêts de pins, de
cyprès, d'arbres verts et quelques palmiers (tous revêtus
d'usnées, *tillandsia usneoïdes*). Cette région est excellente
pour les *céréales* et autres cultures européennes et, dans le
S., pour le *coton*.

Faune (fig. 364) très voisine de celle du Vieux Monde
(genres communs). Au N., *ovibos musqué*, glouton, élan,
puis castor (de 26 à 69° lat.), loutre, martre et autres
animaux à fourrures ; loup de petite taille et marmotte,
etc. *Bison* presque éteint. — Actuellement élevage de chevaux et de bétail de boucherie.

Habitants. — Les conditions d'existence sont rudes partout, mais le pays est bon. La comparaison entre le passé,
le présent et l'avenir est intéressante : anciennement, quelques chasseurs ; aujourd'hui, des millions d'agriculteurs et
d'industriels ; plus tard, de plus nombreux millions (fig. 365).
— Le N. est occupé par des Esquimaux et des Peaux-Rou-
ges, le centre par la race blanche, surtout anglo-saxonne,
le S. par des Blancs et des Nègres (fig. 331 à 333, p. 140).

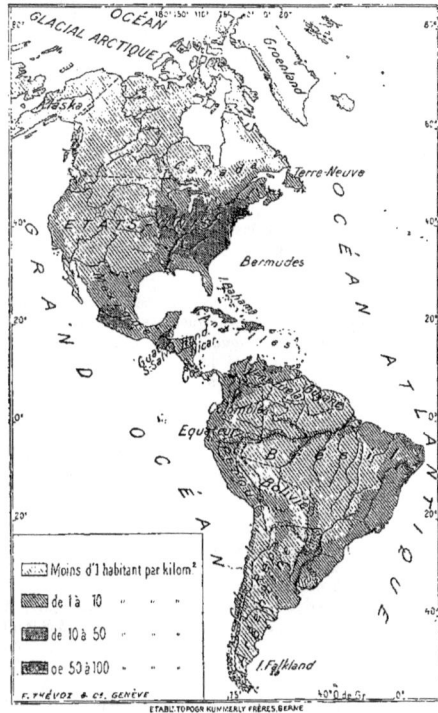

Fig. 365. — Densité de la population.

13. Région montagneuse nord-américaine.

Situation. — Cette région longe la côte occidentale, de
30 à 60° lat., mais avec une largeur considérable (étendue
dix fois supérieure à celle des Alpes). — Côte d'immersion
au N. et à pente sous-marine trop forte dans le S. (fig. 186,
p. 77) ; trop élevée partout. Courant chaud dans le N., frais
dans le S.

Sol. — Cette région s'est plissée en même temps que les
Alpes, mais est morcelée dans le S. et volcanique en beaucoup d'endroits : immenses coulées de lave. — Beaucoup de

richesses minérales. Fréquents tremblements de terre (fig. 22, p. 11).

Le RELIEF présente des *plateaux* et des *chaînes*. Les chaînes ont 3 à 4000 m. d'altitude ; leurs sommets 4500 à 6000. Les plateaux ont en moyenne 2000 m. Relief très gênant.

CLIMAT. — Le S. a les sécheresses des pressions fortes (fig. 268, p. 111) ; ailleurs, les vents dominants d'O. amènent beaucoup de pluie et des températures très uniformes sur la côte (p. 120 à 122) ; peu de pluies à l'E. — *Températures* uniformes sur la côte, rudes sur les plateaux (— 30° à + 40°).

HYDROGRAPHIE. — *Neiges* éternelles depuis 40° lat. ; *glaciers* depuis la frontière du Canada, immenses dans la région du Mont St-Elie (Muir et Malaspina). Les *rivières* du S. ont un régime *méditerranéen* et l'irrigation est indispensable ; ailleurs leur régime est *alpin* (fig. 75, p. 36). Un grand nombre sont encaissées (Colorado, Snake R., etc., fig. 164, 166, p. 68, 69). — Forces hydrauliques considérables.

La VÉGÉTATION est à peu près la même que celle de la Région des plaines, n° 12, avec quelques espèces spéciales, notamment divers pins (*Douglas, Sitka*) et les *Sequoias* (wellingtonias) ; elle présente des *zones altitudinaires*, qui remontent vers le S., où elles sont brusquement remplacées par une végétation désertique. — Cultures de l'Italie dans le S., de l'Europe centrale ailleurs (fig. 363, p. 156).

FAUNE commune avec les plaines (fig. 364, p. 156), mais avec un chamois *(antilocapra)*, un mouflon *(ovis montana)*, l'ours gris, etc. Colonies d'*otaries* (antarctiques) sur la côte.

HABITANTS (fig. 331, 332, p. 140). — Les plateaux semblent avoir été le centre des civilisations anciennes (*troglodytes, cave-dwellers*). Il reste beaucoup d'indigènes, refoulés par les Blancs et les Jaunes. — Cette région est déjà prospère ; mais, avec ses mines, ses forces hydrauliques, la possibilité d'irrigations dans le S., de cultures et d'élevage dans le N., elle a un très grand avenir (fig. 365).

14. Région de la Baie de Hudson.

SITUATION. — Latitude égale à celle de Madrid aux Shetland (40 à 55°), mais valeur tout autre.—CÔTES d'immersion ; genre *norvégien* à l'extérieur, *baltique* sur la baie. Le croisement du courant froid du Labrador avec le courant du Golfe (fig. 216, p. 93) cause des brouillards et des tempêtes. Côtes gelées quatre à cinq mois, et glaces flottantes le reste de l'année (fig. 65, p. 30).

SOL. — Ancien *massif huronien*, complètement arasé, avec affleurements de roches anciennes, riches en minéraux ; tout est revêtu de dépôts glaciaires (comme en Scandinavie), avec argiles, moraines et lacs comblés (fig. p. 30). Sous-sol gelé.— RELIEF peu accentué, mais présentant l'irrégularité des pays glaciés (fig. 63, p. 29).

CLIMAT. — Zone des dépressions individuelles (fig. 251 253, p. 105, 106). *Pluies* et neiges abondantes (p. 111) venant du S. et de l'E. Les *températures changent brusquement* avec le vent et sont, malgré l'humidité, beaucoup plus rudes qu'à latitude égale en Europe (de —40° à +35° ; figs. p. 120 à 122).

HYDROGRAPHIE de caractère post-glaciaire : milliers de lacs, dentelés et semés d'îles ; milliers de rapides ou de cascades (fig. 135, p. 58). Mais tout est gelé plusieurs mois, en sorte que la navigation (en petits canots portables) et les forces hydrauliques sont intermittentes.

VÉGÉTATION forestière de la Région des plaines, n° 12, avec des prairies et quelques cultures septentrionales (fig. 363, p. 156).—FAUNE commune avec la Région des plaines, n° 12 ; mais richesse marine extraordinaire (morue, phoque, homard) et grand élevage de bétail (fig. 364, p. 156).

HABITANTS. — Le pays est peu hospitalier ; mais, avec ses bois, ses mines, ses forces hydrauliques, et sa population d'immigrants énergiques, Anglais et Normands, il est prospère. Encore quelques indigènes (fig. 331, 332, p. 140).

15. Région alléghanienne.

SITUATION. — Latitude (25° à 46°), correspondant à celle des Canaries à la Bretagne, mais sans autre ressemblance. — CÔTE *d'immersion* avec fiords, dans le N. (fig. 234, p. 99) ; type *d'émersion* dans le S. ; « mur froid » au N.-E., et courant du golfe au S. (p. 93), avec coraux en Floride.

SOL. — Zone de plissements (calédoniens et hercyniens), orientés du S.-O. au N.-E. Présentent deux aspects : dans le N.-O. le plateau des Alleghanies, couvert de calcaires anciens, n'est qu'ondulé ; dans les Appalaches, l'érosion n'a laissé en saillie que les parties dures des plis. Richesses minérales considérables dans le N.-O., et bons terrains sur la plaine côtière du S.

RELIEF varié : plaine côtière large au S., nulle au N.-E. ; dans les Appalaches, chaînes parallèles et cluses (comme dans le Jura) ; dans les Alleghanies, plateau raviné. C'est une région de 1500 à 2000 m. seulement, entrecoupée de vallées, mais dix fois grande comme le Jura, et incommode.

CLIMAT. — Dans le N.-E., à la latitude de Naples, on trouve la rudesse de la Région de la baie de Hudson, n° 14 (—25° à +40°). Dans le S.-O. une *mousson* (p. 105-107) amène des pluies estivales abondantes et des températures presque tropicales (de 0° à +45° ; fig. p. 120, 121). Grande variété dans les montagnes.

HYDROGRAPHIE. — Lacs glaciaires dans le N. Les *rivières* du N.-E. présentent généralement un estuaire à forte marée, puis un tronçon navigable, puis, dans les montagnes, un tronçon à forces hydrauliques.

VÉGÉTATION de la Région des plaines, n° 12, avec son caractère septentrional et son caractère méridional contigus

FIG. 366. — Plantes caractéristiques du Mexique septentrional. — A gauche, *yucca* et *cereus ingens* (cactus candélabre); à droite, *cactus figuier* d'Inde, *yucca* et *agave americana*.

vers le cap Hatteras: forêts et pâturages dans le N.-E.; coton dans le S, (fig. 363, p. 156). — FAUNE semblable à celle des plaines, avec adjonction de quelques types mexicains *(opossum, axolotl,* etc.) (fig. 364, p. 156).

HABITANTS. — Changement extraordinaire en deux siècles: remplacement des quelques Indiens chasseurs par une population blanche énergique; élevage, culture du coton, du tabac, etc.; activité intense, commerce, industrie hydraulique et métallurgique.

II. Monde sud-américain.

16. Région mexicaine.

SITUATION avantageuse, entre 10° et 30° lat., entre deux mers et deux continents.

SOL. — Massif ancien, riche en minéraux, découpé en blocs par des fractures transversales (E.-O.), jalonnées de volcans; nombreux tremblements de terre (fig. 2, 22, p. 2, 11). — RELIEF varié et gênant: Les isthmes de Panama,

Nicaragua et Tehuantepec n'ont respectivement que 70, 32 et 300 m. d'altitude. Les massifs du S. ont 100 à 300 m.; le Plateau mexicain 3000; la Sierra Madre 4000 à 5000 m.

CLIMAT. — Les *alizés* se combinent avec une *mousson* (p. 105 à 107). L'alizé explique l'abondance des *pluies* sur les côtes orientales (p. 111, 112); la mousson en amène un peu sur les côtes occidentales; les plateaux n'en ont presque point. Toutes les pluies sont estivales. — Les *températures* (p. 120-122) sont tropicales; mais l'altitude y introduit une variété plutôt avantageuse:

les *terres chaudes*, jusque vers 1000 m., ont de +15 à +45°; les *terres tempérées*, 1000 à 2500 m., de +10° ou 0° à +45°; les *terres froides*, sur le plateau, de —10° à +45°.

VÉGÉTATION. — Parenté avec celle des Antilles. D'ailleurs grande variété à cause du relief. Sur la côte orientale, richesse inouïe: *fougères* arborescentes, *cycadées, palmiers, orchidées* terrestres et *épiphytes, cocotier* (qui y est indigène), etc. — Sur les pentes, beaucoup d'espèces de *chênes;* puis plantes à feuillage persistant, *pins* et *cyprès.* — Sur le plateau, plantes *xérophiles: cactus, agaves* (fig. 366) et de belles bruyères (*béjariées*). — La côte occidentale, plutôt sèche, a les caractères d'un *parc* (*mimosa pudica, acajou, cedrela odorata*, etc.).— *Cultures* tropicales jusqu'à 2000 m., cultures espagnoles sur le Plateau.

HABITANTS. — Un tiers de la population est d'origine espagnole; le reste se compose de métis et d'Indiens, descendants des Aztèques, Mayas, etc. — Cette région a de l'avenir; cultures possibles très variées, minéraux, forces, bonne situation géographique.

17. Région des Antilles.

SITUATION excellente. — CÔTES avec de très grandes profondeurs à faible distance.

SOL. — Les îles Bahama sont corallines, et les Petites Antilles volcaniques. Les Grandes Antilles sont la suite des

FIG. 367. — Amérique. Zones de végétation.
1. Région glaciale arctique.
2. Région des forêts boréales.
3. Prairies et steppes.
4. États-Unis du sud, partie du Mexique, Californie.
5. Savanes.
6. Forêts vierges.
7. Gran-Chaco, bassin moyen du Parana.
8. Partie moyenne du Chili.
9. Région chilienne proprement dite.
10. Région froide du sud. [dite.
— Flore tropicale des hautes montagnes.

plissements d'Amérique centrale, fortement disloqués. Fréquents séismes (p. 2, 11). — Les Grandes Antilles atteignent 3000 m.

CLIMAT sub-équatorial typique: vents *alisés* presque constants, avec recrudescence de pluies en été; tornades. *Température* uniforme, de +19 à +35° (p. 105, 106; 108, 109; 122).

VÉGÉTATION. — La moitié des plantes sont *endémiques*, surtout dans la Jamaïque et Cuba; les autres sont sud-américaines ou mexicaines. Beaucoup de pins, à côté d'une végétation équatoriale (fougères de 20 m., lianes, etc.). Patrie du tabac, d'un des cotonniers, du manioc. Toutes les cultures tropicales.

HABITANTS. — Les anciens Indiens civilisés (Caraïbes) ont été détruits; ils sont remplacés par des nègres africains et des métis, avec $^1/_{10}$ de blancs de race pure. — Vie trop facile; manque d'activité et d'énergie.

18. Région andine.

SITUATION. — Largeur 400 à 800 km.; longueur près de 8000 km., de 15° N. à 55° S. (les Alpes n'ont que 150 à 300 km. sur 1000). Grandes profondeurs, avec pentes sous-marines fortes (p. 77). Côte trop uniforme et élevée.

SOL très varié, riche en minéraux. Les Andes sont le résultat de plissements tertiaires, généralement adossés à une zone disloquée à l'E. Séismes et volcans actifs (p. 2, 11).

RELIEF. — Les Andes présentent plusieurs chaînes parallèles: la première, en partie submergée dans le S., n'a que 1000 m. au Chili, mais 4 à 6000 m. plus au N.; la deuxième et la troisième sont fusionnées entre Chili et Argentine, distinctes dans la Bolivie et l'Equateur, divergeantes en Colombie. Entre la première et la deuxième chaînes s'étendent des *plateaux*, de 1000 m. au Chili, 4000 m. en Bolivie, 3000 puis 2500 m. au N. Les grands sommets sont des volcans; quant aux cols, ils s'ouvrent à 4000 ou 5000 m. d'altitude!

CLIMAT (fig. 266, p. 110). — Diversité extraordinaire: A l'équateur, il y a deux saisons des pluies, distinctes, avec précipitations abondantes sur les deux versants, mais plutôt à l'E. (p. 111, 112). — Jusqu'à 15° au N. et au S. de l'équateur les pluies principales tombent pendant l'été local, mais le versant oriental, les Yungas, en reçoit une grande partie de l'année. De 15 à 35° de lat. le versant oriental est encore bien arrosé, tandis que le versant occidental est un désert. Au delà de 35° de lat. c'est le contraire. Pour les *températures*, diversité au moins égale (p. 120-122); elles varient avec la latitude, l'altitude et l'humidité: tout à fait équatoriales sur le versant E. et jusqu'à 10° au N. et au S. de l'équateur; souvent très excessives dans les régions sèches.

HYDROGRAPHIE.— Les *neiges* éternelles commencent entre 4000 et 5000 m. dans le N., à 1500 m. au S. (fig. 40, p. 20). Les *rivières* dépendent des pluies; celles des Yungas représentent une énorme force hydraulique pour l'avenir, andis que les torrents de l'O. commencent à être utilisés pour l'irrigation.

VÉGÉTATION très remarquable. Beaucoup d'espèces *endémiques;* puis la latitude, l'altitude et les immigrations mexicaines et amazoniennes introduisent une variété extraordinaire. Au centre, le versant oriental a une magnifique *végétation tropicale,* avec arbres géants et épiphytes, palmiers (jusqu'à 3000 m.) et fougères innombrables; la *coca,* plusieurs espèces de *cinchona* (quinquina), etc. La région supérieure (fig. 367, p. 160) *pàramo* ou *pùna,* ne présente guère que des mousses et lichens, des *stipa;* mais aussi des *renoncules, gentianes, seneçons* et *violettes*

naire: argile, *lœss* et alluvions dans les Pampas et les Llanos; *latérite* dans le Chaco; alluvions et *humus* dans les Selvas.

CLIMATS différents (p. 110, fig. 266; p. 111, 112, 120-122): sur la *côte septentrionale,* alizés et calmes équatoriaux, pluies estivales abondantes, et températures chaudes uniformes; dans les *Llanos,* alizés et calmes, un peu de pluie, chaleurs excessives; dans les *Selvas,* calmes équatoriaux, pluies à peu près constantes, mais avec deux maxima, températures perpétuellement chaudes; dans le *Chaco,* pluies estivales (de XII à III), chaleurs moins fortes que dans les Llanos; dans les *Pampas,* zone des pressions fortes, peu

FIG. 308. — Pélicans, sur une couche de *guano,* dans les îles Chinchas, Pérou. (Phot. von Ohlendorf.)

(d'espèces non européennes). — La zone sèche entre la Bolivie et Valdivia (42° S.) est très riche en plantes à oignons et à épines (*cactus, agavés, mimosas,* etc.).

FAUNE aussi remarquable; grand nombre d'espèces endémiques: llama, vigogne, guanaco, alpaca, condor, etc. (fig. 364, p. 156; 368).

HABITANTS. — La vieille civilisation des *Incas* a été détruite par les Espagnols; mais il reste beaucoup d'indigènes et surtout de métis. Les Blancs sont nombreux, surtout dans le S., et les Chinois immigrent dans le N. — Avec son étonnante diversité physique, la Région andine se prête à toutes les cultures; elle est riche en minéraux. Les 3/4 de ces pays peuvent avoir un grand avenir; mais, dans plusieurs, les conditions politiques actuelles sont peu satisfaisantes.

19. Région des plaines sud-américaines.

SITUATION presque entièrement continentale, avec très grande étendue en latitude. — SOL presque partout quater-

de pluie, et températures excessives (de — 10 à + 45°). — Dans les Selvas, l'abondance d'eau est extraordinaire; ailleurs les rivières ont des caractères *steppiens.*

VÉGÉTATION très diverse: Les Selvas ont une végétation écrasante pour l'homme (fig. 302, p. 129; et 308, p. 131). Dans les parties les plus humides, la forêt (*igapó*) est surtout riche en *palmiers* (fig. 309, p. 131), bambous, fougères (fig. 310, p. 132 et 370, p. 162) et la vie y est intense et ininterrompue; dans les endroits plus secs, une partie des palmiers sont remplacés par de très grands arbres, parfois à feuilles caduques (fig. 371, p. 163). Vers le tropique, la forêt se simplifie et les *araucarias* y apparaissent (fig. 373, p. 164). Le *Chaco* est un *parc,* présentant des espaces d'herbes, de roseaux, de buissons, semés de bouquets de palmiers et autres arbres. Les *Llanos* sont une *savane,* avec graminées de 1 à 2 m. et plants isolés de palmiers, de buissons ou de cactus (fig. 321, p. 135 et 369, p. 162). Au S. du Chaco, l'Argentine offre une zone de broussailles épineuses, de salsolacées et palmiers nains, puis la *Pampa,* couverte de

Fig. 369. — Savane de la région de l'Orénoque, Amérique du Sud.

Fig. 370. — Forêt vierge équatoriale (bassin de l'Amazone).

Fig. 371. — Aspect caractéristique d'une rivière du bassin de l'Amazone (Rio Purus) au moment où les eaux sont à leur niveau moyen. Le fleuve est bordé d'une forêt dense de *Cecropia*, arbre d'une croissance très rapide, de 10 à 12 mètres de haut, qui peut supporter une longue immersion.
(Phot. J. Huber.)

graminées et sans arbres ; envahissement par le fenouil européen et nos chardons.

FAUNE différente dans les Selvas et les plaines découvertes (fig. 364, p. 156). Dans les *Selvas*, la vie animale est au sommet des arbres ; dans les *savanes*, les animaux sont fouisseurs. Dans les Selvas, variété extraordinaire d'insectes, d'oiseaux et de singes, présence de quelques didelphes (*sarigues*, etc.), du *paresseux*, du *boa*. Près des savanes,

les tapirs et beaucoup de rongeurs (paca, agouti, chinchilla). Dans les steppes, l'autruche (rhea), le tatou, le fourmilier, l'armadille, la visatcha, etc.

HABITANTS (fig. 331, p. 140). — Population indigène encore nombreuse ; mais les Européens occupent de plus en plus les zones peu humides. — On ne tire guère parti que du caoutchouc dans les Selvas et de l'herbe et des céréales au S. ; mais des millions d'habitants pourront un jour y vivre.

Fig. 372. — Végétation aquatique dans la région de l'Amazone. — Feuilles de *Victoria regia*, 1 mètre à 1 m. 50 de diamètre, et riz sauvage.
(Phot. J. Huber.)

Fig. 373. — Groupe d'*araucarias* (Brésil méridional).

19 bis. Région araucanienne [1].

SITUATION. — Au-delà de 35⁰ lat., des deux côtés des Andes. — CÔTES d'immersion, à très beaux fiords, dans l'O. ; côte orientale plate. Courants froids et tempêtes fréquentes (fig. 216, p. 93). — SOL varié dans les Andes, en partie volcanique ; diluvium quaternaire grossier en Patagonie.

CLIMAT (fig. 266, p. 110 ; et p. 111, 112, 120, 121), très différent à l'E. à l'O. Grande prédominance des vents d'O. *Précipitations* considérables à l'O., très faibles à l'E. *Températures* assez excessives à l'E. (— 15⁰ à +40⁰) ; uniformes, plutôt froides, à l'O. (—5 à +25⁰). — A l'O., *glaciers* considérables, dont quelques-uns parviennent jusqu'à la mer et forment des icebergs (fig. 40, p. 20).

VÉGÉTATION très particulière, en grande partie endémique. En Patagonie, steppe à *stipa* et plantes épineuses. A l'O., grandes forêts à feuillage persistant : *hêtres* à feuilles persistantes, *araucarias* ; *camélias* arborescents ; *myrtes, bambous, fuchsias*, etc. ; quelques petites fleurs presque européennes (*primula farinosa, gentiana prostrata; violettes*) ; fraises ; la *pomme de terre* est indigène.

HABITANTS. — Peu d'immigration européenne. Les Fuégiens sont un des peuples les plus primitifs. Patagons à l'E. ; Araucans à l'O.

[1] Notre carte des *Régions physiques* ne pouvait plus être modifiée, lorsque M. le professeur Chodat nous a recommandé à bon droit de séparer les parties méridionales des Régions 18 et 19 pour en faire une Région à part, qui est basée surtout sur sa végétation spéciale.

20. Région des hauteurs brésiliennes.

SITUATION avantageuse, de 10⁰ N. à 35⁰ S. — Mais les côtes sont trop plates dans le N. et trop élevées dans le S. — Vieux massifs arasés, avec affleurement de roches archéennes et primaires, dont les parties dures font saillie. Beaucoup de minéraux. Surface composée de *latérite*.

RELIEF. — Les Guyanes ont un plateau de 1000 m. et une côte extrêmement plate. Au Brésil, le Matto-Grosso est un plateau ondulé, genre Alleghany ; les chaînes côtières rappellent les Appalaches, avec moins de coupures transversales.

CLIMAT. — Toute cette région est soumise aux *alizés* (fig. 266, p. 110) ; mais le Matto-Grosso est sec à cause de l'écran des montagnes, et le midi subit l'influence desséchante des pressions fortes (en hiver, soit juillet). Dans le N., au contraire, pluies abondantes dues aux déplacements de la zone des calmes équatoriaux (p. 111, 112). *Températures* tropicales partout, mais plus excessives sur le Plateau (de 0⁰ à 45⁰, fig. p. 120, 122).

VÉGÉTATION. — Modification de celle des Selvas. Le Matto-Grosso offre, ou des *savanes* (*campos*) avec cactus et mimosas, ou des *parcs* (*caatinga*). Les régions humides ont la forêt à grands arbres de l'Amazone. — Patrie du cacao, de la vanille, des ananas, des arachides, etc. Produit la moitié du café du monde, et la plupart des cultures y seraient possibles. — FAUNE des Selvas.

HABITANTS. — Peu d'indigènes de sang pur, beaucoup de Nègres africains, moins de Blancs, quelques Hindous en

Guyane, mais un nombre considérable de gens de sang mêlé.
— Cette région est encore très peu développée ; mais avec une population active, elle aurait une valeur incalculable.

III. Monde indo-africain.

21. Région d'Afrique équatoriale.

SITUATION, de 15° N. à 15° S. — CÔTES mauvaises, avec lagunes insalubres et ressac perpétuel.

SOL. — Vieux massif, effondré sur les bords, avec sous-sol de roches cristallines anciennes, et sol superficiel d'alluvions, d'humus et de *latérite*. Plusieurs fractures, d'Abyssinie et d'Ouganda au lac Nyassa, sont jalonnées de volcans.

FIG. 374. — Savane dans l'Afrique centrale, avec « paillottes » de branches et graminées.

RELIEF. — Plateau ondulé de 1000 à 1500 m., avec bord oriental relevé : monts Livingstone 2500 m., Abyssinie 4000 m. Des sommets volcaniques atteignent 6000 m.

FIG. 375. — Forêts vierges, terres cultivables et déserts.

CLIMAT. — Même sous l'équateur, il n'y a généralement qu'une saison pluvieuse, très prolongée, et une saison sèche[1]. Beaucoup de pluie (p. 111), surtout sur les côtes[2]. Partout climat équatorial ou sub-équatorial, généralement insalubre pour l'Européen.

HYDROGRAPHIE. — Abondance de bassins lacustres et de rapides ou cascades[3]. Navigation et forces hydrauliques.

VÉGÉTATION plutôt pauvre pour une région équatoriale (fig. 375) ; peu de palmiers et de bambous ; type de *savane* ou de *parc* (fig. 319, p. 135, et 374), avec *dragoniers* (fig. 292, p. 124), et bouquets d'*acacias* divers, d'*euphorbes*, de *cactus*, d'*aloès*, de *baobab*, de *sycomore*. La forêt dense n'existe que là où l'humidité est très grande[4]. Les grands lacs et les fleuves sont bordés de *papyrus* et d'*ambadj* de 4 à 5 m. de haut[5]. Flore très particulière dans les montagnes (*fougères* et *bruyères* arborescentes, *scabieuses* et

[1] La saison sèche a lieu de XII à III dans le N., et de VI à IX dans le S. ; mais la règle des *deux* saisons pluvieuses sous l'équateur n'est pas complètement supprimée, car la longue saison pluvieuse est coupée par une quinzaine de jours de sécheresse, et la saison sèche par quinze jours de pluie.

[2] L'Afrique doit avoir une *mousson*, car la côte occidentale reçoit au moins autant de pluie que la côte orientale, qui profite des *alizés*.

[3] Cela semble prouver que l'activité des cours d'eau n'est pas ancienne ou qu'elle a été *rajeunie* par quelque mouvement géologique récent (fig. 152, p. 64).

[4] C'est ce que Stanley nomme *forêt-galerie*.

[5] L'*ambadj* étant annuel, contribue à la formation des *barrages flottants* qui interceptent parfois la navigation sur le haut Nil.

FIG. 376. — Prairie sur le plateau du Transvaal. Abondance de
fleurs pendant la saison des pluies (espèce d'immortelles).
(Phot. L. Senn.)

millepertuis curieux, etc.). L'Afrique occidentale est caractérisée par le *baobab*, le *palmier à huile* (*elaïs guineensis*), le *kola*, etc. ; le versant oriental par le *caféier* dit arabique.

FAUNE très riche, caractérisée par de grands animaux de type ancien : éléphant, girafe, hippopotame, rhinocéros, crocodile, autruche, etc. L'Afrique possède les $^9/_{10}$ des *antilopes*, quelques *lémuriens*, les singes *cynocéphales* à l'E., le *gorille* et le *chimpanzé* à l'O. ; beaucoup de grands

carnassiers, etc. Parmi les nombreux insectes, la mouche *tsétsé* joue un rôle néfaste (bétail et maladie du sommeil).

HABITANTS. — Les *Pygmées*, dispersés de tous côtés, dans les lieux peu accessibles, semblent être des occupants anciens, et les *Nègres*, de grande stature, des immigrants. Sur le pourtour, le type est seulement *négroïde*. Des *Arabes* occupent le N.-E. — Le climat et l'abondance des maladies entravent la mise en valeur de l'Afrique équatoriale par l'Européen ; mais cette région a cependant beaucoup de conditions favorables.

22. Région d'Afrique australe.

SITUATION. — La latitude, de 20 à 35°, est bonne ; mais les terres les plus rapprochées sont à 8000 et 10 000 km. de distance! — CÔTES mauvaises ; tempêtes ; courant chaud à l'E., froids à l'O. et au S. (p. 93).

SOL. — Massif ancien, avec calcaires. Nombreux gisements minéraux. Sol superficiel souvent trop perméable (grès et laves). — PLATEAU concave, avec rebord de 3000 m. à l'E. et gradins successifs vers le S.

CLIMAT. — Cette région se trouve dans la zone desséchée des *pressions fortes*, avec influence des *alizés* en été (XII-II) dans le N., et des *vents d'ouest* en hiver (VI-IX) dans le S. (fig. 206, p. 110). — En conséquence (p. 111, 112) : *pluies* estivales et températures tropicales à l'E. ; pluies hivernales et températures méditerranéennes dans le S. (—5° à + 45°) ; pluies rares sur le plateau et températures

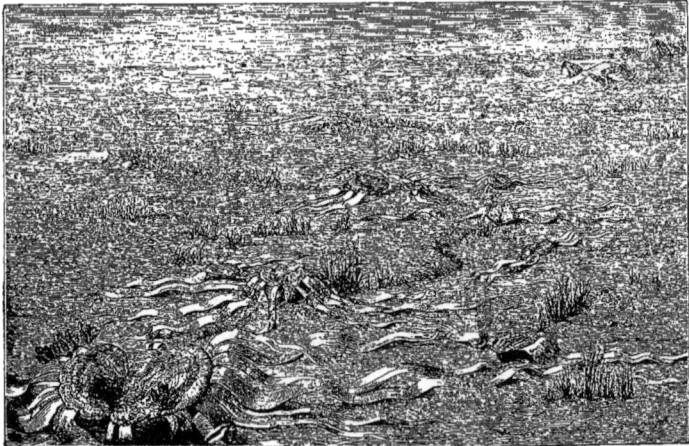

FIG. 377. — *Welwitchia mirabilis*, arbre rabougri, spécial au désert de Kalahari, où il vit dans es
régions les plus arides. Tronc de 20 cm. de haut ; écorce épaisse ; feuilles traînantes, dures. (D'après
A. Kirchhoff.)

excessives (de — 15° à + 50°). Salubrité. — Oueds et rivières steppiennes dans l'O. et le S. ; irrigation indispensable.

Végétation (fig. 374, p. 165). — Son caractère général est une richesse extrême en espèces sur un petit espace. L'E. est sub-équatorial avec des forêts denses (beaucoup de *cycadées*). Le S.-O. est couvert de fleurs en hiver (VI-VII), puis desséché : buissons épineux, à petites feuilles persistantes ; richesse extraordinaire (300 espèces de *bruyères*, 800 espèces d'*orchidées*, une quantité d'*immortelles*, fig. 376, p. 166, de *liliacées*, d'*iridées*, etc.). — Le Plateau et le Kalahari n'ont guère que des *graminées*, d'ailleurs avec beaucoup de fleurs, puis des buissons d'*acacias* divers, d'*euphorbes*, d'*aloès*, de *ficoïdes* (*mesembryanthemum*), etc. Quelques plantes désertiques sont très curieuses (*Welwitschia mirabilis*, fig. 377, p. 166, tronc de 20 cm. de haut et 4 m. de tour, immense racine et lanières traînantes). — Productions pratiques : bétail et céréales dans le centre ; cultures italiennes dans le S., tropicales à l'E. (sucre, etc.).

Faune déjà décimée. Elle était caractérisée par l'abondance extraordinaire des antilopes, puis les zèbres, les buffles, les autruches, etc. Le mouton mérinos et la chèvre du Tibet les remplacent de plus en plus.

Habitants. — Les indigènes présentent trois types : les *Bushmen* (pygmées ?), les *Hottentots* et les *Bantous*. Nombreux Hollandais et Anglais ; Chinois et Hindous. — Cette région, grâce aux mines, est déjà développée.

23. Région malgache.

Situation avantageuse, entre équateur et tropique. Plusieurs parties volcaniques ; richesses minérales à Madagascar. — Relief assez élevé pour que les eaux puissent n'être pas stagnantes.

Climat. — Ces îles sont dans la zone des alizés (fig. 266, p. 110), avec influence des pressions fortes en hiver (VII) dans le S., et des calmes équatoriaux en été (XII-III) dans le N. Les *pluies* sont donc estivales, et plus abondantes à l'E. et au N. (p. 111, 112). *Tornades* fréquentes aux Mascareignes.

Végétation (fig. 375, p. 165). — Caractères saillants : beaucoup d'espèces endémiques (fig. 378), une certaine parenté avec la flore indo-malaise et une grande différence avec celle de l'Afrique (sauf pour les acacias). — Faune spéciale, très endémique : presque toutes les espèces de *caméléons* et de *lémuriens* (makis), la grande tortue de terre, etc., et les grands oiseaux récemment éteints (le *dronte* et l'*æpyornis*).

Habitants. — La population est plutôt malaise qu'africaine (fig. 331 et 332, p. 140), et relativement assez civilisée. Les Mascareignes n'ont guère que des Blancs et des Hindous. Pays d'avenir.

24. Région indo-malaise.

Situation très favorable, de 10° S. à 15° N. ; de la *Ligne de Wallace* aux chaînes Himalayennes. — Très faibles profondeurs sur le socle indo-malais (fig. 187, p. 77).

Sol. — L'Hindoustan est un massif ancien, sans plisse-

Fig. 378. — L'arbre du voyageur (*Ravenala madagascariensis* ou *Urania speciosa*), musacée particulière à Madagascar.

ments, et plus ou moins effondré ; sous-sol cristallin, riche en minéraux, couches superficielles de latérite, de basalte décomposé et d'alluvions. — L'Indo-Chine est une zone de grands plissements. — L'Archipel présente un mélange de dislocations anciennes et récentes, avec bordure volcanique puissante (cartes, p. 2, 10 et 11). Beaucoup de tremblements de terre ; mais bons terrains.

Relief varié : l'Hindoustan offre une combinaison de plateaux et de chaînes ; l'Indo-Chine, des chaînes et des vallées ; l'Archipel, quelques chaînes, mais surtout des cônes volcaniques disséminés.

Climat. — Tous les éléments du climat dépendent des *moussons* (p. 105, 106), qui soufflent du S.-O. et du N.-E. dans l'Hindoustan, du S. et du N. dans l'Indo-Chine, du

S.-E. et du N.-O. dans l'Archipel. — L'Hindoustan a des régions humides et d'autres sèches ; le reste est humide partout (p. 111, 112). — *Températures* tropicales (p. 120-122) mais assez excessives dans quelques parties de l'Hindoustan ; extraordinairement uniformes dans l'Archipel (fig. 282, I à IV, p. 118). — Eaux abondantes.

VÉGÉTATION d'une richesse inouïe (plus de vingt mille espèces, fig. 362, p. 155). *Savane* à grandes herbes dans les

FIG. 379. — Figuier banyan (*ficus elastica*), à racines aériennes. Arbre de la région indo-malaise (Jardin botanique de Buitenzorg, Java).   (Phot. B. P. G. Hochreutiner.)

lieux relativement secs : *jungle*, d'une richesse et d'une complication extrêmes, dans les pays humides (fig. 326, p. 137). Presque toutes les côtes ont des zones successives de *mangrove*, de *palmiers nipa* et de *cocotiers* (fig. p. 132). Dans les forêts on trouve des centaines d'espèces de palmiers (dont beaucoup sont grimpants, *rattan*, etc.), des *épiphytes* (fig. 301, p. 128), des arbres géants (*liquidambar*, etc.), des fougères, un sous-bois inextricable, des plantes extraordinaires (*rafflesia*, etc.). Cette région est la patrie des épices, du bananier (fig. 296, p. 126), de la canne à sucre, et de beaucoup d'autres plantes précieuses ou curieuses (fig. 379). On peut y cultiver de tout, selon le climat de chaque endroit.

FAUNE également riche : beaucoup de singes, entre autres l'*orang-outang ;* carnassiers, sangliers, serpents ; l'éléphant, le rhinocéros ; quelques lémuriens, etc.

HABITANTS. — C'est un des groupes humains les plus importants, plus de 400 000 000 d'habitants (fig. 330, p. 139). Une grande partie sont de race blanche, d'autres *Dravidiens*, d'autres *Malais*, d'autres *Jaunes* (en Indo-Chine) ; enfin il existe des groupes de *Negritos*, de *Dayaks*, etc. (fig. 331 à 333, p. 140). — Presque toutes ces populations sont civilisées ou anciennement civilisées; presque uniquement agricoles ; le développement de l'industrie pourra donner à cette région une importance encore plus grande.

IV. Monde Pacifique.

25. Région papoue.

CLIMAT. — *Mousson* indo-australienne (fig. 266, p. 110) ; *pluies* presque toute l'année, mais davantage au S. ou au N. selon la saison. *Températures* équatoriales (p. 111; 120, 121).

VÉGÉTATION moitié australienne (*casuarinées*, etc., fig. 294, p. 125), moitié asiatique (fig. 380, p. 169). Grandes différences de richesse d'une île à l'autre. — FAUNE *australienne* (*didelphes, casoars*, etc.), avec quelques espèces malaises et endémiques (*paradisiers*, etc.) ; grande richesse.

HABITANTS peu étudiés. *Malais* et divers *Papous ;* encore sauvages (même cannibales). C'est une région qui peut prendre un jour de l'importance.

26. Région australienne.

SITUATION. — Sa latitude, 10 à 15⁰ au N. et au S. du tropique, est bonne ; mais l'Australie est trop isolée. — Côtes mauvaises (p. 93). *Grande-Barrière* de coraux au N.-E.

SOL. — L'ouest est un massif ancien ; la côte E., un plissement d'âge alpin. Richesses minérales. Mais immenses espaces de mauvaises terres superficielles.

CLIMAT. — Combinaison des *pressions fortes* avec les *alizés* et une *mousson* (fig. 266, p. 110) ; les *alizés* fournissent beaucoup de pluie à la côte orientale (p. 111, 112) ; la *mousson* en donne beaucoup à la côte septentrionale et un peu aux autres (mais très peu, parce que les mers voisines sont froides) ; enfin les *pressions fortes* amènent des sécheresses estivales. L'intérieur est un désert, surtout à cause de la répartition des montagnes sur le pourtour. — *Températures* tropicales dans le N., italiennes dans le S.-E., excessives dans le S. (—5⁰ à +45⁰), et surtout dans le centre (—10⁰ à +50⁰). Variations brusques (p. 122).

HYDROGRAPHIE. — Le versant oriental a beaucoup de cours d'eau, utilisables. L'intérieur n'a que des *chotts* (fig. 105, p. 46) et des lits desséchés (oueds).

VÉGÉTATION (fig. 381, p. 169). — Trois caractères saillants :

1⁰ 85 % des espèces sont *endémiques;* 2⁰ beaucoup de plantes sont de *types tertiaires* (apparentées à des végétaux tertiaires fossiles d'Europe et d'Asie); 3⁰ toutes sont organi-

FIG. 380. — Aspect d'une côte marécageuse du nord de Bornéo, avec *mangrove* à marée haute.

sées pour la *lutte contre la sécheresse :* feuilles réduites, persistantes, dures, grises, à station verticale (149 espèces d'*eucalyptus*, fig. 299, p. 128); *phyllodes* (300 espèces d'*acacias*); feuillages presque aciculaires (*protéacées*); enfin les *casuarinées* n'ont que des ramilles avec feuilles presque invisibles (fig. 293, 294, p. 125). Graminées dures (spinifex, xanthorrhée, fig. 293); plus de 100 espèces d'*immortelles* et beaucoup de *salsolacées*. En revanche, *fougères* remarquables dans quelques régions humides du S.-E. (fig. 382, p. 170 ; 308, p. 129 ; 317, p. 134). La côte orientale et le S.-E. sont très riches en fougères arborescentes et arbres géants (quelques *eucalyptus globulus* et *euc. amygdalinus* dépassent 160 m.!); ils possèdent des *hêtres* à feuilles persistantes, des *araucarias*, etc., voisins de ceux du Chili et de l'Argentine (!). L'intérieur présente le type du *parc* (fig. 383, p. 171) là où l'humidité est suffisante; ailleurs, *steppe* sèche ou désert. — Plantes d'Europe acclimatées.

FAUNE à caractère *tertiaire*. En fait d'animaux supérieurs, il n'y a que des *didelphes* (kangourou, etc.) et des *monotrèmes* (échidnés, ornithorhynque); ni carnassiers, ni ongulés, ni rongeurs. — Les lapins européens ont envahi le S.-E., et le bétail européen est nombreux partout (fig. 328, p. 138).

HABITANTS (fig. 331, 332, p. 140). — *Nègres* d'Australie extrêmement arriérés. En revanche les Blancs (surtout des Anglo-saxons) s'établissent toujours plus nombreux (institutions socialistes).

27. Région néo-zélandaise.

SITUATION, aux antipodes de l'Europe, de 35 à 46° de lat.; très isolée. — Les Alpes néo-zélandaises sont d'âge alpin;

dislocations récentes (p. 2, 11), phénomènes volcaniques et séismiques. *Geysers.* — L'île du N. a un relief irrégulier, avec cônes volcaniques importants; celle du S. a une chaîne considérable, de plus de 3000 m., qui domine la côte occidentale.

CLIMAT. — Comme dans le S.-O. de l'Europe, alternatives de *pressions fortes* et de *vent dominant de l'ouest* (fig. 266, p. 110). L'île du N. a un climat sub-tropical italien. L'île du S. a des *pluies* hivernales (p. 111, 112), très abon-

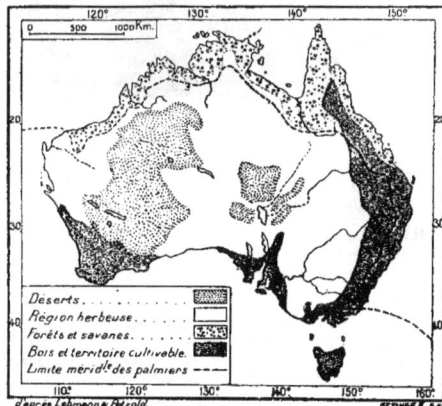

FIG. 381. — Zones de végétation en Australie.

FIG. 382. — Forêt d'eucalyptus géants et de fougères, en Tasmanie. L'eucalyptus atteint 140 mètres de hauteur.

dantes à l'O., et des *températures* très favorables à l'E. (—5⁰ ou —10⁰ à +40⁰ ; p. 120, 121).

HYDROGRAPHIE. — L'île méridionale possède de grands *glaciers;* ceux du S.-O. arrivent presque à la mer. Ses cours d'eau ont les mêmes caractères que les nôtres. Forces hydrauliques.

La VÉGÉTATION néo-zélandaise présente trois caractères dominants : elle n'est *pas riche,* les ²/₃ de ses espèces sont *endémiques,* et elle n'a pas de parenté avec l'Australie (pas de casuarinées, d'eucalyptus, d'acacias à phyllodes[1]).

[1] En revanche cent espèces sont presque identiques à celles du Chili.

Beaucoup de *fougères* (fig. 304, p. 129) et d'*orchidées*, peu de graminées, peu de belles fleurs, plusieurs conifères curieux (*Kauri*, etc.). — Les plantes d'Europe envahissent tout peu à peu.

FAUNE très spéciale : en fait de mammifères, seulement une espèce de rats et quelques chauves-souris ; mais beaucoup d'*oiseaux* curieux (un perroquet nocturne fouisseur, un cacatou suceur de sang, l'*aptéryx* ou *kiwi*, l'ancien oiseau géant, *dinornis*, éteint depuis peu, etc.). — Bétail européen nombreux.

Les HABITANTS primitifs sont les *Maoris*, Polynésiens immigrés, assez civilisés, encore nombreux dans l'île du N.

Immigration européenne importante; pays prospère; institutions sociales avancées.

28. Région polynésienne.

CÔTES généralement bordées de franges de *corail* (p. 100). Croupes sous-marines orientées du N.-O. au S.-E., entremêlées de fosses parfois très profondes (p. 77). — Îles volcaniques, fertiles et souvent élevées (Hawaii 4000 m.), ou madréporiques, donc basses et peu fertiles (p. 100, 101).

CLIMAT. — Cette région se trouve dans la *zone des calmes* et les deux *zones des alizés* (fig. 266, p. 110); donc *pluies* abondantes sous l'équateur, moindres vers les tropiques; il en tombe d'ailleurs davantage sur les versants orientaux des îles hautes. — Les îles madréporiques étant poreuses n'ont d'eau douce que par infiltration de la pluie dans le sol.

VÉGÉTATION insulaire : *endémisme* et *pauvreté*. Les Sandwich, relativement riches, n'ont pas 700 espèces ; les 3/4 n'existent que là ; la plupart sont des cryptogames (fig. 385, 386, p. 172). Dans les îles coralliennes, plantes importées, notamment le cocotier, qui les couvre toutes (fig. 384). — Cultures tropicales introduites par les Européens. — Les îles occidentales possèdent quelques perroquets, pigeons et chauves-souris, et cette faune diminue graduellement vers l'E. — Les Européens ont importé involontairement leurs rats, leurs microbes, etc.; volontairement leur bétail.

HABITANTS. — Les *Micronésiens* et les *Polynésiens* sont une belle race, généralement brunâtre, intelligente, qui s'éteint rapidement (tuberculose, etc.). Immigration de Chinois, de Japonais et d'Européens.

FIG. 383. — La brousse *(the bush)* dans l'Australie occidentale semi-déserte près de Kalgoorlie; principalement eucalyptus et acacias.   (Phot. B. P. G. Hochreutiner.)

V. Monde polaire antarctique.

29. Région antarctique.

CÔTES à fiords, et glaces flottantes (fig. 65, p. 30 et 202, p. 86). — CLIMAT très uniforme et désagréable dans la partie maritime : tempêtes perpétuelles et absence de chaleur. — Des *glaciers* recouvrent le continent polaire, et toutes les îles portent des traces de glaciation ancienne.

VÉGÉTATION terrestre nulle : végétation marine très abondante. Toutes les terres sont bordées d'immenses algues *(macrocystis pyrifera)*. — La FAUNE terrestre n'existe

FIG. 384. — Bordure de cocotiers d'une des îles Carolines (Yap).

FIG. 385. — Haute futaie caractéristique (de *Metrosideros polymorpha*) dans les îles Sandwich, Kauaï. — Pour les dimensions, voir les cavaliers.
(Phot. B. P. G. Hochreutiner.)

presque pas non plus[1]. Quant à la faune marine, elle est d'une *uniformité* absolue, très pauvre en espèces, mais extraordinairement riche en individus (ce qui peut provenir de l'abondance du *plankton*; p. 139). Il n'y a pas de phoques, mais l'éléphant marin (*macrorhinus leontinus*) et l'*otarie*[2], puis la petite baleine (*neobalœna marginata*). Oiseaux marins très nombreux : *manchots, albatros, stercoraire, pétrel (procellaria), cygne noir*, etc.

VI. Monde océanique.

Il occupe les $^4/_5$ du globe; pourtant grande unité, probablement par la répartition égale des températures. Quelques faits ont une importance capitale : l'augmentation rapide, avec la profondeur, et l'énormité de la *pression hydrostatique* (p. 81), le mouvement de *convection* qui renouvelle l'eau des profondeurs et y apporte l'oxygène et la nourriture (p. 91-92), la *circulation superficielle* entre équateur et pôles (p. 92), l'*absence de lumière* au-delà de 500 m. (p. 81-82).

VÉGÉTATION. — Presque tous les végétaux sont des *algues*, sauf vingt-sept *phanérogames* (entre autres les *zostères*, qui sont d'un vert franc, tandis que les algues sont vert-gris, vert-brun ou rouges). Très peu de variété. — On distingue : 1° la *flore littorale*, fixe, allant jusque vers —400 m.; 2° la

[1] Beaucoup d'insectes aptères dans les petites îles.

[2] L'*otarie*, originaire du pôle sud, a longé la côte occidentale d'Amérique ; jusqu'au détroit de Behring, laissant des colonies dans les lieux favorables.

flore pélagique (*plankton* végétal), algues flottantes, généralement microscopiques (*diatomées*); 3° la flore *pseudo-pélagique*, composée des *sargasses*, algues flottantes, mais qui sont des plantes littorales arrachées (fig. 216, n° 14, p. 93). — Cette végétation est indispensable à l'existence des animaux (pour le renouvellement de leur carbone) ; les animaux des couches inférieures n'obtiennent le carbone nécessaire qu'en mangeant ceux des couches supérieures qui descendent à leur portée (quelques espèces se nourrissent des *vases* de globigérines, diatomées, etc., p. 79, dans lesquelles se trouvent des restes de substance organique).

FAUNE. — La mer est par excellence le *monde des animaux*; il y en a jusqu'au fond, tandis que les plantes n'existent qu'à la surface. — On distingue aussi trois genres de faune : 1° la faune littorale jusqu'à —100 m., assez variée (*madrépores* entre les tropiques, *mollusques* divers, *anémones* ou *actinies*, *crustacés* variés, *crabes*, *échinodermes*, *étoiles*, etc.); 2° la *faune pélagique* composée d'animaux nageurs ou flottants de tous genres (*poissons*, *céphalopodes*, *méduses*, *siphonophores*, *salpes*, etc., 'plankton animal micro-

FIG. 386. — Savane à *pandanus*, dans les parties sèches des îles Sandwich, île Kauaï.   (Phot. B. P. G. Hochreutiner.)

scopique); 3° la *faune abyssale*, dans les grandes profondeurs, animaux généralement phosphorescents, et possédant des yeux, malgré l'obscurité du milieu; ils sont très cosmopolites; beaucoup appartiennent à des groupes anciens (*crinoïdes, oursins mous*, etc.); un grand nombre ont des armes remarquables (dents, pinces, etc.); c'est sur les fonds de 1000 à 2000 m. qu'ils sont le plus nombreux, mais on en trouve jusqu'à 8000 m.

Pour l'HOMME, les mers sont d'une importance considérable : elles fournissent la pluie pour les cultures ; les pêcheries sont précieuses; enfin, tandis qu'anciennement les mers étaient une barrière, elles supportent aujourd'hui, malgré leurs dangers, une part considérable des transports.

CONCLUSION

Que peut-on présumer de *l'avenir* ?

Les *éruptions volcaniques*, plus ou moins désastreuses, continueront à fournir de nouvelles couches de cendre, et les *dislocations* terrestres causeront toujours des *tremblements de terre*.

Dans un autre ordre de faits, les *glaciers* diminueront peut-être encore, ce qui pourrait amener des changements défavorables dans des régions sèches, comme le Turkestan, etc.

Les *rivières* sont destinées à être toujours plus régularisées et toujours plus utilisées, soit pour l'irrigation, soit pour les forces; elles représentent un capital précieux.

Les *lacs* se combleront graduellement; mais on ne le remarquera que dans les plus petits. Quelques-uns, dans les pays sub-désertiques, semblent prédestinés à se dessécher.

Les *phénomènes d'érosion* ne s'arrêteront jamais, mais, sauf en quelques places, ils passeront inaperçus. Toutefois un danger ira toujours en augmentant, à mesure qu'on abattra les forêts : *l'entraînement de la terre par les pluies*, comme en Grèce, en Carniole, en Dalmatie, dans les Alpes maritimes, etc.

Les *alluvionnements* continueront à former, très lentement, de bonnes terres, tout en obligeant les hommes à des travaux d'endiguement. Trouvera-t-on un moyen d'empêcher l'engouffrement inutile, dans les mers, des alluvions fluviales qui pourraient être précieuses ?

L'érosion marine fera reculer les côtes progressivement. Dans certaines régions, cette perte sera sensible (Iles Britanniques, Bretagne, Japon, etc.).

Dans le *climat*, il n'y a guère de changement à prévoir, sauf, peut-être, une tendance au dessèchement dans quelques régions continentales. En revanche, si les hommes parvenaient à *prévoir le temps* avec sûreté, ce serait un progrès immense.

En somme, *les conditions physiques* ne peuvent changer que fort peu. Ce qui peut et doit changer beaucoup, ce sont *les conditions de l'humanité*.

Il y a encore de la place pour beaucoup d'hommes sur la Terre. Mais *leur nombre augmente* très rapidement. — En 1892, on évaluait la population du globe à 1 484 283 000 h. (en exagérant beaucoup le chiffre de l'Afrique); dix ans plus tard, à 1 525 013 000 h. [1].

L'Europe a pasé, en dix ans, de 359 460 000 à 401 542 000 h. l'Amérique de 123 779 000 à 151 485 000 h., etc. Seule l'Asie a diminué temporairement (peste, famine, guerre).

L'Europe a doublé en une centaine d'années, tout en envoyant en Amérique et ailleurs 200 000 à 1 200 000 *émigrants* par an. Quand l'Asie et l'Afrique seront dans des conditions semblables (or l'émigration des Jaunes commence), la population du Globe doublera plus vite encore.

La *densité* augmentera outre mesure dans beaucoup de pays [1] et la vie y deviendra très difficile. Comme il restera beaucoup de place ailleurs, il faudra que l'homme *se déplace* toujours plus facilement.

La *civilisation* et les connaissances scientifiques s'étendant toujours, le monde pourra être *mieux utilisé*. L'homme a encore à sa disposition des réserves énormes de *richesses minérales* et des *forces hydrauliques* sans limites. Mais comme, en dernier ressort, *il dépend des plantes* pour sa subsistance, directement ou par l'entremise des animaux domestiques, il doit songer à elles avant tout; sans cela *l'équilibre se rétablirait*, entre la végétation et ceux qui en dépendent, par la disparition partielle de ces derniers [2].

Peu à peu *les plantes et les animaux utiles* doivent occuper toutes les régions propices, c'est-à-dire qu'ils seront distribués par *zones climatériques* et dans les endroits irrigués artificiellement; c'est déjà partiellement le cas pour des choses telles que sucre, coton, café, banane, manioc, tabac, riz, blé, cocotier, etc.

Il faudra, en outre, que les régions équatoriales, qui sont si riches, soient assainies; que les terres soient partout rénovées et amendées comme elles le sont déjà dans quelques pays d'Europe, et que la mer soit mieux utilisée [3].

Toutes ces transformations se feront-elles au milieu de luttes à outrance ou par simple développement d'une organisation plus ou moins fraternelle ? — Il faut espérer que l'humanité recourra plutôt à ce dernier moyen.

---

[1] Toutefois il semble que la natalité tende à diminuer quand les pays se peuplent ou se civilisent beaucoup.

[2] Pour le renouvellement du carbone de son corps, l'homme doit, ainsi que les animaux, recourir à la plante. Si les plantes périssaient toutes brusquement, tous les animaux seraient mangés ou morts en quelques jours.

[3] On a déjà inauguré l'élevage des morues en Scandinavie et dans les Iles Britanniques.

---

[1] Jusqu'ici, sauf pour l'Europe, l'Amérique du N., les Indes, tous ces chiffres ont bien peu de valeur.

INDEX ALPHABÉTIQUE

TABLE DES MATIÈRES

ENSEIGNEMENT SECONDAIRE

Cours de langue allemande.

SCHACHT, H. **Deutschen Stunden.** Nouvelle méthode d'allemand basée sur l'enseignement intuitif. Cours inférieur (1ʳᵉ et 2ᵉ années). 4ᵉ édition, revue, ornée de gravures. Petit in-8°, cartonné. XVI-264 pages
— Cours supérieur (3ᵉ et 4ᵉ années). 3ᵉ édition. Petit in-8°, cartonné
— **Deutsches Sprachbüchlein,** nach den Grundzügen der Anschauungsmethode, für die Primarschulen bearbeitet. 2ᵉ édition. In-8°, cartonné, 80 pages.
— **Erstes Lesebuch.** Premières lectures allemandes. 2ᵉ édition. Petit in-8° cartonné

HOINVILLE ET HUBSCHER. **Deutsches Lesebuch für höhere Klassen** mit 32 Illustrationen, einer Karte des deutschen Reiches und einem Plan von Berlin. Petit in-8° de II-316 pages. Relié toile pleine
REITZEL, AUG. **Le Petit Allemand. Der Kleine Deutsche.** Premières leçons d'allemand basées sur l'intuition. In-16, cartonné, 60 pages, 4 gravures.
— **Exercices de conversation allemande** (**Deutsche Sprechübungen**) avec vocabulaire systématique. Extrait du Cours de langue allemande. Nouvelle édition simplifiée. Petit in-8° de 122 pages. Cartonné

Cours élémentaire d'Histoire générale.

Ouvrage recommandé par le Département de l'Instruction publique du Canton de Vaud, et adopté par les Départements de l'Instruction publique des cantons de Genève et de Neuchâtel.

MAILLEFER, PAUL. Premier volume : **Histoire ancienne et Histoire du moyen Age.** 2ᵉ édition, illustrée de 93 gravures. Cartonné demi-toile
— Second volume : **Histoire moderne et Histoire contemporaine.** 2ᵉ édition. Illustrée de 70 gravures. Cartonné demi-toile

Cours élémentaire d'Histoire naturelle.

JACCARD, PAUL. **Botanique.** 2ᵉ édition revue et augmentée, illustrée de 285 figures. Cartonné demi-toile
BLANC, HENRI. **Zoologie.** Ouvrage illustré de 318 gravures. 2ᵉ édition. In-16 de 358 pages, cartonné
— **L'Homme.** Notions d'anatomie et de physiologie. Ouvrage illustré de 100 gravures. 2ᵉ édition. In-16 de 182 pages, cartonné

Cours de Géographie.

ROSIER, W. **Géographie générale illustrée. Europe.** Ouvrage publié sous les auspices des Sociétés suisses de Géographie, illustré du 334 gravures, cartes, plans et tableaux graphiques, ainsi que d'une carte en couleur. 3ᵉ édition. Un volume in-4°, cartonné
— **Géographie générale illustrée. Asie, Afrique, Amérique, Océanie.** Ouvrage publié sous les auspices des Sociétés suisses de Géographie, illustré de 316 gravures, cartes, plans et tableaux graphiques. 2ᵉ édition. Un volume in-4°, cartonné
ROSIER, W. ET CHAIX, E. **Géographie générale illustrée. Géographie physique.** Ouvrage illustré de 336 gravures, cartes, plans et tableaux graphiques. Un volume in-4°, cartonné

Cours de Pédagogie.

GUEX, F. **Histoire de l'Instruction et de l'Education.** In-8°, illustré de 110 gravures. Honoré d'une souscription du Ministère de l'Instruction publique de France. 4ᵉ mille. Relié toile anglaise . 7.50 broché 6

Langue française.

SENSINE, H. **Chrestomathie française** du XIXᵉ siècle. Première partie : **Prosateurs,** 3ᵉ édition revue et augmentée (7ᵉ-10ᵉ mille). Deuxième partie : **Poètes,** 3ᵉ édition (7ᵉ-10ᵉ mille). Chaque volume broché 5
relié 6
— **L'emploi des temps en français.** Méthode à l'usage des étrangers, avec 95 exercices pratiques. 5ᵉ édition, revue et augmentée, cartonné . 3